"十四五"规划计算机类专业特色教材

职场信息技术基础
——WPS办公应用技能

主　审▪李洪刚

主　编▪王慧博　　张　敏

副主编▪马　丽　　王　妍　　孙　斌　　刘　军

华中科技大学出版社
http://press.hust.edu.cn
中国·武汉

图书在版编目（CIP）数据

职场信息技术基础：WPS办公应用技能 / 王慧博，张敏主编. -- 武汉：华中科技大学出版社，2025. 1.
ISBN 978-7-5772-1627-0

Ⅰ. TP317.1

中国国家版本馆 CIP 数据核字第 2025US8884 号

职场信息技术基础——WPS 办公应用技能

Zhichang Xinxi Jishu Jichu—WPS Bangong Yingyong Jineng

王慧博　张　敏　主编

策划编辑：汪　粲

责任编辑：陈元玉　梁睿哲

封面设计：廖亚萍

责任校对：刘小雨

责任监印：周治超

出版发行：华中科技大学出版社（中国·武汉）　　　电话：(027)81321913
　　　　　武汉市东湖新技术开发区华工科技园　　　邮编：430223

录　　排：华中科技大学惠友文印中心

印　　刷：武汉科源印刷设计有限公司

开　　本：787mm×1092mm　1/16

印　　张：31.25

字　　数：762 千字

版　　次：2025 年 1 月第 1 版第 1 次印刷

定　　价：59.80 元（含工单）

前言
Preface

在迈向全面建设社会主义现代化国家的新征程中，职业教育承担着培养高素质技术技能人才、服务产业升级和经济社会发展的重要使命。为深入贯彻全国职业教育大会和全国教材工作会议精神，落实教育部关于"十四五"职业教育规划教材建设的要求，《职场信息技术基础——WPS办公应用技能》应运而生。本书紧扣国家信息化发展战略，以新时代职业教育人才培养目标为指引，致力于建设高质量、类型化、创新性的职业教育教材。

本书基于《高等职业教育专科信息技术课程标准（2021年版）》和"1＋X"职业技能等级证书要求，围绕"初入职场—探索职场—适应职场—职场发展—职场进阶—职场巅峰—职场转型—职场达人"的职场成长路径，构建了"办公应用技能能力培养＋思政元素融入知识目标"的模块化课程体系。通过对WPS办公应用技能的系统讲解与实践任务的模拟，帮助学习者在掌握核心办公技能的同时，内化社会主义核心价值观，提升职业素养与综合竞争力。

创新教材编写模式

为适应职业教育的教学规律与信息化时代的要求，本书大胆采用工单式与活页式编排理念，将教学内容与真实职场场景相结合。书中的每一部分不仅提供明确的任务目标，还通过典型工作案例、分步骤操作指引和实际情境模拟，帮助学生在"学中做""做中学"。这种形式突破了传统教材的限制，极大提升了学习的趣味性和实用性。

服务国家战略与个体发展

信息技术作为推动产业升级和社会进步的重要引擎，广泛应用于各行各业。WPS办公应用技能作为信息化素养的重要组成部分，在数字化办公、数据处理、文档协作等领域发挥着不可或缺的作用。本书的出版旨在填补信息技术基础领域的教材需求，服务国家信息化发展战略，同时为广大职业院校学生、企业员工及社会学习者提供职业技能提升的权威指导。

培养德技并修的高素质人才

职业教育的核心任务是培养德技并修的高素质技术技能人才。本书不仅注重职业技能的传授，还将习近平新时代中国特色社会主义思想、社会主义核心价值观和中华优秀传统文化融入教材内容中，通过任务驱动教学模式，潜移默化地引导学习者树立正确的价值观，增强责任意识和职业道德。

无论是职场新手还是技能提升者,都可以通过本书的学习,全面提升办公应用技能,增强职场适应能力和竞争力。我们希望,本书能够成为广大读者迈向职场巅峰的重要助力,同时为我国职业教育事业的发展贡献绵薄之力。

最后,衷心感谢参与本书编写、审定和出版的专家学者和同仁的辛勤付出。也期望广大读者在阅读和使用本书的过程中,提出宝贵意见和建议,为进一步优化教材内容提供有益支持。

编 者
2025 年 1 月

目录

Contents

模块三　适应职场——WPS 表格处理

模块四　职场发展——WPS 演示设计

模块五　职场进阶——使用 WPS Office APP

模块一
初入职场——创建办公自动化环境

项目一   初出茅庐——认识计算机

项目描述

在当今的 21 世纪,信息化与数据化蓬勃发展,计算机作为这一伟大进程的核心支撑,其重要性不言而喻。计算机应用的重要性主要体现在推动科学研究,助力复杂计算与实验,帮助科学家科研突破;促进经济运行,于企业管理等多方面起关键作用;催生在线购物等新商业模式,改变生活与社交;提高便利与丰富性,提升公共服务质量,使医疗等领域服务更智能高效;助力国防安全,于军事等方面地位不可替代;加速文化传播传承,保护展示和传播文化资源;激发创新能力,为创新者提供平台与可能。

任务一   了解计算机

任务描述

在大型综合医院,医生通过计算机查看电子病历以诊断治疗,病房医疗设备与计算机连接传输患者体征数据,放射科的影像设备靠计算机生成和分析图像。交通指挥中心利用计算机监控和分析交通流量以调整信号灯。学校里学生在计算机教室网络学习,老师使用计算机进行教学管理等。企业中员工用计算机处理工作,依靠其运行管理系统。家庭里人们用计算机娱乐、购物和办公,计算机已融入生活各角落。任务开展前,思考问题:

(1)结合具体事例说明生活中你在哪些方面使用了计算机或计算机相关的产品?

(2)你最想用计算机来帮你完成哪方面的工作?

学习目标

知识目标

1.了解计算机从电子管到超大规模集成电路各阶段的发展及技术突破,如电子管发明等。

2.知晓计算机的巨型、大型、小型、微型、工作站等主要类型及其特点与适用领域。

3.掌握计算机在科学计算(如天文、物理领域)、数据处理(企业管理数据等)、过程控制(工业生产控制等)方面的主要应用。

技能目标

1.能够熟练准确地阐述计算机发展史中各主要阶段及相关标志性事件,如能清晰说明电子管时代的特征以及第一台电子计算机出现的重大意义。

2. 可以精确无误地区分不同类型计算机在相关应用场景中的具体功能,如明确知晓巨型计算机在科学研究大型计算中的强大作用,以及小型计算机在日常办公场景中的便捷应用。

3. 能够结合实际例子,熟练分析计算机在科学计算、数据处理、过程控制等主要应用领域中具体起到的作用与展现的价值,比如通过具体科学计算案例说明计算机如何提升计算精度和效率,或通过企业数据处理实例展现计算机带来的效益提升。

素养目标

1. 能正确认知计算机发展史并主动探索。

2. 可准确分类归纳计算机类型并分析其特性与适用场景。

3. 培养应用创新意识与良好信息素养,能利用计算机解决问题并适应发展。

📢 知识准备(课前)

了解计算机

从同学们热烈讨论可看出,现代社会人们在工作和生活各方面对计算机依赖度极高。但大家是否想过计算机如何诞生、有哪些种类,以及除日常熟知用途外是否还有诸多神秘用途? 接下来通过本次任务深入学习,一起揭开这些问题背后的谜底。

任务 1.1 了解计算机的发展

计算机的发展是一个漫长而精彩的历程,自 1946 年世界上第一台通用电子计算机 ENIAC 诞生以来,计算机技术获得了迅猛发展。根据所用电子元器件的不同,计算机的发展可分为电子管计算机、晶体管计算机、中小规模集成电路计算机,大规模及超大规模集成电路计算机 4 个阶段。如表 1-1 所示。

表 1-1 计算机的发展阶段

发展阶段	起止年份	主要元器件	主存储器	特点	主要应用
第一代	1946—1957 年	电子管	汞延迟线或磁鼓	体积庞大、功耗大、运算速度低、可靠性差、价格昂贵	科学计算
第二代	1958—1964 年	晶体管	磁芯	体积、功耗减小,运算速度提高,价格下降,出现了高级语言	科学计算、工业控制等
第三代	1965—1970 年	中小规模集成电路	半导体	体积、功耗进一步减小,可靠性及运算速度进一步提高,操作系统逐渐成熟,出现了多种应用软件	科学计算、文字处理、图形图像处理等
第四代	1971 年至今	大规模及超大规模集成电路	集成度更高的半导体	性能大幅度提高,价格大幅度下降,编程语言和软件丰富多彩	渗透到社会的各个领域

在第四代计算机发展期间,中央处理器的这些显著变化具有重大意义。

中央处理器体积的减小使得计算机设备可以更加便携和紧凑,为微型计算机的发展奠定了基础。更高的集成度意味着可以在更小的空间内实现更强大的功能,这不仅降低了成本,也提高了计算机的可靠性。

运算速度的不断提升则使计算机能够处理更为复杂和庞大的任务,无论是办公中的数据处理、学校里的教学应用还是家庭中的娱乐和日常使用,都变得更加高效和便捷。

计算机向微型机方向发展,极大地拓宽了其应用范围。办公室里,它提高了工作效率和办公自动化程度;学校中,为教育和学习带来了新的方式和资源;普通家庭里,满足了人们在信息获取、娱乐、沟通等多方面的需求。这一系列的成就改变了人们的生活和工作方式,推动了社会的信息化进程,也为后续计算机技术的持续进步和创新开辟了广阔的道路。

任务 1.2　计算机类型

1.计算机的特点

(1)运算速度快。目前计算机的最高运算速度已超过每秒十亿亿次,这使得在过去需要几年甚至几十年才能完成的任务,现在只需要几分钟即可完成,从而极大地提高了工作效率。随着科学技术的发展,计算机的运算速度还在不断提高。

(2)运算精度高。计算机的运算精度取决于机器的字长,字长越长,计算机的运算精度越高。不同型号的计算机字长不同,有 8 位、16 位、32 位、64 位字长。目前较流行的计算机大多为 64 位字长。

(3)存储功能强。计算机能存储大量的数字、文字、图像、视频和音频等信息。此外,计算机大的存储力还表现在"持久"方面,即无论数据是哪种形式,计算机都能长期保存。

(4)具有逻辑判断能力。计算机能对信息进行识别、比较、判断等。高级计算机还具有推理、联想和诊断等模拟人类思维的能力。

(5)自动化程度高。计算机内部的运算都是在程序的控制下自动完成的。使用者只需按照用户的要求编写正确的程序,计算机就可以按照程序的指令要求,自动完成相应的任务。在此过程中,计算机不需要来自外界的干预。

2.计算机的分类

按照规模大小和功能强弱,可以将计算机分为巨型计算机、大型计算机、小型计算机和微型计算机等。

(1)巨型计算机。巨型计算机(简称巨型机,见图 1-1)也称超级计算机,具有极高的性能和极大的规模,价格昂贵,主要用于航天、气象、地质勘探等尖端科技领域。巨型计算机的研发和生产是一个国家科技实力的体现。我国是世界上少数几个能生产巨型计算机的国家之一,成功研制了"银河""曙光""天河""神威"等巨型计算机。

(2)大型计算机。大型计算机(简称大型机,见图 1-2)虽然在量级上不及巨型计算机,但也有很高的运算速度和很大的存储量,适用于政府部门或大型企业(如银行),主要用于复杂事务处理、海量信息管理、大型数据库管理和数据通信等。目前,生产大型机的厂商主要有美国的 IBM 公司和 DEC 公司,以及日本的富士通公司等.

(3)小型计算机。小型计算机(简称小型机)的规模比大型机小,但仍能支持十几个用户同时使用。其特点是结构简单、可靠性高和维护费用低。目前,小型机已逐渐被微机取代。

(4)微型计算机。微型计算机(简称微机)是当今使用最普遍的一类计算机,其特点是体积小、功耗低、功能多、性价比高。按结构和性能的不同,微机又可分为单片机、单板机、个人计算机(PC)、工作站和服务器等几种类型。其中,个人计算机包括台式计算机、笔记本电脑、一体机和平板电脑等类型。

图 1-1 巨型机　　　　　　　　　　　　　　　　　图 1-2 大型机

除以上计算机具备的基本特点和分类,计算机按其类型和应用不同具可作以下分类。计算机类型及特点如表 1-2 所示,各类计算机如图 1-3 所示。

表 1-2 计算机类型及特点

计算机类型	特点
超级计算机	极高运算速度、海量存储、处理复杂大规模任务
大型计算机	高可靠性、稳定性,支持多用户,擅长处理企业级数据
小型计算机	性能适中,可满足中小规模组织需求,有一定扩展性
微型计算机(台式机)	性价比高,可灵活升级硬件,散热较好
微型计算机(笔记本)	便携性好,外观多样
工作站	配备专业图形显卡,适合图形相关工作,计算精度高
嵌入式计算机	体积小、功耗低,针对特定设备定制
服务器计算机	强大网络连接和数据处理能力,稳定运行,提供多种网络服务
量子计算机	特定问题上计算优势巨大,处于研发阶段

台式机　　　　　笔记本电脑　　　　　一体机　　　　　平板电脑

图 1-3 各类计算机样式

任务 1.3 计算机主要应用

计算机的主要应用包括以下方面。

科学计算:用于解决复杂的数学计算和科学问题,如天文观测数据处理、气象预报模拟、核反应模拟等。例如,在天气预报中,通过计算机对大量的气象数据进行分析和计算,预测未来的天气情况。

数据处理:对大量的数据进行收集、存储、整理、分类、统计等操作,常见于企业的财务管理、人事管理、市场调研等。比如,电商平台利用计算机处理用户的购买记录和行为数据,以优化推荐商品。

过程控制:在工业生产中,用于控制生产过程,实现自动化操作,提高生产效率和质量。例如,汽车制造工厂中的自动化生产线由计算机控制。

计算机辅助设计与制造(CAD/CAM):广泛应用于机械、建筑、电子等领域的设计和制造。像建筑设计师使用 CAD 软件绘制建筑图纸。

人工智能:包括机器学习、深度学习、自然语言处理、图像识别等,应用于智能语音助手、自动驾驶、医疗诊断等领域。

多媒体应用:涵盖图像、音频、视频处理和创作,如影视后期制作、游戏开发。

网络通信:实现信息的快速传递和共享,如电子邮件、视频会议、网上购物等。

办公自动化:处理文档、表格、演示文稿等办公任务,提高工作效率。

教育与培训:在线课程、教育软件、虚拟实验室等为学习提供了更多便利。

课程思政案例

我们身边的计算机应用智能方面的案例?

智能家居系统让我们的生活变得更加便捷和舒适。

以灯光控制为例,我们可以通过手机应用在下班回家的路上提前打开家里的灯光,还能根据不同的场景需求,如观影模式、阅读模式等,一键调整灯光的亮度和颜色。

温度控制方面,智能恒温器能够感知室内外的温度变化,并根据预设的舒适温度范围自动调节空调或暖气系统。在炎热的夏日,您下班前就能通过手机将家里的温度调整到适宜的凉爽状态;在寒冷的冬天,也能提前让房间温暖起来。

门锁的智能化更是增加了安全性和便利性。您不再需要担心忘带钥匙,通过指纹识别、密码输入或者手机蓝牙连接就能轻松开锁。而且,如果有访客到来,您还可以远程为其授权临时密码或一次性开门权限,即使您不在家也能方便接待客人。

此外,智能家居系统还能实现家电的联动控制。比如,当您启动"睡眠模式"时,灯光会逐渐熄灭,窗帘自动关闭,温度调节到适宜睡眠的状态,为您营造一个舒适的睡眠环境。

一些智能家居系统还具备智能安防功能,通过摄像头和传感器监测家中的异常情况,并及时向您的手机发送警报通知。

例如,小米的智能家居生态系统,涵盖了众多智能设备,用户可以通过米家 APP 集中管理和控制;又如,谷歌 Nest 智能家居产品,以其高效的温度控制和智能安防功能受到消费者的青睐。

随着智能家居应用的广泛普及,以下是我们应该注意到的相关网络安全问题:

数据隐私泄露:智能家居设备收集了大量关于我们生活习惯、行为模式和家庭环境的敏感数据。如果这些数据被黑客获取或未经授权的第三方滥用,可能会导致个人隐私泄露。例如,家庭的日常活动规律被掌握,可能会给不法分子提供可乘之机。

设备被入侵:智能门锁、监控摄像头等设备若被黑客入侵,可能会导致家庭安全受到威胁。比如,黑客可能会远程解锁门锁,或者控制摄像头监视家庭内部情况。

弱密码问题:许多用户为了方便,设置简单易猜的密码,或者在多个设备上使用相同的密码。一旦一个设备的密码被破解,其他设备也可能面临风险。

网络漏洞:智能家居系统中的软件和硬件可能存在安全漏洞,如果制造商未能及时提供安全更新补丁,黑客可能会利用这些漏洞入侵设备。

无线通信安全:智能家居设备通常通过 Wi-Fi、蓝牙等无线方式连接,如果网络未加密或加密强度不够,数据传输可能会被拦截和篡改。

第三方服务风险:一些智能家居设备依赖第三方云服务来存储和处理数据,如果这些服务提供商的安全措施不足,也可能导致数据泄露。

为了应对这些网络安全问题,我们应该采取一些措施,如选择可靠的品牌和制造商,定期更新设备软件,设置强密码并启用双重身份验证,使用安全的网络连接,以及关注设备的隐私政策等。

超级计算机领域的中国自主创新

中国在超级计算机领域的自主创新成就斐然,为全球计算技术的发展做出了重要贡献。

"银河"系列超级计算机是我国早期自主研发的重要成果,开启了中国超级计算机的发展征程。

"曙光"超级计算机在高性能计算方面不断突破,为科研、工业等领域提供了强大的计算支持。

"天河"系列超级计算机更是多次刷新世界纪录,其在计算速度、能效比等方面展现出卓越的性能。

而"神威·太湖之光"超级计算机尤为引人注目,它所采用的国产处理器是自主创新的关键体现。这一突破使得中国摆脱了对国外处理器的依赖,实现了关键核心技术的国产化替代。例如,在气象预测、航空航天设计、生命科学研究等领域,"神威·太湖之光"都发挥了重要作用。通过强大的计算能力,它能够更精确地模拟大气环流,为天气预报提供更准确的数据;在飞行器的设计过程中,能够快速完成复杂的流体力学计算,优化设计方案;在对基因和蛋白质结构的研究中,加速分析和模拟进程。

这些超级计算机的成功研制,不仅彰显了中国在硬件设计、软件开发、系统集成等方面的技术实力,也为我国在科技创新、经济发展、国防建设等诸多领域提供了强大的算力支撑,推动了我国相关产业的升级和发展。

实施与评价

(1)学生自主总结如何正确使用计算机帮助我们的学习和生活。（以下为示例）

①学习方面：

利用教育网站、课程平台及学术数据库获取学习资料。

安装文字处理、数学计算和思维导图等软件辅助学习。

加入学习论坛社区，使用在线协作工具交流合作。

②生活方面：

用时间管理软件合理安排使用时间，保持生活平衡。

注意健康与安全，调整屏幕设置，定时休息，安装防护软件。

借助图像视频编辑软件、有益游戏培养兴趣。

③自我约束监督：

警惕计算机使用风险。

定期反思使用习惯，必要时调整。

(2)按照"任务单1"要求完成本任务。

拓展任务

了解近些年计算机应用和计算机网络方面的大事件：

2023年：ChatGPT等大模型涌现，推动了人工智能的发展。同时，加密学家在与AI建立连接时，也发现了机器学习模型和机器生成内容存在隐藏的漏洞和消息。

2019年：5G开始大规模商用，区块链成为热门话题。谷歌公司宣布实现"量子霸权"，IBM发布了可商用量子计算机。此外，太空互联网的布局也在加速。

2008年：3G网络普及，中国的互联网用户数量快速增长。

2006年：熊猫烧香病毒蔓延，对网络安全造成了严重威胁。

2000年：中国互联网用户数量突破1000万，成为全球第12大互联网市场。

1994年：中国实现与国际互联网的全功能连接，标志着中国互联网进入全球化时代。

任务二　配置新计算机

任务描述

在现代职场中，计算机已成为不可或缺的工具，无论是处理日常办公任务、管理数据，还是进行复杂的数据分析和项目管理，计算机都扮演着核心角色。对于初入职场的你来说，配置一台新计算机是迈向高效办公的第一步。这不仅涉及选择合适的硬件和软件，还包括确保计算机系统能够满足你的工作需求，从而提高工作效率和质量。在开始配置新计算机之前，让我们思考以下问题：

(1)你认为在职场中,计算机在哪些方面对你的工作效率和质量有直接影响?

(2)在配置新计算机时,你认为哪些硬件和软件是必须考虑的关键因素?

学习目标

知识目标

1.理解计算机系统的基本组成,包括硬件和软件部分。

2.掌握微型计算机的主要硬件组件,如中央处理器(CPU)、内存、硬盘、显示器等的功能和作用。

3.熟悉计算机的主要技术指标,如处理器速度、内存容量、硬盘容量和速度等。

技能目标

1.能够根据需求选择合适的计算机硬件配置。

2.掌握新计算机的基本设置和配置流程,包括操作系统安装、驱动程序更新等。

3.能够进行基本的硬件故障诊断和解决常见问题。

素养目标

1.培养对计算机硬件和软件的正确认识,形成科学的计算机使用习惯。

2.提升在职场中使用计算机解决问题的能力,增强工作效率。

3.增强信息安全意识,确保计算机系统的安全稳定运行。

知识准备

在现代职场中,计算机已成为不可或缺的工具,而配置一台新计算机则是每位职场新人必须掌握的基本技能。了解计算机的系统组成和硬件配置,不仅能够帮助我们更好地维护和优化工作环境,还能提高工作效率和数据安全性。

配置计算机

任务 2.1　计算机系统组成

计算机系统由硬件系统和软件系统两大部分组成,如图 1-4 所示。

硬件系统由运算器、控制器、存储器、输入设备和输出设备这 5 部分组成。它们是计算机运行的物质基础。

运算器:对数据进行加工,执行算术和逻辑运算。

控制器:计算机的指挥中心,协调控制各部件工作,从存储器读指令、译码后产生控制信号。

存储器:存储程序和数据,分内存和外存。内存与 CPU 直接交换数据、速度快但容量小,用于存储当前运行程序和数据;外存容量大但速度慢,用于长期存储大量数据和程序。

输入设备:向计算机输入信息,是用户与计算机交互接口。

输出设备:将计算机处理结果以可理解形式输出。

计算机硬件系统中常见的计算机硬件有主板、CPU、存储器、输入设备和输出设备等。

(1)主板。主板又称母板,是一块印刷电路板,是计算机其他组件的载体,在各组件中起着协调工作的作用,如图 1-5 所示。主板主要由 CPU 插座、总线和总线扩展槽(如内存插

```
                              ┌ 中央处理器（CPU）┤ 运算器
                              │                 └ 控制器
                              │
                              │        ┌ 内存储器[只读存储器（ROM）和随机存储器（RAM）]
                    ┌ 硬件系统 ┤ 存储器 ┤
                    │         │        └ 外存储器（硬盘、移动硬盘和U盘等）
                    │         │
                    │         ├ 输入设备（键盘、鼠标、扫描仪、摄像头和麦克风等）
            微      │         │
            型      │         └ 输出设备（显示器、打印机、音箱和投影仪等）
            计      │
            算      │         ┌ 操作系统（Windows、UNIX、Linux等）
            机      │         │
            系      │ 系统软件 ┤ 语言处理程序（C、C#、Python、Java等）
            统      │         │
                    │         └ 数据库管理程序（SQL Server、MySQL、Oracle等）
                    │
                    └ 软件系统 ┤ ┌ 办公软件（Microsoft Office、WPS Office等）
                              │ │ 图形图像处理软件（CorelDRAW、Photoshop等）
                              │ │ 辅助设计软件（AutoCAD、UG、SolidWorks等）
                              └ 应用软件 ┤ 网络软件（QQ、IE、迅雷等）
                                        └ 其他应用软件
```

图 1-4　微型计算机系统

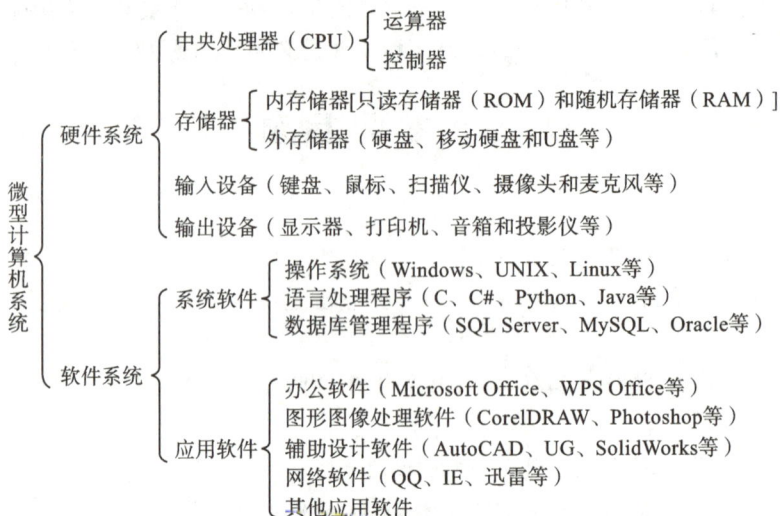

图 1-5　主板

槽、显卡插槽）、输入/输出（I/O）接口、缓存、电池及各种集成电路等组成。

（2）CPU。CPU（中央处理器）是计算机的核心部件，主要由运算器和控制器组成其外观如图1-6所示。

CPU的速度主要取决于其主频、核心数和高速缓存容量。主频一般以GHz为单位，表示每秒运算的次数。主频越高，计算机的运算速度越快。

（3）内存储器。内存储器也称主存储器，根据其作用的不同又分为随机存储器（RAM）和只读存储器（ROM）。

通常说的内存（见图1-7）是随机存储器（RAM），其特点是可读可写，主要用于临时存储程序和数据，关机后在其中存储的信息会自动消失。

（4）外存储器。外存储器也称辅存储器，包括硬盘、光盘、U盘和移动硬盘等。

硬盘：硬盘固定在主机箱内，并通过主板的SATA接口与主板连接，是计算机最主要的

图 1-6　CPU(中央处理器)

图 1-7　内存

外存储器,计算机中的大多数文件都存储在硬盘中。例如,为计算机安装操作系统及应用软件,实际上就是将相关文件"复制"到硬盘。此外,对于一些有价值的图像、文档等,也通常将其保存在硬盘中。

硬盘主要有机械硬盘(HDD,见图 1-8)和固态硬盘(SSD,见图 1-9)两种类型。机械硬盘采用磁性碟片来存储数据,其特点是存储容量大但读写速度慢;固态硬盘采用闪存颗粒来存储数据,其特点是存储容量小但读写速度快。目前,主流机械硬盘的存储容量有 1 TB、2 TB、4 TB 和 6 TB 等;主流固态硬盘的存储容量有 256 GB、512 GB 和 1 TB 等。

光盘和光驱:光盘用来存储需要备份或移动的数据。光驱用来读取或写入光盘数据,如图 1-10 所示。目前的光驱都为 DVD 光驱,可以读取 CD 和 DVD 光盘数据。有一类光驱被称为刻录机,它具有读取和写入光盘数据的功能。

图 1-8　机械硬盘

图 1-9　固态硬盘

图 1-10　光驱

可移动存储设备:可移动存储设备包括 U 盘和移动硬盘等。其中,U 盘是一种小巧玲珑、易于携带的移动存储设备,其通过 USB 接口与计算机连接,如图 1-11 所示;移动硬盘由普通硬盘和硬盘盒组成。硬盘盒除了起到保护硬盘的作用外,更重要的作用是将硬盘的 SATA 接口转换为可以热插拔的 USB 接口或其他标准接口与计算机连接,从而实现移动存储,如图 1-12 所示。

(5)输入设备。输入设备是用户向计算机输入各种信息(如文字、数字和指令等)的设备。计算机最基本的输入设备是键盘和鼠标,如图 1-13 所示。其他常见的输入设备还有扫描仪、手写板和麦克风等。

键盘:是计算机基本的输入设备之一,用于向计算机输入字符和命令。键盘与主机的连接方式有通过 PS/2 接口连接(趋于淘汰)、通过 USB 接口连接和无线连接 3 种。

　　鼠标:也是计算机基本的输入设备之一,用于向计算机输入各种命令。它一般由左键、滚轮和右键组成。鼠标与主机的连接方式也有通过 PS/2 接口连接、通过 USB 接口连接和无线连接 3 种。

图 1-11　U 盘

图 1-12　移动硬盘

图 1-13　鼠标/键盘

　　(6)输出设备。输出设备用于将计算机的各种计算结果转换为用户能够识别的字符、图像和声音等形式并输出。计算机最基本的输出设备是显示器。其他常见的输出设备还有打印机、投影仪、音箱和绘图仪等,如图 1-14～图 1-17 所示。

　　显示器:目前主流显示器都为液晶显示器,根据屏幕对角线长度可分为 24 英寸、27 英寸和 32 英寸等规格。显示器主要通过主机箱后面板上显卡的 DVI、HDMI 或 VGA 接口与显卡连接。

　　打印机:打印机是一种将计算机中的信息输出到纸张等介质上的输出设备。常见的打印机按工作原理分为针式打印机(主要用来打印票据)、喷墨打印机和激光打印机 3 种;按输出色彩可分为黑白打印机和彩色打印机两种。

图 1-14　打印机

图 1-15　投影仪

图 1-16　音箱

图 1-17　绘图仪

　　计算机软件系统是指由计算机运行的各种程序、数据以及相关文档等组成的集合,它是计算机系统的重要组成部分,与计算机硬件系统相互配合,共同使计算机能够正常运行并完成各种任务。

计算机软件主要分为系统软件和应用软件两大类,下面分别介绍。

(1)系统软件。

操作系统:操作系统是管理计算机硬件与软件资源的程序,是计算机系统的核心与基础。常见的操作系统包括 Windows、macOS、Linux 等。它负责控制和管理计算机的所有硬件和软件资源,为用户和其他软件提供接口和服务,使计算机系统能够高效、稳定地运行。

语言处理程序:主要用于将各种编程语言编写的源程序转化为计算机能够直接执行的机器语言程序。如 C 语言编译器、Java 虚拟机等。

数据库管理系统:用于建立、使用和维护数据库,对数据进行存储、管理和检索。像 MySQL、Oracle 等都是广泛使用的数据库管理系统,可帮助用户有效地管理大量的数据信息。

系统辅助处理程序:如系统诊断程序、调试程序、磁盘碎片整理程序等,这些程序能帮助用户维护和优化计算机系统的性能。

(2)应用软件。

办公软件:是日常办公中常用的软件,如 Microsoft Office 套件(Word、Excel、PowerPoint 等)和国产的 WPS Office,主要用于文字处理、电子表格制作、演示文稿创建等办公工作。

图形图像处理软件:用于创建、编辑和处理图形图像,如 Adobe Photoshop,主要用于专业的图像处理、广告设计、摄影后期制作等领域;Coreldraw 则常用于图形设计、插画绘制等工作。

多媒体软件:包括音频处理软件如 Adobe Audition,用于音频录制、编辑和混音;视频编辑软件如 Adobe Premiere Pro、剪映等,用于视频的剪辑、特效添加和后期制作。

娱乐软件:有各种游戏软件,如《英雄联盟》《王者荣耀》等,还有视频播放软件如腾讯视频、爱奇艺等,音乐播放软件如 QQ 音乐、酷狗音乐等,为用户提供丰富的娱乐体验。

网络软件:主要用于网络通信和资源共享,如浏览器(Chrome、Firefox、Safari 等)用于访问互联网上的各种信息资源;即时通信软件如微信、QQ 等,可实现文字、语音和视频通信。

任务 2.2　微型计算机硬件介绍及主要技术指标

计算机的主要性能指标包括核心、主频、字长、运算速度、存储容量和兼容性。

核心:核心是 CPU 关键部分,执行 CPU 的主要功能。如今 CPU 核心数不断增加,除常见的双、四、六、八核心外,服务器 CPU 核心数更多。核心多并行处理能力强,多线程任务优势大,且现代 CPU 常采用超线程技术,单个核心可同时处理两个线程,提升多任务处理能力,在复杂科学计算或数据中心运算中作用显著,消费级 CPU 也广泛应用。

主频:主频是 CPU 时钟频率,单位 MHz 或 GHz,一般主频越高运算速度越快。但主频提升有散热等瓶颈,厂商也注重通过改进架构提升性能,新架构可在不显著提主频情况下优化指令执行和数据传输。而且 CPU 能根据负载自动调频,节能且保证性能。

字长:字长是 CPU 单位时间处理二进制数位数,字长越大效率越高,主流 CPU 字长 64 位,利于处理大规模和高精度数据。同时,新技术在研究拓展字长或采用更灵活数据处理方式,满足特定领域如人工智能、量子计算的计算需求。

运算速度:运算速度指每秒执行指令条数,一般用 MIPS 描述,但现代衡量更复杂,还会考虑 FLOPS 等。不同计算任务对运算能力侧重点不同,随着人工智能发展,还有 TOPS 等指标。此外,现代 CPU 采用分支预测、乱序执行等技术提高运算速度,优化指令执行顺序,减少等待时间。

存储容量:包括内存和硬盘容量。内存容量反映计算机即时存储和处理信息能力,随着软件发展,普通办公电脑 16GB 内存常见,游戏和专业设计电脑更高。内存技术进步,DDR5 比 DDR4 频率和带宽更高、速度更快。硬盘方面,固态硬盘成主流,读写速度远超机械硬盘且容量增大,NVMe 协议 SSD 进一步提升性能、降低延迟,存储级内存等新技术也在发展。

兼容性:指硬件、软件或软硬件组合协调工作程度。硬件方面,新硬件接口标准如 PCIE 5.0 对兼容性有新要求,新 CPU 可能需特定主板 BIOS。软件方面,要考虑更多操作系统版本、CPU 架构和软件环境,软件商需多做兼容性测试和优化。虚拟化和容器技术可隔离差异,提高软件可移植性和兼容性。

任务 2.3 配置新计算机进的相关知识

1. 明确需求与预算

(1)需求分析:确定电脑的主要用途,如日常办公、游戏娱乐、图形设计、视频编辑等。不同用途对硬件配置的要求不同。例如,日常办公注重 CPU 性能和内存大小,游戏娱乐则对显卡要求较高。

(2)预算规划:明确自己能够承受的价格范围,避免过度消费或配置不足。在预算范围内,尽量选择性价比高的硬件组件。

2. 硬件选择

(1)CPU:根据需求选择合适的 CPU 品牌和型号。英特尔和 AMD 是两大主流品牌,注意 CPU 的核心数、主频、缓存等参数,一般核心数越多、主频越高,处理能力越强。

(2)内存:内存容量越大,程序运行越流畅。对于普通办公电脑,8GB 或 16GB 内存基本足够;游戏电脑或专业图形处理电脑,建议选择 16GB、32GB 甚至更高。同时,关注内存的频率和类型,如 DDR4、DDR5,频率越高,数据传输速度越快。

(3)硬盘:硬盘分为机械硬盘(HDD)和固态硬盘(SSD)。SSD 读写速度远快于 HDD,能显著提升系统和软件的启动速度与运行效率。建议选择至少 256GB 的 SSD 作为系统盘和常用软件安装盘,若需要存储大量数据,可再搭配大容量的 HDD。

(4)显卡:如果不玩游戏或进行图形处理工作,集成显卡通常就能满足日常办公和娱乐需求。但对于游戏玩家或专业图形设计师,需要选择独立显卡。NVIDIA 和 AMD 是主要的显卡芯片厂商,根据预算和性能需求选择合适的显卡型号,注意显卡的显存容量、核心频率等参数。

(5)主板:主板要与所选的 CPU、内存、显卡等硬件兼容。关注主板的芯片组、接口类型、扩展性等,确保有足够的 USB 接口、SATA 接口和 PCIE 插槽,以满足外接设备和未来升级的需求。

(6)电源:根据电脑硬件的总功耗选择合适功率的电源,一般来说,电源功率应略大于电脑各部件的最大功率总和,以保证系统的稳定运行。同时,选择质量可靠、转换效率高的电源。

(7)散热器:如果 CPU 发热量较大,需要配备合适的散热器,以防止 CPU 过热降频,影响性能。散热器分为风冷和水冷两种,风冷散热器价格相对较低、安装方便;水冷散热器散热效果更好,但价格较高且安装复杂。

3.软件安装与设置

(1)操作系统:常见的操作系统有 Windows、Macos 和 Linux。根据个人喜好和使用需求选择合适的操作系统。安装操作系统时,按照安装向导的提示进行操作,注意选择正确的分区和安装选项。

(2)驱动程序:安装完操作系统后,需要安装硬件的驱动程序,以确保硬件能正常工作并发挥最佳性能。可以通过硬件厂商的官方网站下载最新的驱动程序。

(3)常用软件:根据个人需求安装办公软件、浏览器、杀毒软件等常用软件。注意软件的兼容性和资源占用情况,避免安装过多不必要的软件,以免影响电脑性能。

实施与评价

通过学习,学生应掌握如下能力。

(1)计算机硬件识别与配置技能:学生通过本任务的学习,应能够熟练识别微型计算机的主要硬件组件,包括但不限于中央处理器(CPU)、内存(RAM)、硬盘、主板、显卡和电源等。学生应能够理解这些硬件的主要技术指标,并根据实际需求进行合理的硬件配置。此外,学生还应掌握基本的硬件安装步骤,能够独立完成新计算机的组装和配置,确保计算机系统的稳定运行。

(2)问题解决与故障排除能力:在配置新计算机的过程中,学生可能会遇到各种技术问题。通过本任务的学习,学生应学会如何识别和解决这些问题,包括硬件兼容性问题、驱动程序安装问题以及系统设置问题等。学生应能够运用所学知识,进行有效的故障排除,确保计算机系统的正常运行。

(3)职业素养与团队协作能力:本任务还旨在培养学生的职业素养和团队协作能力。学生应学会在配置新计算机的过程中,保持严谨的工作态度,确保操作的准确性和安全性。同时,学生还应学会与团队成员进行有效沟通,共同解决技术难题,提升团队协作效率。通过本任务的实践,学生应能够在职场中展现出良好的职业素养和团队合作精神。

拓展任务

1.探索计算机硬件的最新发展趋势

在熟悉了计算机系统组成和微型计算机硬件的基本知识后,学生可以进一步研究当前计算机硬件的最新发展趋势。例如,了解固态硬盘(SSD)与传统机械硬盘(HHD)的性能差异,探索新一代 CPU 架构如 AMD 的 Zen 或 Intel 的 Core i9 系列的特点,以及显卡技术如 NVIDIA 的 RTX 系列在图形处理和人工智能方面的应用。这些知识将帮助学生跟上技术发展的步伐,为未来选择和配置高性能计算机打下基础。

2.研究云计算在办公自动化中的应用

随着云计算技术的普及,越来越多的办公任务可以通过云平台来完成。学生可以研究如何在云端配置和使用办公软件,例如通过 Google Docs 或 Microsoft Office 365 进行文档编辑和共享。此外,了解云计算如何提供弹性计算资源,以及如何通过云服务实现数据备份和灾难恢复,这些都是在现代办公环境中不可或缺的技能。通过这些探索,学生将能够更好地理解云计算如何改变我们的工作方式,并为未来的职业发展做好准备。

➡ 单选题

(1)世界上第一台电子计算机的名字是(   )。

A. ENIAC　　　　　B. EDIAC　　　　　C. EDVAC　　　　　D. MARK-Ⅱ

(2)个人计算机属于(   )。

A. 小型计算机　　　B. 大型计算机　　　C. 巨型计算机　　　D. 微型计算机

(3)在计算机中,鼠标属于(   )。

A. 输入设备　　　　B. 输出设备　　　　C. 选择设备　　　　D. 程序控制设备

(4)RAM 的特点是(   )。

A. 断电后,存储在其内的数据将会丢失　　B. 存储在其内的数据将永久保存

C. 用户只能读出数据,但不能写入数据　　D. 容量大但存取速度慢

(5)运算器的主要功能是(   )。

A. 进行算术运算　　　　　　　　　　　B. 进行逻辑运算

C. 进行加法运算　　　　　　　　　　　D. 进行算术运算或逻辑运算

(6)计算机软件系统包括(   )。

A. 程序和数据　　　　　　　　　　　　B. 编辑软件和应用软件

C. 系统软件和应用软件　　　　　　　　D. 数据库软件和工具软件

(7)微型计算机最核心的部件是(   )。

A. 主板　　　　　　B. CPU　　　　　　C. 内存储器　　　　D. I/O 设备

项目二　初露锋芒——使用计算机

项目描述

在当今的 21 世纪,信息化时代与数据化时代蓬勃发展,计算机作为这一伟大进程的核心支撑,其重要性不言而喻。计算机应用的重要性主要体现在:推动科学研究,助力复杂计算与实验,助科学家突破;促进经济运行,于企业管理等多方面起关键作用;催生新商业模式,改变生活与社交,如在线购物等;拓展便利与丰富性,提升公共服务,在医疗等领域使服务更智能高效;助力国防安全,于军事等方面地位不可替代;加速文化传播传承,保护展示和传播文化资源;激发创新能力,为创新者提供平台与可能。

本项目旨在帮助学习者掌握计算机的基本使用技能,以应对当前职场对技术能力的高要求。随着技术的不断进步,计算机已成为各行各业不可或缺的工具。通过本项目的学习,学习者将能够熟练操作计算机,提高工作效率,增强职业竞争力。此外,项目内容紧密结合实际职业环境,通过模拟真实工作场景,使学习者能够更好地适应未来的工作挑战,跟上行业发展的步伐。这不仅有助于学习者在职场中脱颖而出,还能够激发他们对新技术的兴趣,培养持续学习的习惯,为个人职业发展奠定坚实的基础。

任务一　配置用户环境

任务描述

在现代职场中,计算机已成为不可或缺的工具,它不仅提高了工作效率,还极大地丰富了工作内容和形式。无论是处理文档、管理数据,还是进行远程会议和项目协作,计算机都扮演着核心角色。配置一个高效的用户环境,可以确保计算机系统稳定运行,提升个人工作效率,同时也能为团队协作提供坚实的基础。任务开展前,思考问题:

(1)在你的日常工作中,你通常在哪些方面依赖计算机?

(2)你认为一个理想的计算机工作环境应该具备哪些特点?

学习目标

知识目标

1.了解鸿蒙、麒麟及 Windows 10 操作系统的基本工作环境,包括桌面布局、开始菜单、任务栏等基本元素。

2.掌握控制面板的基本使用方法,包括如何访问控制面板、调整系统设置和用户帐户管理。

3.熟悉用户环境的配置流程,包括个性化设置、显示设置和网络设置等。

技能目标

1.能够独立配置和优化个人计算机的工作环境,确保操作系统的稳定性和高效性。

2.熟练使用控制面板进行系统设置和用户管理,提高计算机使用的便捷性和安全性。

3.能够根据个人需求调整用户环境,包括桌面背景、屏幕保护程序和网络连接等。

素养目标

1.培养良好的计算机使用习惯,理解并遵守信息安全规范,保护个人和公司的数据安全。

2.增强自主学习和解决问题的能力,能够在遇到系统配置问题时,快速查找解决方案。

3.提升职场适应能力和信息化素养,为高效完成工作任务打下坚实的基础。

知识准备

在现代职场中,配置用户环境是确保工作效率和数据安全的基础步骤。了解不同操作系统的工作环境和学会使用控制面板等工具,对于初入职场的新人来说至关重要。

任务1.1 了解鸿蒙、麒麟及 Windows 10 工作环境

1.鸿蒙操作系统

(1)设备互联性强:鸿蒙是基于微内核的面向全场景的分布式操作系统,能让多种设备直接连通,如手机、平板电脑、电视、智能手表、智能家电等,可轻松实现设备间的协同工作与数据共享。例如,手机与智能音箱可快速连接并互动。

(2)开发环境友好:提供了集成开发环境(IDE),包含代码编辑器、编译器、调试器等工具,方便开发者进行代码编写、调试和测试。IDE还可模拟真实设备环境,提供日志查看、性能分析等功能,提高开发效率。

(3)用户界面简洁高效:界面设计注重用户体验,操作逻辑简单易懂。其智能交互功能强大,例如智慧美学壁纸可自动构图,智慧编辑能对备忘录进行智能摘要、排版和润色,智慧修图可轻松消除照片中的路人,智慧助手能快速提取日程信息和图片文字。

(4)安全性能高:采用了多种安全技术,从内核到应用层都有严格的安全机制,能有效防止恶意攻击,保护用户隐私和数据安全。

2.麒麟操作系统

(1)多平台支持与兼容性好:有服务器版、桌面版等多个版本,可支持飞腾、龙芯、申威、兆芯、海光、鲲鹏等国产 CPU 平台,也能兼容大量的 LINUX 应用程序和部分安卓应用,为用户提供了丰富的软件选择。

(2)安全可靠:符合《GB/T 20272-2019 信息安全技术 操作系统安全技术要求》第四级结构化保护级,通过中国人民解放军信息安全测评中心军用"B+"级安全认证,安全性高,广泛应用于党政、金融、交通、通信、能源、教育等对安全要求较高的重点行业。

(3)多屏幕工作环境出色:提供强大的多屏幕扩展和管理功能,用户可通过配置文件或

系统设置界面,选择扩展模式、镜像模式等不同的屏幕显示模式,还能使用 XRANDR 命令行工具和 ARANDR 图形界面工具实时调整分辨率、位置和旋转等参数,满足多任务处理和个性化需求。

(4)中文处理能力力强:严格遵从国家标准 GB 18030-2022,达到"A+"级产品标准,提供符合国家相关标准的中文字体,支持符合 GB 18030 标准的打印系统,具有直接使用中文 TRUETYPE 字库进行打印的功能。

3.Windows 10 操作系统

(1)硬件兼容性广泛:能适配市面上绝大多数的电脑硬件,无论是常见的品牌机还是组装机,都能较容易地找到对应的驱动程序,保证系统的正常运行。

(2)软件资源丰富:拥有庞大的商业软件和免费软件资源,涵盖办公、娱乐、设计、编程等各个领域,能满足不同用户的多样化需求。

(3)多任务处理便捷:桌面环境直观,任务栏可快速打开应用程序并查看系统通知和状态。同时,提供了大量快捷键,如 Win+R 打开运行窗口、Alt+Tab 切换应用程序等,方便用户进行多任务操作。

(4)更新与维护方便:微软会定期发布系统更新,包括功能更新和安全更新,用户可通过系统自带的更新功能轻松获取更新,以保持系统的稳定性和安全性。

(5)游戏支持性好:对游戏的兼容性出色,市面上的大部分游戏都能在 Windows 10 上流畅运行,并且支持多种游戏外设,如手柄、方向盘等。

任务 1.2　学会控制面板使用

控制面板如图 1-18 所示,是 Windows 操作系统中的一个重要组件,它的作用主要包括以下几个方面。

图 1-18　控制面板

1.系统设置与管理

(1)用户帐户管理:如图 1-19 所示可以创建新的用户帐户、更改帐户密码、设置帐户类型(如管理员帐户或标准帐户)。例如,在多人共用一台电脑时,为每个用户创建独立的帐户,这样每个人可以拥有个性化的桌面设置、文档存储路径等,并且不同帐户的权限也可以根据需要进行分配以及分组(如图1-20所示),以保障系统安全和用户隐私。

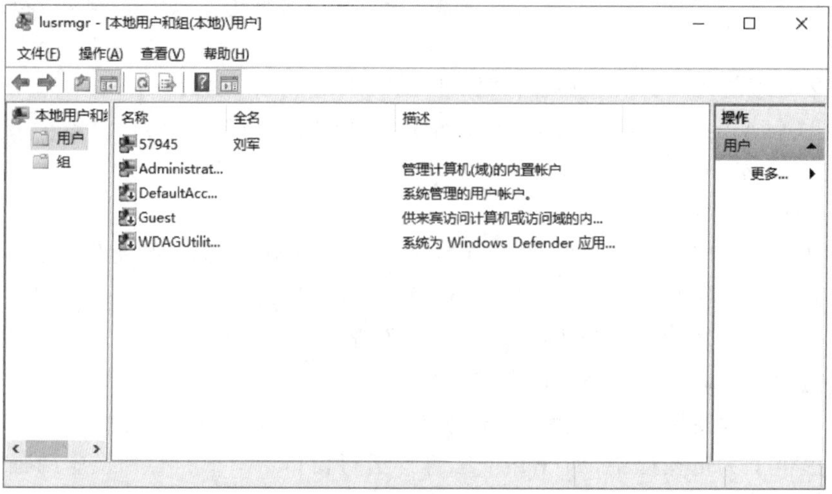

图 1-19　用户管理

图 1-20　用户分组

(2)添加和删除用户:控制面板界面—用户帐户—管理其他帐户(可在此处删除帐户)—当前界面左下角(添加新用户)—将其他人添加到这台电脑。或:鼠标右键单击桌面此电脑—管理—本地用户和组—用户—在此添加和删除用户。

(3)更改用户权限:右键单击用户—属性—隶属于—添加—高级—立即查找—在下拉列表中选即可。

2.时间设置与管理

(1)日期和时间设置:能够调整计算机的日期、时间以及时区。这对于保证系统时间的准确性非常重要,特别是在一些对时间敏感的应用场景中,如文件时间戳记录、加密证书的有效期验证、网络服务的时间同步等(如图 1-21 所示),更改日期和时间的方式为控制面板界面—时钟和区域—日期和时间。

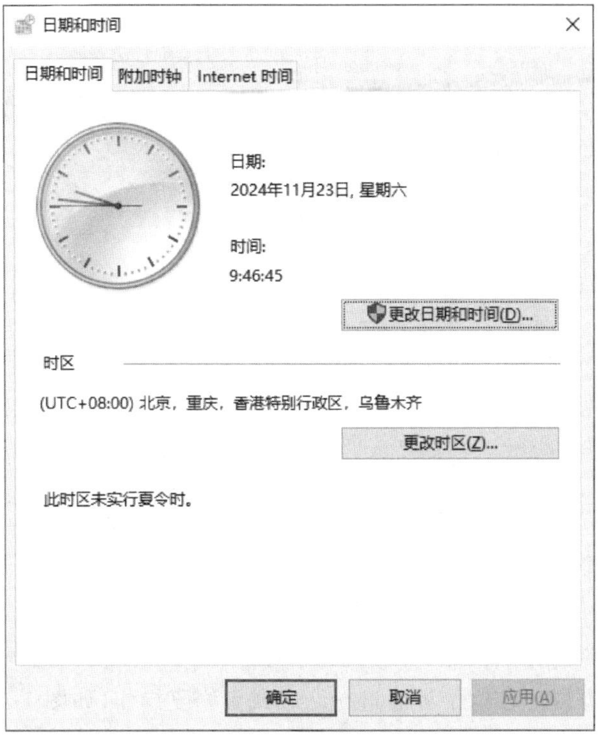

图 1-21　日期与时间

(2)区域和语言选项:允许用户设置所在的地理区域和语言偏好。这会影响系统的数字、货币、日期格式显示,以及输入法、文字编码等诸多方面。比如,将区域设置为不同国家,系统显示的日期格式可能从"年-月-日"变为"日/月/年"(如图 1-22 所示),更改日期和时间格式的方式为:控制面板界面-时钟和区域-区域。

3.硬件设备管理

(1)设备和打印机管理:用于安装、卸载和配置各种外部设备,如打印机、扫描仪、鼠标、键盘等。如果新购买了一台打印机,可通过控制面板中的"设备和打印机"选项添加打印机驱动程序,完成设备的安装和初始设置,使其能够正常工作。

(2)显示设置:包括屏幕分辨率、屏幕刷新率、颜色质量等参数的调整。可以根据显示器的规格和用户的视觉需求来优化显示效果。例如,提高屏幕分辨率可以使图像和文字更加清晰,但可能会使图标和文字变小;降低屏幕刷新率可能会出现屏幕闪烁的情况,需要根据实际情况进行平衡。

4.程序管理

(1)程序和功能:提供了已安装程序的列表,可以在此卸载不需要的软件,修复出现问题

图 1-22　区域

的程序,或者查看程序的详细信息,如版本号、发布者等。当电脑磁盘空间不足或者某些程序出现故障时,可以方便地在这个界面进行卸载或者修复操作(如图 1-23 所示)。

图 1-23　程序和功能

　　(2)启用或关闭 Windows 功能:在程序和功能面板下,"启用或关闭 Windows 功能"可用于拓展系统功能以支持软件运行、增强系统管理和安全能力,也能通过关闭功能来节省系统资源、提高安全性、简化系统功能和用户界面,如图 1-24 所示。

图 1-24　Windows 功能

（3）默认程序设置：可以指定特定类型文件（如.txt 文件和.jpg 文件等）的默认打开程序。比如，用户安装了多个文本编辑器，可通过该功能设置当双击.txt 文件时默认使用的文本编辑器。

通过控制面板—程序—默认程序或开始—设置—应用—默认应用，可以打开其设置界面（如图 1-25 所示）。

图 1-25　默认应用

5.安全与维护相关功能

（1）安全中心：它是一个集中管理计算机安全设置的地方，包括防火墙、病毒防护、自动更新等安全功能的配置和监控。可以查看安全软件的状态，确保系统受到保护，免受病毒、恶意软件和网络攻击的威胁。

（2）备份和还原（Windows 7 及以上部分版本）：用于创建系统备份和用户数据备份，以及在系统出现故障或数据丢失时进行还原操作。这是一个非常重要的功能，可以帮助用户保护重要的数据和系统配置，避免因硬件故障、软件错误或人为误操作导致的数据灾难。

在不同的操作系统版本中，控制面板的功能可能会有所增减或布局调整，但总体而言，它是一个集中管理计算机各种基本设置和配置的实用工具。

任务 1.3　配置个性化用户环境

　　配置个性化用户环境是指根据个人工作习惯和需求,对操作系统进行定制化的设置。这包括设置桌面背景、屏幕保护程序、任务栏和开始菜单的布局、系统声音等。通过这些个性化设置,可以创造一个更加舒适和高效的工作环境。此外,还可以通过安装必要的软件和工具,如办公软件、安全软件、快捷键工具等,来进一步优化用户环境。这些个性化设置不仅能够提升工作效率,还能在长时间的工作中减少视觉和心理的疲劳。

实施与评价

　　通过学习,学生应掌握如下能力。

　　(1)操作系统环境配置技能:学生通过本任务的学习,应能够熟练掌握鸿蒙、麒麟及Windows 10操作系统的工作环境配置。包括但不限于桌面设置、任务栏配置、显示设置等,确保能够根据个人工作习惯和需求,调整和优化用户界面,提高工作效率。

　　(2)控制面板操作技能:学生应能够熟练使用控制面板进行系统设置和管理,包括网络设置、用户帐户管理、硬件和声音配置等。通过这些操作,学生应能够独立解决常见的系统配置问题,确保计算机环境的稳定和安全。

　　(3)问题解决与适应能力:在配置用户环境的过程中,学生可能会遇到各种问题和挑战。通过本任务的学习,学生应培养出良好的问题解决能力,能够快速定位问题并寻找解决方案。同时,学生还应具备良好的适应能力,能够快速适应不同的工作环境和系统配置。

　　(4)信息安全意识:在配置用户环境时,学生应意识到信息安全的重要性。学会设置强密码、定期更新系统和软件、备份重要数据等基本安全措施,确保个人和公司的信息安全。

　　(5)职业素养的提升:本任务还旨在培养学生的职业素养,包括对工作的认真态度、对细节的关注以及对团队协作的重视。通过合理配置和维护计算机环境,学生应展现出良好的职业形象和责任感,为未来的职场生涯打下坚实的基础。

拓展任务

　　1.探索鸿蒙操作系统的特色功能

　　鸿蒙操作系统作为华为推出的新一代智能终端操作系统,具有分布式能力、流畅的用户体验和强大的安全性能。学生可以探索鸿蒙系统中的分布式技术如何实现多设备间的无缝连接和资源共享,以及如何利用鸿蒙的API开发简单的应用程序。了解这些特色功能不仅能够拓宽技术视野,还能为未来跨平台开发打下基础。

　　2.研究麒麟操作系统在国产化进程中的应用

　　麒麟操作系统是中国自主研发的操作系统,广泛应用于政府、金融、能源等关键领域。学生可以研究麒麟操作系统在国产化替代中的实际应用案例,了解其在安全性、稳定性和兼容性方面的优势。通过对比麒麟与Windows等主流操作系统的差异,学生可以更深入地理解国产操作系统的技术特点和发展趋势。

3.深入了解 Windows 10 的最新更新和功能

Windows 10 作为全球广泛使用的操作系统,不断推出新的更新和功能以适应用户需求和技术发展。学生可以关注 Windows 10 的最新更新,如 Windows Subsystem for Linux (WSL)、DirectX 12 Ultimate 等,探索这些新功能如何提升系统性能和用户体验。同时,了解如何通过 Windows Update 管理系统和驱动程序的更新,确保系统的安全性和稳定性。

任务二　管理计算机资源

任务描述

在现代职场中,计算机不仅是处理日常工作的重要工具,更是管理资源、提高效率的关键。无论是处理文档、管理数据,还是协调项目,计算机都扮演着不可或缺的角色。通过有效管理计算机资源,我们可以确保工作流程的顺畅,提升工作效率。任务开展前,思考问题:

(1)在你的日常工作中,你是如何利用计算机来管理文件和文件夹的?

(2)你认为在管理计算机资源方面,还有哪些可以改进的地方?

学习目标

知识目标

1.掌握计算机文件及文件夹的基本操作,包括创建、重命名、移动、复制和删除。

2.了解文件属性和文件夹选项的设置,以及如何使用搜索功能快速定位文件。

3.熟悉计算机资源管理器的界面布局和功能,包括磁盘分区、文件类型和存储位置的管理。

技能目标

1.能够熟练操作文件和文件夹,实现高效的资源管理。

2.可以灵活运用文件属性和文件夹选项,优化文件存储和访问流程。

3.能够利用资源管理器进行系统化的计算机资源管理,提高工作效率。

素养目标

1.培养良好的文件管理习惯,确保工作环境的整洁和有序。

2.增强信息安全意识,合理设置文件权限和备份策略,防止数据丢失。

3.提升职场中的资源管理能力,适应快节奏的工作环境,提高个人职业竞争力。

知识准备

在现代职场中,计算机资源的管理是确保工作效率和数据安全的关键。随着信息技术的发展,文件及文件夹的使用已成为日常工作中不可或缺的一部分。了解如何有效地管理计算机资源,不仅能够提升工作效率,还能保护重要数据免受损失。

任务 2.1 文件及文件夹

一、文件

1.定义

文件是计算机中用于存储数据的基本单元。它能够容纳多种类型的数据信息,诸如文本、图像、音频、视频等等。举例而言,一个常规的.txt 文件往往存储着一篇文章的文字内容,而一个.jpg 文件则用于存储一张照片的图像数据。

2.命名规则

在大多数操作系统里,文件名遵循特定规则。其通常由主文件名与扩展名这两部分构成。主文件名主要用于表明文件的核心内容,扩展名则用以指定文件的类型。例如,对于文件"document.docx","document"即为主文件名,"docx"则是扩展名,这意味着该文件属于Word 文档类型。

常用文件类型及扩展名如表 1-3 所示。

表 1-3 常用文件类型及扩展名

文件类型	扩展名	描述
文档文件	.txt /.doc /.docx /.pdf /.rtf/.wps	包含各种文字处理相关格式,从纯文本到复杂文档结构,适用于不同文字编辑与文档交换需求
电子表格文件	.xls /.xlsx /.et	用于数据处理与分析,新版格式支持更多数据量与复杂功能
演示文稿文件	.ppt /.pptx /.dps	创建和展示幻灯片演示的格式,新版在动画等方面有更多支持
图像文件	.jpg /.jpeg /.png /.gif /.bmp /.psd	涵盖多种图像存储格式,有损与无损压缩、支持透明与动画等不同特性,适用于不同图像应用场景
音频文件	.mp3 /.wav /.aif /.aiff /.au	包含常见音频压缩与未压缩格式,以及特定系统或软件常用格式,满足音乐播放、编辑等不同音频处理需求
视频文件	.avi /.mp4 /.mov /.wmv/.flv	多种视频格式,在压缩比、兼容性、视觉质量、网络适应性等方面各有特点,用于视频存储、播放与传输
压缩文件	.zip /.rar /.7z	不同压缩算法的文件格式,在压缩比、功能(如加密、分卷)和兼容性上存在差异
可执行文件	.exe /.com	Windows 系统中运行程序或安装软件的格式,.com 在早期系统较常用
脚本文件	.bat /.cmd /.vbs /.js	分别用于 Windows 命令行脚本、基于 VISUAL BASIC 的自动化脚本以及网页开发与服务器端编程的脚本

续表

文件类型	扩展名	描述
其他文件	.html /.htm /.xml /.ini / .cfg /.log /.bak /.iso	包含网页创建、数据存储与交换、程序配置、记录与 备份、光盘映像等多种用途的文件格式

需注意,文件名不可包含某些特殊字符,像"/"、"\"、":"、" * "、"?"、"<"、">"、"|"(不同操作系统可能存在细微差别),因为这些字符在操作系统中有专门用途。

二、文件夹

1.定义

文件夹(在部分操作系统中也被称为目录)是用于组织与存储文件以及其他文件夹的容器。它类似于文件柜中的抽屉,将相关文件集中放置,以便于管理与查找。例如,可创建一个名为"工作文档"的文件夹,随后将所有与工作相关的文件,诸如报告、合同等都放置其中。

2.文件夹的层次结构

操作系统中的文件夹一般依照树形结构来组织。最顶层为根文件夹(如 Windows 系统中的 C:\,Linux 系统中的 /),根文件夹之下能够包含多个子文件夹与文件。子文件夹又能够进一步包含自身的子文件夹与文件,依此类推。这种层次结构有助于对大量文件进行分类管理。例如,在公司的文件服务器上,可能存在一个"部门"文件夹作为根目录下的一级文件夹,其中"销售部"文件夹是"部门"文件夹的子文件夹,在"销售部"文件夹之下又有"销售报表"、"客户信息"等更下一级的文件夹。

任务 2.2　文件及文件夹的相关操作

1.文件路径

文件路径是指在计算机文件系统中,用于定位文件或文件夹位置的字符串。它就像是文件或文件夹在计算机存储设备中的"地址",通过这个"地址",操作系统可以准确地找到相应的文件或文件夹。

例如:图 1-26 中 C:\Program Files(x86)\Kingsoft\WPS Office\11.8.2.10393\office6 就是 wps.exe 所在路径。

2.文件和文件夹的基本操作

(1)文件操作。

①创建:在桌面或文件夹空白处右键选"新建"后挑文件类型,或用软件编写保存。

②打开:找到文件所在处双击,或右键选"打开方式"后选程序。

③编辑:依软件编辑后,在"文件"菜单选"保存"或"另存为"。

④复制:选文件(单或多)右键选"复制",到目标处右键选"粘贴",也可用快捷键 Ctrl+C 与 Ctrl+V。

⑤移动:选文件后右键选"剪切",到目标处右键选"粘贴",或拖放(同盘移,不同盘默认复制,按 Shift 可改)。

⑥删除:选文件后右键选"删除"进回收站,按 Shift 可彻底删,或在回收站再次删除。

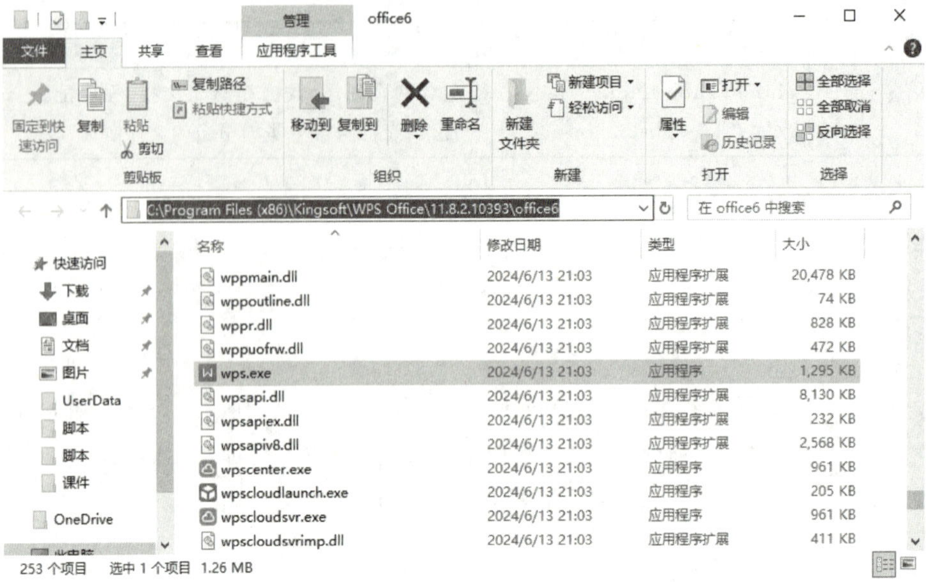

图 1-26　文件路径

⑦重命名：选文件后右键选"重命名"或单击文件名两次(有间隔)后编辑。

(2)文件夹操作。

①创建：在桌面或其他文件夹空白处右键选"新建-文件夹"并命名。

②打开：双击文件夹图标，或在资源管理器导航窗格定位。

③复制：选文件夹右键选"复制"，到目标处右键选"粘贴"，快捷键同文件复制。

④移动：选文件夹右键选"剪切"，到目标处右键选"粘贴"，拖放规则同文件移动。

⑤删除：选文件夹右键选"删除"进回收站，按 Shift 可彻底删或在回收站彻底删。

⑥重命名：选文件夹右键选"重命名"或单击两次(有间隔)后编辑。

⑦设置属性：右键文件夹选"属性"，可看常规属性并设只读、隐藏等，隐藏后可在文件夹选项改设置显示。

(3)查找文件或文件夹。

打开**"此电脑"**或任意文件夹窗口(这就是资源管理器)。在窗口右上角的搜索框中输入要查找的文件或文件夹的名称。例如，要查找一个名为"工作报告.docx"的文件，就在搜索框中输入"工作报告.docx"。然后系统会自动在当前文件夹及其子文件夹中进行搜索，搜索结果会实时显示在窗口中。

搜索时可以使用通配符来扩大或精确搜索范围。""代表任意字符序列，"?"代表单个字符。例如，".docx"可以搜索所有扩展名为.docx 的文件；"工作?告.docx"可以搜索类似"工作报告.docx"、"工作简告.docx"等文件名只有第三个字不同的文件。

任务 2.3　数据备份与恢复

一、数据备份的重要性

在数字化时代，数据是个人与企业的重要资产。无论是个人照片、文档，还是企业的客户资料等,一旦丢失,后果严重。数据备份即把重要数据复制存于其他安全处,防范因硬件故障、病毒、误操作、自然灾害等导致的数据丢失或损坏。例如,电商企业丢订单数据会影响运营与声誉,个人丢珍贵照片会有情感遗憾。

二、数据备份的方法

1.本地备份

(1)外部存储设备备份。

移动硬盘:容量大,数吉字节到数太字节。连接电脑后用系统复制粘贴或备份软件,可备份大量数据,如摄影师存素材。

U盘:适合小容量数据,如文档。插入电脑复制即可,方便学生备份作业论文等。

光盘:有CD、DVD、蓝光光盘等,容量各异。可刻录重要且少修改的数据,如企业财务报表,优点是稳定,缺点是读写慢、有寿命限制。

(2)本地存储设备备份。

本地磁盘冗余阵列(RAID):多个物理磁盘组合成逻辑阵列。如RAID 1将数据同时写入两磁盘,一磁盘故障另一磁盘仍有数据。企业服务器常用,像数据库服务器借此防硬盘故障致数据丢失。

2.网络备份

(1)家庭网络备份。

网络附加存储(NAS):连家庭网络的专用存储,容量可扩。家庭用户通过局域网用软件将数据备份至此,方便共享访问,如家庭照片视频备份。

云存储同步:云存储服务提供商有同步文件夹功能。安装客户端后,指定本地文件夹,文件自动上传并多设备同步。上班族可借此备份工作文档,实现多设备共享协同。

(2)企业网络备份。

企业级云存储服务:比家庭云存储更安全、容量大、管理功能全。企业可备份业务数据等,依组织结构设员工访问权限,如跨国企业备份财务数据。

数据中心备份:大型企业建或租数据中心。用专业软件和设备定期备份核心业务数据,且常采用异地备份策略,如银行备份客户信息与交易记录,防本地灾害致数据全失。

三、数据恢复的方法

1.从本地备份恢复

(1)外部存储设备恢复。

若电脑硬盘数据丢失,如因故障或病毒,用移动硬盘、U盘或光盘备份的数据恢复。连接备份设备,用系统复制功能或恢复软件,将数据复制回硬盘相应位置。如RAID 1阵列中一硬盘故障,换硬盘后可依配置软件恢复数据分布。

(2)系统还原点恢复(Windows系统为例)。

Windows定期创还原点,含系统文件、注册表等。系统出问题,如装错软件致不稳定,可进"系统还原"界面选还原点恢复,系统会重启并恢复到该状态,解决故障,恢复部分数据。

2.从网络备份恢复

(1)家庭网络备份恢复。

从家庭NAS恢复,连设备到家庭网,用管理软件或共享功能复制数据到本地。从云存储同步恢复,新设备装客户端登录,同步文件夹数据自动下载。如手机丢照片可从 NAS 找回,电脑重装系统可从云存储恢复文档。

(2)企业网络备份恢复。

从企业级云存储恢复,管理员或授权员工登录管理界面选文件或文件夹下载到本地设备或服务器。数据中心备份恢复时,管理员用专业工具和流程从备份存储提数据恢复到业务系统。如企业邮件服务器数据丢后可从数据中心备份恢复,企业还有数据恢复计划与应急流程,保障业务运营。

通过以上三个子任务的学习,我们将全面掌握文件及文件夹的使用和管理技巧,为创建高效的办公自动化环境打下坚实的基础。这些技能不仅能够帮助我们在职场中更加得心应手,还能提升我们的工作效率和数据安全意识。

实施与评价

通过学习,学生应掌握如下能力。

(1)文件及文件夹管理技能:学生通过本任务的学习,应能够熟练掌握文件和文件夹的创建、重命名、移动、复制和删除操作。学生应能够独立完成文件资源的组织和管理,确保在处理和存储文件时能够准确、高效地执行这些基本步骤。此外,学生还应掌握文件搜索和筛选的技巧,能够在大量文件中快速找到所需内容,提高工作效率。

(2)资源优化与效率提升:在完成任务的过程中,学生应学会合理规划计算机资源的分配,确保在有限的空间内高效管理文件和文件夹。通过反复练习,学生应能够提高资源管理的效率,减少因不熟悉操作而浪费的时间。学会定期清理和整理文件,避免因资源混乱导致的工作效率低下。

(3)工作素养的提升:本任务还旨在培养学生对资源管理的重视和对任务的责任心。通过学习如何准确操作文件和文件夹,学生应逐步形成严谨的工作态度,确保文件管理的规范性和有序性。同时,通过与同学的交流与合作,学生还应在团队协作和沟通能力方面有所提升,学会在资源管理中如何与他人高效协作。

拓展任务

1.探索云存储与同步技术

在现代办公环境中,云存储和同步技术已成为不可或缺的一部分。学生可以研究不同的云服务提供商,如 Google Drive、Dropbox 或 OneDrive,了解它们如何帮助用户在不同设备间同步文件和数据。通过实践,学生可以学习如何设置和使用这些服务,确保文件的安全存储和便捷访问,这对于提高工作效率和团队协作至关重要。

2.研究虚拟化技术在办公自动化中的应用

虚拟化技术,如虚拟机和容器化,正在改变我们使用计算机资源的方式。学生可以探索这些技术如何帮助创建一个更加灵活和高效的办公环境。例如,了解如何使用 VMware 或 Docker 来部署和管理应用程序,以及这些技术如何支持远程工作和多用户协作。通过这些研究,学生可以预见未来办公自动化的发展趋势,并为适应新技术做好准备。

→ **填空题**

（1）操作系统是用户与_____的底层硬件之间交互的接口和桥梁。

（2）计算机系统由_____和_____两大部分组成。

（3）硬件系统由_____、_____、_____、输入设备和输出设备这 5 部分组成。它们是_____计算机运行的_____基础。

（4）文件路径是指在计算机文件系统中，用于_____文件或文件夹_____的字符串。

（5）_____是计算机中用于存储数据的基本单元。

（6）在大多数操作系统里，文件名遵循特定规则。其通常由_____与扩展名这两部分构成。

（7）Windows 10 操作系统的帐户分为_____帐户和_____帐户。

模块二
探索职场——WPS 文字排版

WPS 文字是 WPS Office 办公软件中的一款优秀的文字处理软件，主要用于文档格式化和排版，目前广泛应用于各领域的办公自动化。WPS 文字与早期版本相比，新增了部分很实用的功能。从整体特点上看，WPS 文字丰富了人性化功能、改进了用来创建专业品质文档的功能，为协同办公提供了更加简便的途径，使用起来更高效、更方便。

本模块以医院工作情景为例引入项目教学主题，并贯穿于整个模块中，让学生了解相关知识点在实际工作中的应用情况，此模块以制作"医院宣传手册"的工作项目为流程，使学生掌握 WPS 文字的使用方法，解决各种常见的问题。模块分为六个项目，内容如下：

项目一　救死扶伤——创建医院宣传手册

项目二　表里如一——编排医院宣传手册

项目三　求真务实——美化医院宣传手册

项目四　德艺双馨——制作医院宣传手册表格

项目五　力学笃行——修饰医院宣传手册

项目六　广而告之——输出医院宣传手册

完成效果如图 2-1 所示。

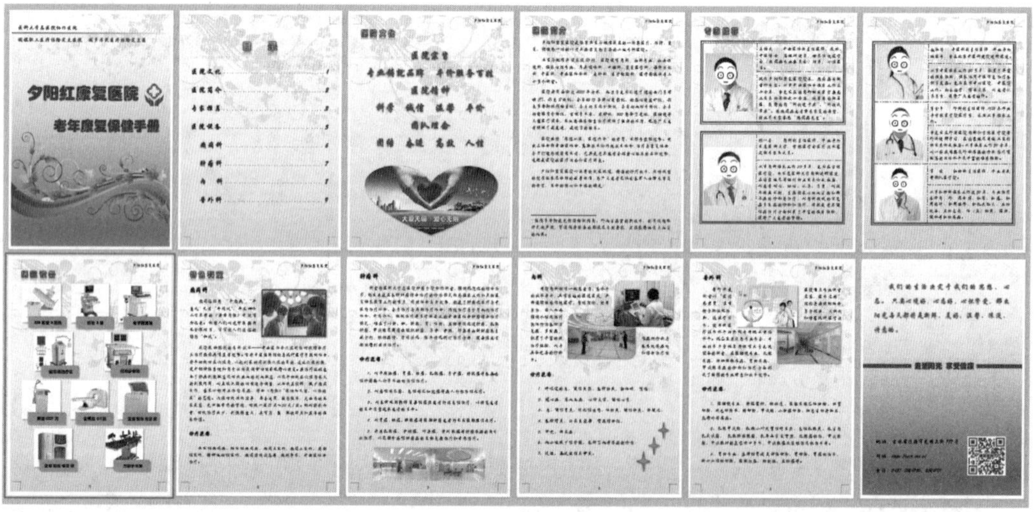

图 2-1　最终效果图

项目一　救死扶伤——创建医院宣传手册

项目描述

医院为宣传本院,向广大职工征集医院宣传手册。要求如下:①使用 WPS 文字制作医院宣传手册,按规定确定纸张大小及版式。②包含封面、封底、医院简介、专家介绍、科室介绍等主要内容,要求页面新颖、美观、有创意,能体现医院多年积淀的文化内涵和精神底蕴。

宣传部小明决定参加这次征集活动,现在他需要收集素材、熟练地掌握 WPS 文字的功能和操作。医院宣传手册作为医院形象传播的重要载体,不仅能提升医院的知名度,还能让患者在就医前充分了解医院的特色与优势,增强患者的信任感,促成更高效的医疗服务。

本项目旨在通过创建医院宣传手册,培养学生掌握 WPS 文字处理软件的基本操作与排版技巧。通过这一实践任务,学生将学习如何创建专业文档,掌握文档的新建、保存、格式设置等技能,同时在模拟真实职场情境中锻炼文档编辑和信息传达的能力。此项目的完成将为学生未来在职场中应用文字处理软件奠定坚实的基础。

任务一　创建医院简介

任务描述

在现代医疗机构中,医院宣传手册是传递医院信息、展示医院特色的重要工具之一。医院简介部分尤为关键,它概述了医院的基本情况、医疗设备、服务理念等核心内容,帮助患者和社会公众快速了解医院的整体实力和服务优势。为了创建一份专业的医院宣传手册,熟练掌握 WPS 文字处理软件的基础操作是必不可少的。

在本任务中,学生将模拟医院宣传手册的创建过程,学习如何通过 WPS 文档工作界面进行文档的新建、打开、保存和关闭等操作。学生将编辑医院简介部分,涉及文本的选择、插入、删除、复制、剪切和粘贴等基础操作。在任务开始前,思考以下问题:

(1)在日常学习或工作中,你是如何使用文字处理软件来编辑和管理文档的?

(2)你认为在创建一份正式的文档时,哪些操作是最基本也是最重要的?

学 习 目 标

知识目标

1.掌握 WPS 文档工作界面的功能布局,包括菜单栏、工具栏、文档窗口和状态栏的基本操作。

2.了解并熟练掌握文档的新建、打开、保存和关闭的操作流程。

3.熟悉文本的选择、插入、删除、复制、剪切和粘贴等基本编辑操作。

技能目标

1.能够准确操作 WPS 文档的界面功能，熟练执行新建、保存、打开和关闭文档等基本操作。

2.可以快速选择、插入和删除文本，确保文档内容的正确性和完整性。

3.能够高效地使用复制、剪切和粘贴功能，优化文档内容的排版和布局。

素养目标

1.能够正确理解并运用 WPS 文档的基础操作，养成规范化的文档管理习惯。

2.培养细致、严谨的文档编辑态度，增强在职场中的文档处理能力。

3.提升信息化办公的素养，能够独立完成常见的文档编辑任务，并适应现代办公需求。

📢 知识准备（课前）

掌握 WPS 文字
基本排版

WPS 文档工作界面是进行所有文档编辑工作的起点。通过这个界面，用户可以进行文档的新建、打开、保存、关闭等基本操作。虽然这些操作看似简单，但它们构成了文档编辑的基础。新建文档是所有编辑工作的起点，打开和保存文档则确保了工作的连续性和成果的安全，而关闭文档则是编辑流程的结束。在实际工作中，熟练掌握这些基本操作是保证文档编辑效率和质量的关键。

在文档的编辑过程中，文本的选择、插入、删除、复制、剪切和粘贴操作是最常见的任务。这些基本的编辑操作不仅决定了文档的内容布局，还影响到文档的可读性和专业性。例如，精准地选择文本可以帮助你在文档中快速找到并修改内容，插入和删除文本功能使你能够灵活调整文档的内容结构，而复制、剪切和粘贴操作则大大提高了文档编辑的效率。

在进行本任务之前，思考一下：你是否曾经在编辑文档时遇到过保存文件时丢失数据的问题？或者在进行文本复制和粘贴时，格式发生了意外的变化？这些问题看似小，却常常影响到最终文档的质量。在本次任务中，你将通过对 WPS 文档工作界面的熟悉，系统学习如何新建、保存、打开和关闭文档，并掌握文本的基本编辑操作。这些技能不仅会帮助你在完成医院宣传手册时更加得心应手，还将为你在未来的职场中应对各种文档处理任务打下坚实的基础。

任务 1.1　WPS 文档工作界面

在进行任何文档编辑之前，我们首先需要熟悉 WPS 文档工作界面，这是我们操作和管理所有文档的主要平台。界面的布局设计非常直观，包括标签栏、功能区、编辑区、状态栏、导航窗格、任务窗格，每一个部分都有其独特的功能和作用。

标签栏：用于标签切换和窗口控制，包括标签区（访问/切换/新建文档、网页、服务）、窗口控制区（切换/缩放/关闭工作窗口、登录/切换/管理账号）。

功能区：承载了各类功能入口，包括功能区选项卡、"文件"菜单、快速访问工具栏（默认置于功能区内）、快捷搜索框、协作状态区等。

编辑区：内容编辑和呈现的主要区域，包括文档页面、标尺、滚动条等。WPS 表格组件中还包括名称框、编辑栏、工作表标签栏，WPS 演示组件中还包括备注窗格。

状态栏：显示文档状态和提供视图控制。默认是"页面视图"，在此可以快速切换"全屏显示""阅读版式""写作模式""大纲""Web 版式""护眼模式"。还可调整"页面缩放比例"，拖动滚动条可快速调整，最右侧的是"最佳显示比例"按钮。

导航窗格和任务窗格：提供视图导航或高级编辑功能的辅助面板，一般位于编辑界面的两侧，执行特定命令操作时将自动展开显示。WPS 文档工作界面如图 2-2 所示。

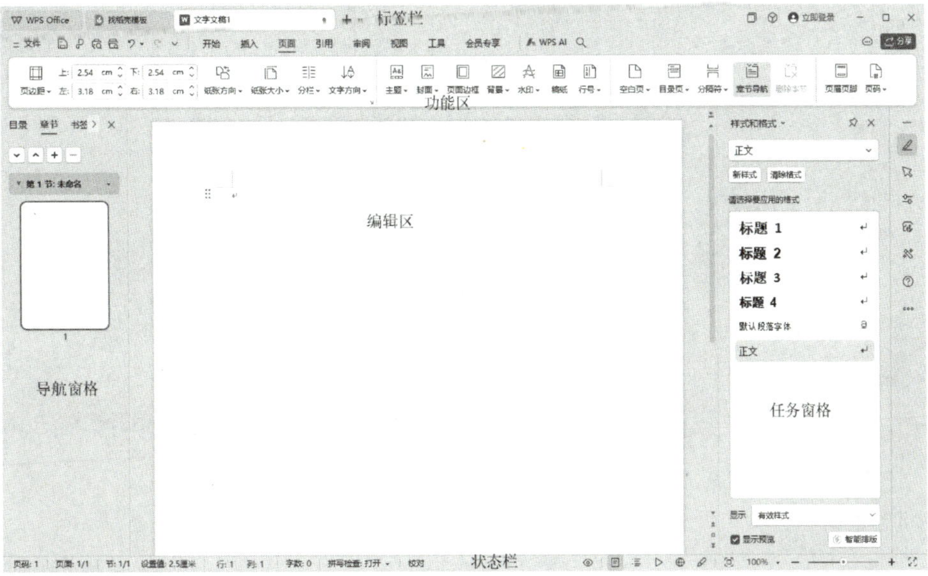

图 2-2　WPS 文档工作界面

任务 1.2　文档的新建、打开、保存和关闭

1.创建新文档

（1）WPS 文字启动后单击"文件"→"新建"→"空白文档"会创建一个名为"文字文稿 1"的空白文档，如图 2-3 所示。

（2）在文件夹或桌面空白处，点击鼠标右键，然后选择"新建"命令，最后选择"DOCX 文档"可建立一个新空白文档。

（3）使用快捷键"Ctrl＋N"，可建立一个新空白文档。

2.打开文档

WPS 文字的打开方法很多，主要分为已存储的新文档和要创建的新文档两种模式。具体情况如下：

（1）运用鼠标定位到已经存储文件的位置，双击要打开的 WPS 文字，WPS 文字应用程序启动并打开该文档。

（2）若要打开一个新文档或要对以前创建的文档进行编辑，首先选择"文件"选项卡→"打开"命令，然后找到文档存储的位置并选择后，单击"打开"按钮或双击文档。如图 2-4 所示。

图 2-3　创建新文档

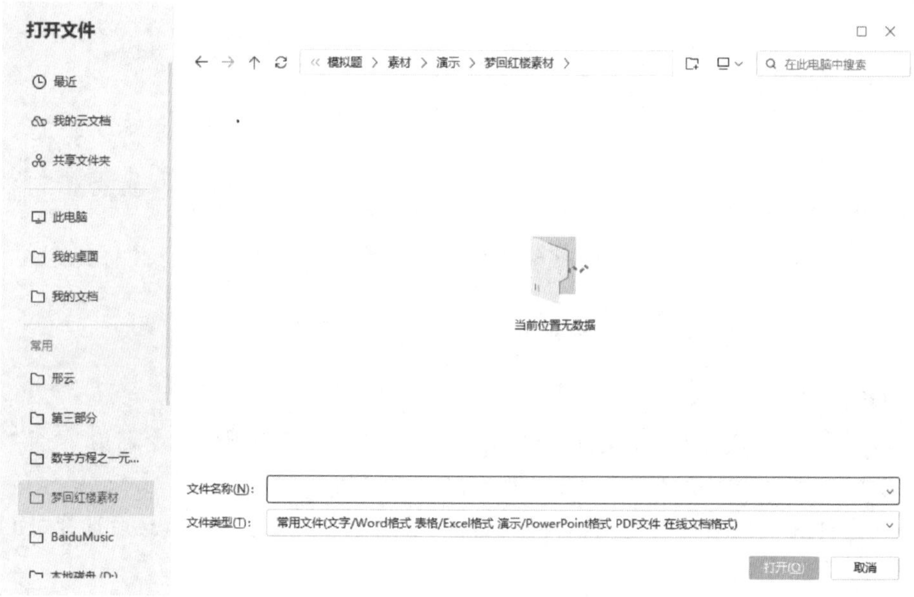

图 2-4　打开文档

3.保存文档

WPS文字中所有操作都在内存工作区中进行,如果不执行存盘操作,出现切断电源或者发生其他故障,所做的工作得不到保存,就有可能丢失。所以WPS文字编辑文档时,需及时保存文档,另外,还有必要在编辑过程中定时保存,防止内容的丢失,保存文档方法如下:

(1)选择"文件"选项卡→"保存"命令,若保存文档,会弹出"另存为"对话框,然后指定保存文档的位置输入文件名,单击"保存"按钮即可。如果是已经保存过的文件,直接单击"保存"按钮,软件会自动保存到上一次保存文档位置,如图2-5所示。

图 2-5　保存文档

（2）选择"文件"选项卡→"另存为"命令，可直接保存到用户指定的文档存储位置。

（3）单击"快速访问工具栏"中的"保存"按钮，实现文档保存。

4. 关闭文档

单击 WPS 文字窗口的右上角"关闭"按钮即可关闭文档。

任务 1.3　文本的选择、插入、删除、复制、剪切和粘贴

1. 文本的选择

在用 WPS 文字进行文档编辑时，文本选择操作最常见。常见方法为从起始位置开始按住鼠标左键，然后拖动到结束位置。然而在 WPS 文字中有特殊的文本选择方法，可更快地进行文本选择，具体如下：

（1）某句选择：按住"Ctrl"键的同时，单击某句中的文字，Word 会选择整个句子，即选择两个句号之间的文字。

（2）较长文本的选择：如需选择较长文本，超出屏幕的显示范围，可先在起始位置单击，然后拖动滚动条显示结束位置，按住"Shift"键单击结束位置即可。

（3）某个词语的选择：双击某词语即可选择该词语。

（4）单行文本的选择：在某行的左侧空白位置单击，即可选择整行，按住鼠标左键上下拖动可选择多行文本。

（5）段落的选择：在段落中三击鼠标即可选择整段文字，或者在段落左侧的空白处双击。

（6）纵向选择文本：按住"Alt"键向下拖动鼠标，即可纵向选择文字。

（7）整篇文档内容选择：按快捷键"Ctrl＋A"或在左边页面内的空白处三击鼠标。

2. 文本的插入、删除、复制、剪切和粘贴操作

（1）文字插入：文档中插入文字最简单的方法是，直接用鼠标在要插入的位置单击，把插

入点定位在要插入的位置并且闪烁,然后输入要插入的文字即可。

(2)文字删除:删除文本使用"Backspace"和"Delete"键,按一次"Backspace"键可删除插入点左边的一个字符,按一次"Delete"键删除插入点(删除光标)右边的一个字符。当要删除的内容较多时,可以使用文本块删除方式,即:选择文本块,让要删除的文本反白显示,然后按"Backspace"键或"Delete"键执行删除操作。

(3)文字复制:复制操作是把被选的文本或图形复制到剪贴板上,以便粘贴之用。在执行复制命令之前,先选定文本,然后选择"开始"选项卡,单击"复制"命令,或者用鼠标右击选定的文本,从弹出的快捷菜单中选择"复制"命令,完成复制。

(4)文字剪切:剪切操作用于删除被选择的文本或图形,并将它们存放于剪贴板上。在执行剪切之前,先选定文本,然后选择"开始"选项卡,单击"剪切"命令,或者用鼠标右击选定的文本,从弹出的快捷菜单中选择"剪切"命令,将文本剪切到剪贴板上。

(5)粘贴文字:粘贴操作用于将剪贴板上的内容插入到文档中插入点所在的位置。复制或剪切文本后,将鼠标定位到要插入内容的位置,然后选择"开始"选项卡,单击"粘贴"命令,或者用鼠标右击,从弹出的快捷菜单中选择"粘贴"命令,内容即被粘贴到指定的位置。

实施与评价

(1)通过学习,学生应掌握如下能力。

①文档操作技能:学生通过本任务的学习,应能够熟练掌握 WPS 文档工作界面的各项功能,包括菜单栏、工具栏的使用,以及文档窗口的管理。学生应能够独立完成文档的新建、保存、打开和关闭操作,确保在创建和管理文档时能够准确、高效地执行这些基本步骤。此外,学生还应掌握文本的选择、插入、删除、复制、剪切和粘贴操作,能够在编辑文档内容时灵活运用这些技能,达到预期的排版效果。

②时间管理与效率提升:在完成任务的过程中,学生应学会合理安排编辑文档的时间,确保在规定时间内高质量地完成任务。通过反复练习,学生应能够提高操作效率,减少因不熟悉操作而浪费的时间。学会定期保存文档内容,避免因意外情况导致的工作内容丢失,这也是时间管理和工作效率提升的一部分。

③工作素养的提升:本任务还旨在培养学生对细节的关注和对任务的责任心。通过学习如何准确操作文档界面和编辑工具,学生应逐步形成严谨的工作态度,确保文档内容的准确性和排版的规范性。同时,通过与同学的交流与合作,学生还应在团队协作和沟通能力方面有所提升,学会在文档编辑中如何与他人高效协作。

(2)按照"任务单 5"要求完成本任务。

拓展任务

1. 了解 WPS 文档的更多高级功能

在掌握了 WPS 文档的基本操作后,学生可以进一步探索 WPS 中的高级功能。例如,学习如何使用"样式"来统一文档的格式,如何设置段落间距和缩进,或者如何创建和管理文档目录。这些功能将帮助学生更好地排版和组织复杂的文档内容,为将来处理更专业的文档打下基础。

2.研究文档版本管理与协作编辑

随着文档编辑需求的增加,特别是在团队合作中,版本管理和协作编辑变得尤为重要。学生可以通过学习如何在WPS中使用"修订"功能来跟踪文档的修改历史,了解如何共享文档并与他人协作编辑。这些技能在实际工作中非常实用,尤其是在项目管理和多人协作的场景中。

任务二　创建特色科室

任务描述

小明已经完成医院简介的创建,接下来需要介绍医院的重要科室。本任务的重点在于掌握WPS文档中的分页符、页面布局、插入项目符号、编号、日期和符号等操作,通过这些技能,学生将能够为医院宣传手册中的各类信息创建清晰、易读的结构,使得内容展示更加专业。

在具体操作中,学生需要通过插入分页符来合理分割文档内容,确保不同部分的内容独立成页,从而提高文档的可读性和美观度。此外,利用页面布局功能,学生可以调整页面的边距、方向和尺寸,以符合医院手册的设计需求。插入项目符号和编号将帮助学生清晰地列出医院的特色科室、医疗设备或服务项目,便于读者快速获取关键信息。同时,插入日期和符号等功能则能够为文档增添更多的细节,使手册内容更加完整和正式。

在任务开展前,请思考以下问题:

(1)在阅读或创建文档时,你是否注意到清晰的内容分段和合理的页面布局能极大提升文档的可读性? 你是否遇到过内容混杂在一起、不易区分的情况?

(2)你认为在医院宣传手册中,哪些内容需要特别标注? 如日期、特殊符号等,这些元素如何影响读者对信息的理解?

学习目标

知识目标

1.了解如何在WPS文档中使用分页符进行内容分割,提升文档的可读性和美观度。

2.掌握页面布局的调整方法,包括页面边距、方向和尺寸的设置,使文档符合设计需求。

3.熟悉插入项目符号和编号的方法,能有效地列出并分类医院的特色科室、医疗设备或服务项目。

4.掌握在文档中插入日期和符号的操作,增强文档的正式性和完整性。

技能目标

1.能够在实际文档中熟练使用分页符和页面布局工具,创建清晰、结构化的医院宣传手册。

2.精确地在文档中插入项目符号和编号,帮助读者快速获取关键信息。

3.能够准确地在文档中插入日期和符号,确保内容的准确性和专业性。

素养目标

1.培养对文档编辑中页面布局和内容结构的敏感性,提升文档排版的美感和专业性。

2.增强对细节的关注能力,确保在文档中正确应用符号和格式,使内容表达更具条理和清晰。

3.发展文档编辑的创新思维,能够灵活运用所学技能,制作出具有个性化和专业化的宣传手册。

📢 知识准备(课前)

在"创建特色科室"这一任务中,我们将深入探讨如何利用WPS文档的高级功能来优化文档的排版和布局,使医院宣传手册不仅内容丰富、结构清晰,而且具有较高的可读性和专业性。为了更好地完成这一任务,学生需要具备一定的知识背景,了解相关的历史渊源,并掌握必要的操作技能。这些准备工作将为你在实际操作中提供坚实的基础,使你能够自如地运用这些功能来创建高质量的文档。

设置文本与段落

任务2.1 分页符的使用与页面布局的调整

1.插入分页符

分页符主要用于在WPS文字文档的任意位置进行强制分页,使分页符后边的内容转到新的一页。使用分页符分页不同于WPS文字文档自动分页,分页符前后文档始终处于两个不同的页面中,不会随着字体、版式的改变合并为一页。用户可以通过三种方法在WPS文字文档中插入分页符。

(1)打开WPS文字文档窗口,将插入点定位到需要分页的位置,切换到"插入"功能区。单击"分布"按钮,并在打开的"分页"下拉列表中选择"分页符"选项,如图2-6所示。

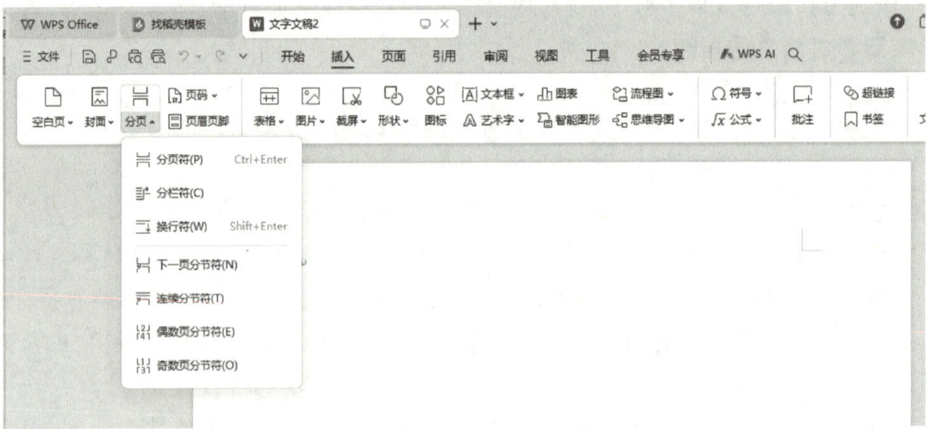

图2-6 通过"插入"选项卡插入分页符

(2)打开WPS文字文档窗口,将插入点定位到需要分页的位置,切换到"页面"功能区,单击"分隔符"按钮下的"分页符"即可。

（3）打开 WPS 文字文档窗口，将插入点定位到需要分页的位置，按下"Ctrl＋Enter"组合键插入分页符。

除分页符之外，Word 还提供了多种分隔符，各种分隔符的作用如表 2-1 所示。

表 2-1　"分隔符"的参数作用

类型		作用
分隔符	分页符	使插入点后的内容移到下一页
	分栏符	在多栏式文档中，使插入点后的内容移到下一栏
	换行符	使插入点后的义字移到下一行，但换行后的两部分内容仍属于同一段落
分节符	下一页	插入分节符并分页，使新节由下一页开始
	连续	插入分节符，使新节由插入点开始
	偶数页	插入分节符，使新节由下一个偶数页开始
	奇数页	插入分节符，使新节由下一个奇数页开始

2.页面设置

页面设置是打印文档之前必要的准备工作，主要是指页边距、纸张大小、纸张来源和版面的设置。选择"页面布局"选项卡，在"页面设置"组中可以设置文档的页面属性，也可以单击其右下角的对话框"启动器"按钮，打开"页面设置"对话框，如图 2-7 所示。该对话框中 5 个选项卡的功能介绍如下。

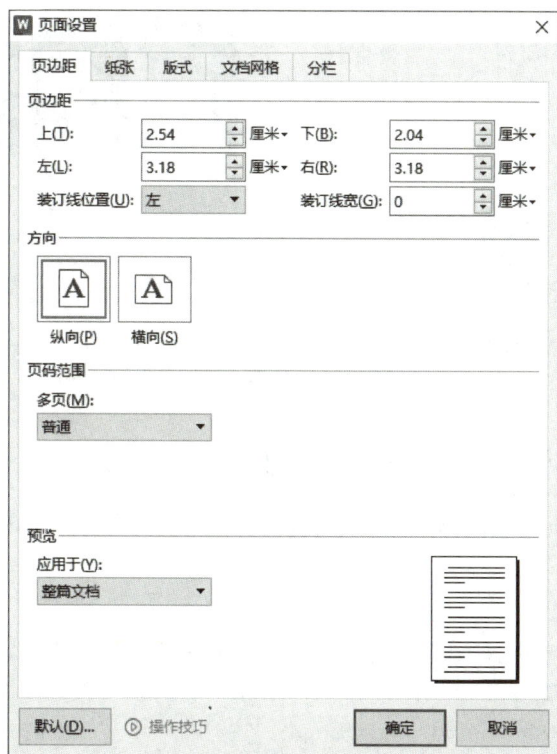

图 2-7　页面设置对话框

（1）"页边距"：页边距是指文字与纸张边缘的距离。设置纸张边距与页眉页脚的位置。

（2）"纸张"：主要进行纸张大小、用纸方向及应用范围的设置。

（3）"版式"：进行页眉页脚的设置和文档垂直对齐方式等设置。

（4）"文档网格"：可实现在文档中每行固定字符数或每页固定行数的设置。

（5）"分栏"：可对文档进行分栏设置。

3. 设置背景

在文档中可以设置页面的背景，使文档背景更加鲜活、美观。单击"页面"选项卡标签下的"背景"，如图2-8所示，可选择"主题颜色""标准色""渐变颜色""图片背景"等。

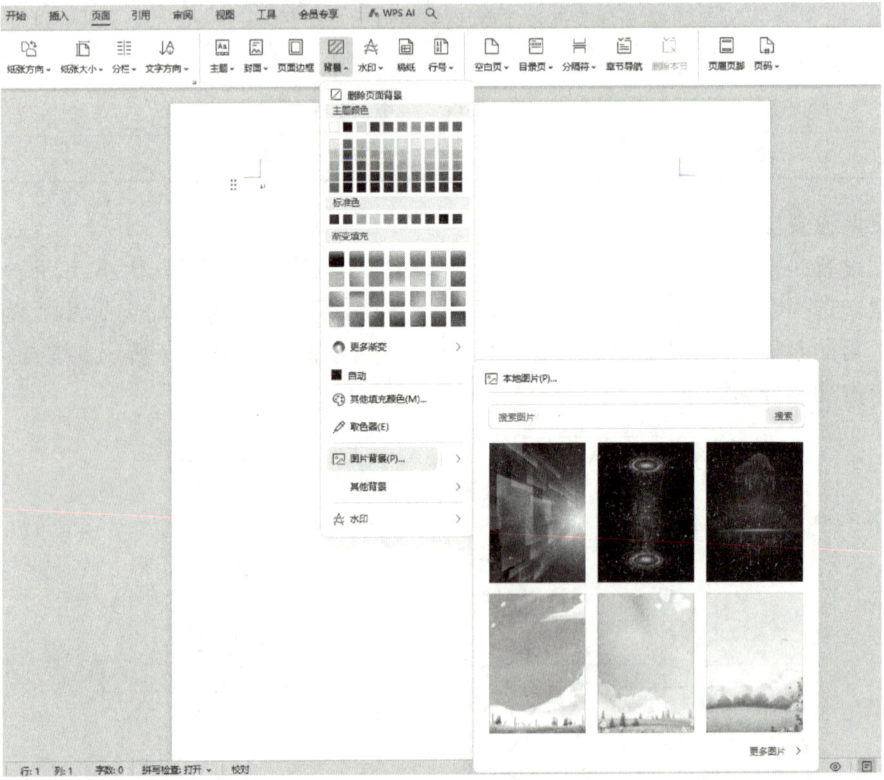

图 2-8　背景设置

任务 2.2　插入项目符号与编号的技巧

为了使文档层次分明，结构清晰，便于阅读，可以使用"项目符号和编号"功能对文档段落进行自动编号。

（1）添加项目符号。

单击"开始"选项卡，选择"段落"组，单击"项目符号"下三角按钮，在展开的库中选择需要的样式，如图2-9所示。

（2）添加编号。

单击"开始"选项卡，选择"段落"组，单击"编号"下三角按钮，在展开的库中选择需要的样式，如图2-10所示。

图 2-9 添加项目符号

图 2-10 添加编号

任务 2.3　日期与符号的正确插入

1. 插入日期

把插入点定位到需要插入日期的位置，选择"插入"选项卡，单击"文档部件"下的"日期"按钮，弹出"日期和时间"对话框，如图 2-11 所示，选择所需日期样式，单击"确定"按钮即可插入日期。

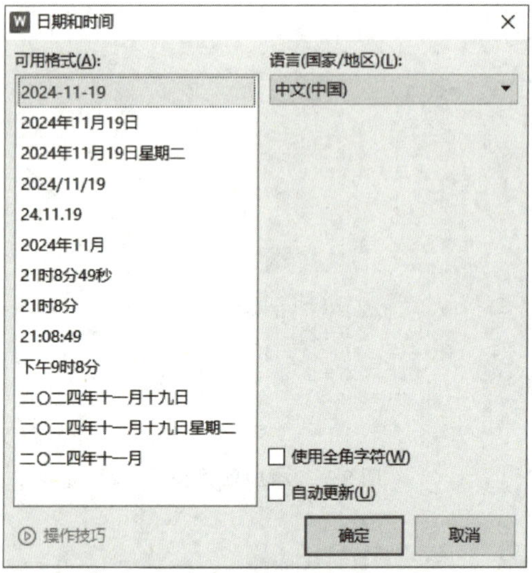

图 2-11　"日期和时间"对话框

如果在"日期和时间"对话框中选择日期格式后，勾选"自动更新"复选框，那么在以后打开该文档时，插入的日期将自动更新，即显示的日期为打开文档时的日期。

2. 插入符号和特殊符号

在文档编辑过程中，经常需要输入一些键盘符号之外的特殊符号，如①②③⋖⋟∩↖↗等，这些符号和特殊符号可以通过"符号"命令按钮以及软键盘来插入。

将插入点定位于要插入符号的位置，单击"插入"选项卡→"符号"→"其他符号"，弹出图 2-12 所示的"符号"对话框，在对话框选取符号后单击"插入"按钮，即可实现符号的输入。

图 2-12　"符号"对话框

实施与评价

（1）通过学习,学生应掌握如下能力。

①文档排版与布局技能：通过本任务的学习,学生应能够熟练掌握 WPS 文档中的分页符、页面布局、插入项目符号、编号、日期和符号等功能。学生应能够独立完成文档的分页操作,确保内容分段合理,逻辑清晰。同时,学生应能熟练调整页面布局,包括页面边距的设置、方向的选择和纸张尺寸的调整,确保文档在不同设备上的显示效果一致且专业。项目符号和编号的应用则帮助学生将信息结构化,使得内容层次分明,便于读者理解和查阅。此外,学生应掌握插入日期和符号的方法,确保文档内容的完整性和专业性,这些细节的处理是确保医院宣传手册质量的重要环节。

②时间管理与任务完成效率：在任务执行过程中,学生应学会合理分配时间,确保在规定的期限内高质量地完成文档编辑任务。通过任务的反复练习,学生应提高在 WPS 中编辑文档的速度和准确性,减少因不熟悉工具或操作不当而导致的时间浪费。学生还应养成定期保存文档的习惯,以防止因突发状况造成的内容丢失,这一技能对于提升任务完成效率和确保工作成果的安全性至关重要。

③细致严谨的工作素养：本任务旨在培养学生对文档细节的关注和对工作的责任心。学生应通过任务的完成,逐步形成严谨的工作态度,在文档编辑中关注每一个细节,如分页符的准确位置、页面布局的合理性、项目符号和编号的一致性等。此外,学生还应学会在团队协作中与他人有效沟通和合作,共同完成文档编辑任务。这种团队合作的经验不仅提高了学生的协作能力,也为将来在职场中进行文档处理和项目合作奠定了良好的基础。

（2）按照"任务单 6"要求完成本任务。

拓展任务

1. 了解文档格式的兼容性与转换

在实际工作中,常常需要在不同的文档格式之间进行转换,例如将 WPS 文档转换为 PDF,或将 docx 格式的文档导入到 WPS 中编辑。学生可以研究不同文档格式之间的兼容性问题,了解如何在不损失格式和内容的前提下进行文档转换。可以探索常见的文档格式及其适用场景,并学习如何使用 WPS 自带的格式转换工具。

2. 研究如何使用云端协作功能

随着远程办公和在线协作的普及,云端文档处理和协作成为现代办公的重要趋势。学生可以通过 WPS 云端功能,学习如何与他人共享文档、实时协作编辑、跟踪文档的修订历史等。这将帮助学生在团队项目中更好地协作,并提高工作效率。了解云端协作的优点和潜在的安全问题,也是这一拓展任务的重要部分。

课程思政案例

WPS 背后的中国软件自主创新与创业故事

在中国软件行业的历史长河中,WPS 的诞生与发展可以说是一个经典的自主创新和创业成功的典范。作为中国最早的办公软件之一,WPS 的成长历程不仅见证了中国信息化发展的历程,也展现了中国科技企业在全球化竞争中如何通过创新和努力实现突破的故事。

20 世纪 80 年代末,金山软件公司创始人求伯君在深圳的一个小房间里,独自编写了 WPS 的第一个版本。那时,中国的软件市场几乎被国外产品垄断,求伯君凭借着对编程的热爱和对国产软件的信念,开启了 WPS 的创业之路。WPS 1.0 的发布,填补了中国自主办公软件的空白,使得中国用户第一次有了自己的中文处理工具。

然而,在 20 世纪 90 年代,随着微软 Office 等国际巨头的进入,WPS 一度面临巨大挑战,市场份额迅速被压缩。面对困境,金山软件并没有放弃,而是通过不断的技术创新和市场开拓,在产品功能、用户体验以及市场定位上进行了全面升级。特别是在互联网和移动互联网兴起的背景下,金山软件敏锐地捕捉到云计算和移动办公的趋势,将 WPS 打造成了兼具 PC 端、移动端和云端功能的一体化办公软件。

今天的 WPS,已经不再仅仅是一款文档处理工具,它还提供了文档共享、协作编辑、智能排版等多种功能,并在全球市场赢得了广泛用户,成为中国软件走向世界的一个成功案例。WPS 在多个国家和地区拥有用户,并且在东南亚等新兴市场占据了一席之地。

WPS 的创业故事不仅是中国软件行业发展的缩影,也激励着无数中国科技企业在国际竞争中坚守自主创新的道路。这个案例告诉我们,面对外部压力,创新和坚持是企业成功的关键。在全球化的今天,WPS 的成功也证明了中国企业具备在国际市场上与世界级竞争者竞争的实力。

通过 WPS 的创业故事,我们可以看到,软件不仅仅是工具,更是一个国家科技实力的重要体现。而在信息化时代,掌握和应用好像 WPS 这样的办公软件,不仅有助于提高个人的工作效率,也能为推动国家的信息化建设和企业的全球化发展贡献力量。

项目二　表里如一——编排医院宣传手册

项目描述

　　医院宣传手册文本部分已经创建完成,虽然内容已经输入然而格式不够分明、有序,文字堆积,如果不进行合理排版,既给编辑者带来视觉疲劳,也易使阅读者产生烦躁。现在需要小明开始对"医院宣传手册"内容进行文档排版,主要进行字符、段落格式化排版,使其内容有序清晰。

　　本次工作任务的要求:对医院宣传手册中的"医院简介"和"特色科室"进行字符及段落的格式化,使其层次分明、侧重点突出,效果清晰、美观。

　　本项目的核心在于帮助学生掌握 WPS 文字排版软件的应用技巧,通过对段落格式的设置、格式刷的使用以及查找和替换功能的熟练操作,学生将学习如何高效地编排医院特色科室的内容,使手册在视觉上更具吸引力,同时保证信息传达的准确性和一致性。在信息传递愈加依赖视觉效果的今天,掌握这些排版技能不仅能够提升学生的职场竞争力,更能让他们在实际工作中游刃有余地处理各类文档任务,满足不同场景下的专业需求。

　　通过这一项目,学生不仅将获得文字排版的实用技能,还将深入理解文档编排在构建组织形象和提高信息传播效率中的关键作用。这一学习过程将为他们未来在职场中的多样化工作任务打下坚实的基础。

任务一　编排医院简介

任务描述

　　医院简介作为宣传手册的重要组成部分,不仅要准确传达医院的基本信息,还要通过专业的排版和设计来吸引读者的注意。在编排医院简介的过程中,设置字体格式是至关重要的一环。合适的字体格式能够提高文本的可读性,使关键信息更加突出,从而提升宣传手册的整体质量。

　　在本任务中,你将学习如何在 WPS 中设置字体格式,包括选择适合的字体类型、调整字号、设置字形(如加粗、斜体、下划线)以及更改字体颜色等。这些操作将帮助你将医院简介中的重要信息有效地呈现出来,确保内容在视觉上具有吸引力并符合专业标准。

　　在任务开展前,请思考以下问题:

　　(1)在日常阅读中,你是否注意到不同的字体和字号对文本的可读性和视觉效果有何影响? 可以举例说明在你看来比较专业或吸引人的排版样式是什么样的?

（2）在编排文档时,你认为哪些信息需要通过字体格式的调整来加以强调？这些调整如何帮助读者更好地理解和记忆内容？

学习目标

知识目标

1.了解字体格式和段落在文档排版中的重要性,掌握 WPS 文档字体、段落排版的基本操作,如设置字符间距、字体类型、字号大小、文字颜色、文字效果、段落间距、对齐方式和缩进等。

2.掌握 WPS 文档字体、段落格式的清除方法。

技能目标

1.能够准确操作 WPS 文档的"开始"选项卡标签下的字体和段落分组,熟悉界面功能,熟练文字格式化等基本操作。

2.能够高效地使用复制、剪切和粘贴功能,优化文档内容的排版和布局。

素养目标

1.能够正确理解并运用 WPS 文档的基础操作,养成规范化的文档管理习惯。

2.培养细致、严谨的文档编辑态度,增强在职场中的文档处理能力。

3.提升信息化办公的素养,能够独立完成常见的文档编辑任务,并适应现代办公需求。

知识准备(课前)

在编排医院简介的过程中,设置字体格式是一个至关重要的环节。字体格式不仅直接影响文本的视觉效果,还对读者的阅读体验和信息传达的准确性有着重要作用。因此,在着手进行这一任务之前,了解字体格式的相关知识背景和历史渊源是非常必要的。本次任务将围绕如何在 WPS 文档中设置和调整字体格式展开,帮助你掌握这一基本但极为重要的文档编辑技能。

任务 1.1　字符格式化

字符格式化主要包括设置文档中字符的字体、字形、字号、颜色、文字效果,字符的位置及字符的间距等。

在对文档内容进行字符格式化操作之前,必须首先选取要进行操作的字符。在 WPS 文字中设置"字符"格式化有以下两种方法。

（1）单击"开始"选项卡,功能区就展现出各种格式编辑的命令,选择"字体"分组功能区即可,如图 2-13 所示。

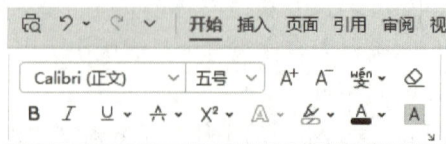

图 2-13　"字体"分组功能区

（2）选择需格式化的字符，点击鼠标右键在弹出的快捷菜单中选择"字体"命令，然后打开"字体"对话框进行字体的格式设置，如图 2-14 所示。

图 2-14 "字体"对话框

任务 1.2 段落格式化

段落格式化是对段落的对齐方式、缩进方式、间距等进行设置。在 WPS 文字中，"段落"格式化有以下两种方法。

（1）单击"开始"选项卡，功能区就展现出各种格式编辑的命令，选择"段落"功能区即可，如图 2-15 所示。

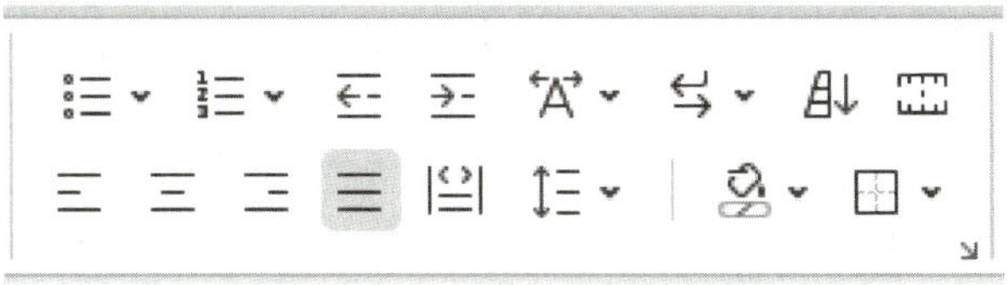

图 2-15 "段落"分组功能区

（2）选择需格式化的段落，单击"开始"选项卡，在"段落"分组中，单击其右下角的对话框"启动器"按钮，然后打开"段落"对话框进行段落的格式设置，如图 2-16 所示。

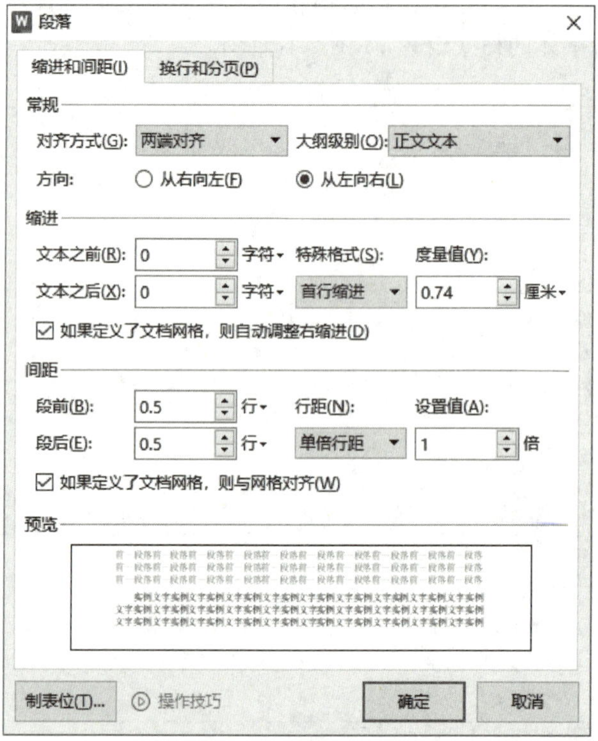

图 2-16 "段落"对话框

实施与评价

（1）通过学习,学生应掌握如下能力。

①字体格式设置技能:学生通过本任务的学习,应能够熟练掌握在 WPS 文档中设置和调整字体格式的各项操作。这包括选择合适的字体类型、调整字号、应用字形效果(如加粗、斜体、下划线)以及更改字体颜色。学生应能够根据文档内容的需求,灵活应用这些设置,使医院简介中的文本既美观又符合专业规范,从而有效传达关键信息。

②段落格式设置与文档排版技能:学生应能够熟练掌握 WPS 文档中设置段落格式的各项功能,包括调整段落的对齐方式、行间距、缩进以及段前段后间距。学生应能够独立完成特色科室介绍的排版工作,确保文档段落布局清晰、结构合理、易于阅读。此外,学生还应熟练掌握格式刷的使用,通过该工具快速统一文档的格式,保证文档的整体风格一致。

③细致严谨的工作素养:本任务还旨在培养学生对文档细节的关注和对编辑任务的责任心。通过对字体格式的精细调整,学生应逐步形成严谨的工作态度,确保每个字形、字号和颜色的选择都有其合理性和目的性。同时,学生还应通过与同学的讨论与反馈,提高自己在团队协作中的沟通能力,学会如何在文档编辑中与他人高效协作,达成一致的设计目标。

（2）按照"任务单 7"要求完成本任务。

拓展任务

1. 探索不同字体的历史与应用场景

了解几种常见字体的历史背景和应用场景,例如宋体、黑体、Times New Roman 和 Arial 等。通过查阅资料,学生可以了解这些字体的设计初衷及其在不同行业和文化中的使用情况。这一拓展任务将帮助学生更好地理解字体选择对文档传达信息的影响,并在未来的排版工作中做出更为合理的选择。

2. 研究排版的美学原则

学生可以通过学习基础的排版美学原则,了解如何通过字体格式的设置提升文档的视觉吸引力。这包括对比度、对齐方式、间距和色彩搭配等方面的内容。学生可以通过阅读相关设计书籍或在线教程,了解如何在文档中应用这些原则,进一步提升排版的专业性和美感。

3. 尝试使用不同软件的字体格式设置功能

除了 WPS,学生可以尝试使用其他文字处理软件如 Microsoft Word、Google Docs 等,比较它们在字体格式设置方面的功能和操作体验。通过这一拓展任务,学生可以了解不同软件的优缺点,学会灵活选择最适合自己工作需求的工具,并提升对不同办公软件的适应能力。

任务二　编排特色科室

任务描述

在医院的日常运营中,特色科室的介绍不仅仅是展示医院专业实力的重要内容,也是患者和家属了解医院服务的关键途径。在编排医院宣传手册时,如何通过合理的排版统一文本样式,以及快速的内容调整来准确传达这些信息,显得尤为重要。

在本任务中,你将学习如何使用格式刷工具统一文档样式,并利用查找和替换功能快速调整和修正文档内容。这些操作不仅能够提高文档的整体美观性和专业性,还能够大幅提升工作效率,确保手册内容清晰有序地呈现给读者。

任务开展前,思考以下问题:

(1)在日常阅读的材料中,你是否注意过字体段落格式的不同对阅读体验的影响?你认为什么样的方法能快速使字体段落格式一致?

(2)当你需要在长篇文档中进行样式统一或内容调整时,你认为哪些工具或功能可以帮助你更高效地完成任务?

学习目标

知识目标

1. 知晓格式刷工具的用途及其在统一文档样式中的应用,理解如何高效复制和应用已有的格式设置,以确保文档的整体一致性。

2.掌握查找和替换功能的基本原理及操作方法,了解其在快速调整文本内容和样式中的实际应用,特别是在长篇文档中如何利用该功能提升编辑效率。

技能目标

1.可以精准使用格式刷工具,快速统一文档中不同段落或文本的格式设置,确保整个医院宣传手册的风格一致、排版专业。

2.能够灵活应用查找和替换功能,在大范围文档编辑中快速进行文本内容的修改、样式的调整或错误的纠正,从而大幅提升编辑效率。

素养目标

1.能正确运用格式刷和查找替换功能,增强对文档编辑工具的掌握程度,并在实际工作中高效解决问题。

2.通过任务练习,培养严谨的工作态度和良好的编辑素养,能够在团队协作中准确传达信息,制作出符合行业标准的高质量宣传手册。

知识准备(课前)

在编排医院宣传手册中的特色科室介绍时,文档格式刷的使用以及查找和替换功能的掌握是必不可少的技能。这些技能不仅直接影响到文档的可读性和美观度,还在很大程度上决定了文档编辑的效率和一致性。因此,深入理解这些功能的背景与操作原理对于顺利完成本任务至关重要。

任务2.1 格式刷

"格式刷"是一种复制字符格式的方法,采用"格式刷"可以方便地把某些文本、标题的格式复制到文档中的其他地方,避免大量重复性的工作,具体操作步骤如下。

(1)选定要复制格式的文本。

(2)单击或双击"功能区"上的"格式刷"按钮,这时鼠标指针变成一个小刷子。

(3)按住鼠标左键用小刷子刷过想要设置格式的文本,被刷过的文本就会设置为格式刷中的字符格式。

注意:其中单击"格式刷"按钮只能进行一次格式复制,双击"格式刷"按钮可以进行多次格式复制,直到再次单击"格式刷"按钮或者"ESC"键使之复原为止。

任务2.2 查找和替换

1.查找和替换字符

使用查找和替换功能,可以提高编辑效率,对一些特殊操作会更高效、更便捷,具体操作步骤如下。

(1)将光标放置于文档中,使查找或替换操作从文档开头执行。

(2)单击功能区的"开始"选项卡。

(3)单击"开始"选项卡中的"查找替换"按钮,会打开"查找替换",输入文字进行查找,查找到的内容会"突出显示",如图2-17所示。

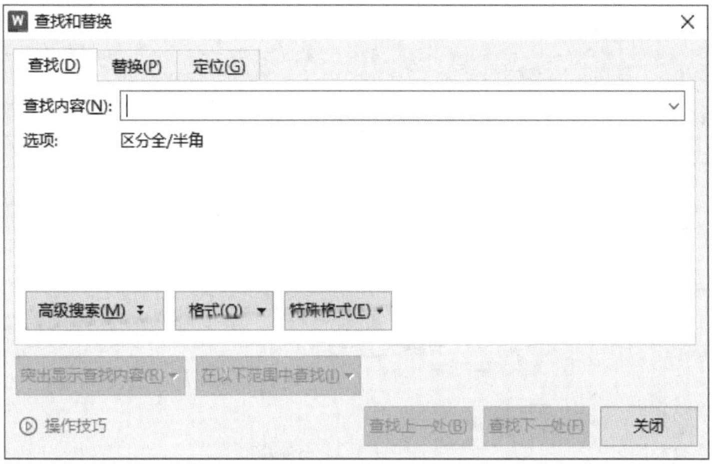

图 2-17　查找替换对话框

（4）如果要替换内容，单击"替换"选项卡，在"查找和替换"对话框中的"查找内容"中输入要查找的内容，然后在"替换"编辑框中输入要替换的内容。

（5）如有必要，单击"高级搜索"按钮，可以指定如"区分大小写"，"区分前缀"，"区分后缀"等选项。

（6）单击"查找下一处"按钮，应用程序会突出显示与搜索词、短语匹配的第一个结果。

（7）最后单击命令按钮进行最后操作，搜索完成后单击"确定"按钮，命令按钮包括："替换"、"全部替换"、"查找上一处"、"查找下一处"、"关闭"。

单击"替换"，只替换匹配出的第一个字词或短语；

单击"全部替换"，替换所有匹配出的字词或短语；

单击"查找上一处"，不进行替换，跳到上一个匹配的字词或短语；

单击"查找下一处"，不进行替换，跳到下一个匹配的字词或短语；

单击"关闭"，不执行操作。

2.查找和替换字符格式

查找和替换功能不仅能针对字符，并且可以对字符格式进行查找和替换，具体操作步骤如下。

（1）打开 WPS 文字文档窗口，在"开始"选项卡中单击"查找替换"按钮。

（2）在打开的"查找和替换"对话框中，单击"查找内容"编辑框输入要查找的内容。

（3）在"替换为"编辑框中，输入要替换的内容，将鼠标将光标定位在"替换为"编辑框中，然后单击"格式"按钮，如图 2-18 所示。

（4）在打开的格式菜单中单击相应的格式类型（例如"字体"、"段落"等），设置相应的字体段落等，单击"确定"按钮。

（5）返回"查找和替换"对话框，单击"替换"或"全部替换"，即可将原有格式替换为指定的格式。

注意：如果需要查找指定的格式，可以切换到"查找内容"编辑框，然后指定想要查找的格式。

图 2-18　查找和替换字符格式

实施与评价

(1)通过学习,学生应掌握如下能力。

①查找和替换功能的高效应用:学生应学会利用查找和替换功能进行文档内容的快速修改和调整,特别是在长篇文档中,这一技能能够显著提高编辑效率。通过反复练习,学生应能够精准查找特定的文本或格式,并根据需要进行批量替换,确保文档内容的一致性和准确性。

②排版一致性与美观性:在完成任务的过程中,学生应学会如何确保文档排版的一致性和美观性。这包括在整篇文档中保持字体、字号和颜色的统一,避免杂乱无章的格式使用。此外,学生还应掌握如何通过调整字体格式来增强文档的视觉吸引力,使得医院简介不仅内容丰富,而且易于阅读和理解。

③细致工作习惯与责任感的培养:本任务还旨在培养学生在文档编辑过程中的细致工作习惯和责任感。学生应通过任务实践,逐步形成严谨的工作态度,关注文档排版中的每一个细节,确保最终成果的高质量。同时,学生还应在团队合作中提高沟通与协作能力,学会与他人一起高效完成文档的编辑任务。

(2)按照"任务单 7"要求完成本任务。

拓展任务

1.研究不同文档类型中的段落格式应用

学生可以查阅和分析各种不同类型的文档,如新闻稿、法律合同、技术手册等,观察这些文档在段落格式设置上的区别与共性。通过比较和研究这些文档,学生可以更好地理解不同格式设置在特定场合中的重要性,并学会如何在不同情境下合理应用段落格式。

2.探索格式刷在其他办公软件中的应用

除了 WPS,学生可以尝试在其他常见办公软件如 Microsoft Word、Google Docs 中使用格式刷功能,比较它们在操作体验和功能效果上的异同。这不仅能提高学生对不同办公软件的适应能力,还能帮助他们更全面地掌握格式刷这一工具的使用技巧。

3.了解现代排版中的自动化工具

学生可以通过查阅资料或观看视频教程,了解在现代办公软件中,除了格式刷和查找替换功能外,还有哪些工具可以帮助实现文档排版的自动化。例如,了解如何使用宏命令或样式模板等工具,进一步提升文档编辑效率和一致性。

课程思政案例

中文编码技术的突破

在信息化初期,计算机技术的核心开发和应用几乎完全由西方国家主导,因此早期的计算机系统主要采用拉丁字母编码,而对于使用汉字的中国用户而言,这种编码系统存在着巨大的局限性和不便。中文字符复杂且数量庞大,与拉丁字母的简单结构截然不同。这种差异使得早期计算机系统在处理中文时显得力不从心,中文在这些系统上不仅显示困难,输入和编辑也同样充满挑战。中国用户在使用这些系统时,往往需要面对乱码、字符丢失等问题,这给信息处理和交流带来了巨大的障碍。为了让中文能够在计算机上流畅地显示和编辑,中国的科学家和工程师们意识到,必须开发一种适用于中文的专门编码标准,只有这样,才能真正实现中文信息在计算机上的有效处理。

在 1980 年代,面对这一重大挑战,中国的科研人员和工程师们夜以继日地开展研究,致力于中文编码标准的制定。在经历了无数次的研究、试验和调整之后,中国终于成功推出了 GB2312 中文字符集。这一标准的诞生不仅仅是技术上的突破,更是一次具有历史意义的胜利。GB2312 编码系统的推出标志着中国在中文信息处理技术上的一次重大飞跃。它不仅能够支持简体字的准确显示,还能够处理常用的标点符号和一些特殊字符。这一突破性的技术成就,为中文在计算机上的广泛应用奠定了坚实的基础。

随着 GB2312 编码标准的推广,中文终于能够在各类计算机系统中得以准确、流畅地显示和编辑,这极大地推动了中国信息化的进程。通过这一标准,中文用户第一次能够在计算机上实现无障碍的信息处理,这不仅提高了工作和学习的效率,也大大提升了信息交流的便利性。更重要的是，这一自主创新的技术成果极大地增强了中国人在信息技术领域的自信心和民族自豪感。GB2312的成功，意味着中国不再依赖外来的技术解决方案，而是通过自主创新掌握了关键的技术主动权。这种自信，激励着后续更多的技术开发和创新，推动了中国信息技术的全面进步。

　　如今，中文字符编码已经被广泛应用于全球各类系统中，无论是在操作系统、应用软件，还是在互联网的各个角落，都能够看到GB2312的身影。而这一切背后，是中国技术自主创新的不懈努力和卓越成就。GB2312不仅仅是一个技术标准，更是中国信息化道路上的里程碑，它象征着中国在技术领域的崛起，也为世界展示了中国科技发展的潜力和实力。

项目三 求真务实——美化医院宣传手册

项目描述

医院宣传手册字符和段落格式化已经基本完成，只有文字并不能吸引读者进行阅读，还需要设计出图文并茂的页面，使文档内容更充实更美观。这就需要小明创作、创新思路，通过插入图片和艺术字，设计出具有特色的医院宣传手册。

本次工作任务要求：利用图片和艺术字制作医院宣传手册的封面、封底、医院文化并美化特色科室，制作的页面要新颖、美观，能吸引读者。

通过参与本项目，学习者将学会如何运用 WPS 文字处理软件进行专业的图文混排，从而制作出既符合医疗行业标准又具有吸引力的宣传手册。这不仅能够提升学习者的职业技能，增强其在职场中的竞争力，还能够帮助他们更好地适应医疗行业对信息化人才的需求，紧跟行业发展的步伐。

本项目强调实际操作与职业环境的紧密结合，通过模拟真实的医院宣传手册制作流程，使学习者在实践中掌握关键技能，增强解决实际问题的能力。这种贴近实际的学习方式不仅能够激发学习者的兴趣和动力，还能够为他们未来的职业生涯打下坚实的基础。

任务一 制作封面封底

任务描述

在医院宣传手册的制作过程中，封面作为第一印象，其设计和美观度至关重要。一个吸引人的封面不仅能够提升手册的整体形象，还能有效传达医院的理念和服务特色。通过插入图片和艺术字等元素，可以使封面更加生动和专业。封底作为宣传手册的最后一部分，其设计和内容同样不容忽视。通过在封底插入二维码，可以方便患者和访客快速获取更多信息，如医院服务、预约挂号或健康资讯等。这不仅提高了信息的可达性，也增强了宣传手册的实用性和现代感。在开始制作封面封底之前，请思考以下问题：

（1）你认为一个成功的封面应该包含哪些关键元素？

（2）你认为在宣传手册的封底插入二维码有哪些实际的好处？

学习目标

知识目标

1. 掌握在WPS文字中插入图片、艺术字、二维码的方法,理解其功能布局和操作流程。

2. 了解并熟练掌握图片和艺术字的格式设置,包括大小、位置、样式等。

3. 熟悉封面设计的基本原则,包括视觉焦点、色彩搭配和版面布局。

技能目标

1. 能够准确地在WPS文字中插入和调整图片、艺术字及二维码,确保封面封底的视觉效果。

2. 可以熟练设置图片、艺术字、二维码的格式,优化封面封底的美观度和专业性。

3. 能够根据医院宣传手册的主题和内容,设计出符合要求的封面和封底。

素养目标

1. 培养审美意识和设计感,能够在封面封底设计中体现医院的品牌形象和文化内涵。

2. 提升文档编辑的专业素养,增强在职场中的文档处理和设计能力。

3. 适应现代办公需求,能够独立完成高质量的封面封底设计任务,并提升整体工作效率。

知识准备

医院宣传手册字符和段落格式化已经基本完成,只有文字并不能吸引读者进行阅读,还需要设计出图文并茂的页面,使文档内容更充实更美观。这就需要创新思路,通过插入图片和艺术字,设计出具有特色的医院宣传手册封面封底。

插入并美化图片

任务1.1　插入及设置图片

1. 插入图片

将插入点定位于插入图片的位置,选择"插入"选项卡,在功能区中单击"图片"按钮,选择"本地图片",打开"插入图片"对话框,双击需要插入的图片,在指定位置插入图片,如图2-19所示。

2. 设置图片大小

(1)单击选中图片,将鼠标放置在图片8个方向的大小控制柄,鼠标呈双箭头形,按住鼠标拖动图片,则可以更改图片的大小而不改变图片的比例;若将鼠标放置在边线处,则会改变图形的长、宽,从而比例也会改变。

插入艺术字

(2)选中图片,单击"图片工具"选项卡,在"图片大小"对话框分组中选择"高度"和"宽度"进行输入数字,设置图片大小,如图2-20所示。

注意:如果取消"锁定纵横比"图片的高度与宽度可自由调整。

3. 裁剪图片

单击选中图片,在"图片工具"功能区的"格式"选项卡中,单击"大小"分组中的"裁剪"命令,图片周围出现8个方向的裁剪控制柄,用鼠标拖动控制柄将对图片进行相应方向的裁

插入封面

图 2-19 "插入图片"对话框

图 2-20 设置图片大小

剪,同时可以拖动控制柄将图片复原,直至调整合适为止。"裁剪"可分为:"按形状裁剪"和"按比例裁剪",如图 2-21 所示。

如果需要"自由裁剪",具体操作步骤为:

(1)选择该图片,然后在"图片工具"功能区中,选择"裁剪"命令。

(2)将鼠标放在"裁剪控点"的某个点上。

(3)请执行下列操作之一:

①要裁剪某一侧,请拖动该侧上的中心控点;

②要同时均匀地裁剪两侧,请在拖动中心控点时按住 Ctrl 键;

③要同时裁剪四个边并保持图片比例,请在拖动中心控点时按住"Ctrl+Shift";

④再一次单击"裁剪"命令完成操作。

4.图片边框

(1)单击选中图片,首先在"图片工具"选项卡下选择"边框"下三角按钮。然后选择"颜色"、"线形"等进行设置,如图 2-22 所示。

(2)单击选中图片,点击鼠标右键选择"设置对象格式"命令,选择"线条颜色"、"线型"进行图片边框设置,如图 2-23 所示。

5.图片效果

单击选中图片,点击鼠标右键选择"设置对象格式"命令,选择"效果"进行图片效果设

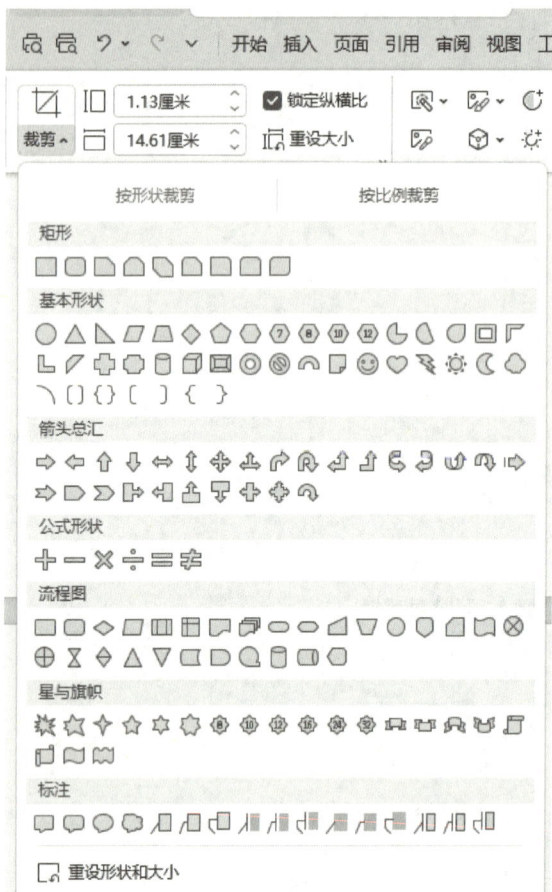

图2-21 裁剪图片

图2-22 "图片边框"设置

置,如图2-24所示。

6.图片文字环绕方式

在WPS文字编辑文档的过程中,为了制作出比较专业的图文并茂式的文档,往往需要按照版式需求安排图片位置。默认情况下插入到WPS文档中的图片作为字符插入到WPS文档中,其位置随着其他字符的改变而改变,用户不能自由移动图片。而通过为图片设置文字环绕方式,则可以自由移动图片的位置。

选中要编辑的图片,然后选择打开"图片工具"选项卡,单击"环绕"按钮,在打开的菜单中选择合适的文字环绕方式即可。WPS文字提供了七种文字环绕方式,如图2-25所示。

WPS文字版本中,其具体含义如下:

(1)嵌入型:图片位置随着其他字符的改变而改变,用户不能自由移动图片;

(2)四周型环绕:不管图片是否为矩形图片,文字以矩形方式环绕在图片四周;

(3)紧密型环绕:如果图片是矩形,则文字以矩形方式环绕在图片周围,如果图片是不规则图形,则文字将紧密环绕在图片四周;

(4)衬于文字下方:图片在下、文字在上分为两层,文字将覆盖图片;

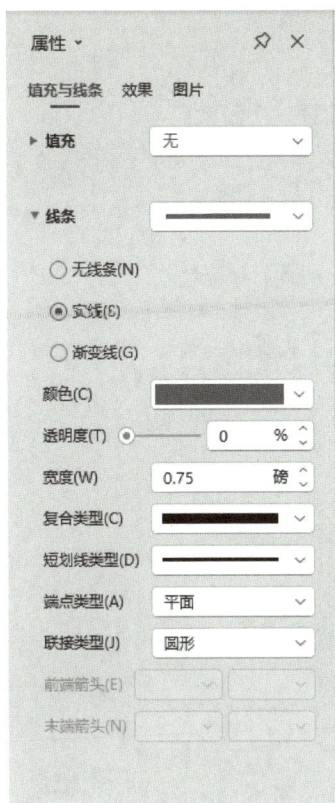

图 2-23　"填充与线条"设置　　　图 2-24　"图片效果"设置　　　图 2-25　图片环绕方式设置

（5）浮于文字上方：图片在上、文字在下分为两层，图片将覆盖文字；

（6）上下型环绕：文字环绕在图片上方和下方；

（7）穿越型环绕：文字可以穿越不规则图片的空白区域环绕图片。

任务 1.2　使用艺术字

WPS 中的艺术字是结合了文本和图形的特点，能够使文本具有图形的某些属性，使其文字具有艺术效果，具体操作步骤如下。

（1）打开 WPS 文档窗口，将插入点光标移动到准备插入艺术字的位置。在"插入"功能区中，单击"艺术字"按钮，并在打开的"艺术字预设"面板中选择合适的"艺术字样式"，如图 2-26 所示。

（2）打开"艺术字"文字编辑框，直接输入艺术字文本即可。用户可以对输入的艺术字分别设置字体和字号，如图 2-27 所示。

（3）艺术字效果编辑

可针对艺术字进行效果后期编辑，使其更加具有突出效果。具体方法：单击鼠标左键选中艺术字，然后选择打开"绘图工具"、"文本工具"选项卡，选择各命令按钮进行美化编辑艺术字，如图 2-28、2-29 所示。

图 2-26 "艺术字"预设样式

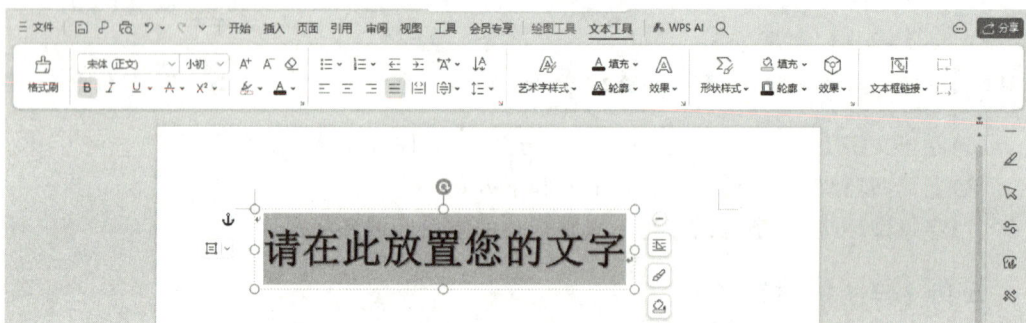

图 2-27 编辑"艺术字"

图 2-28 "绘图工具"选项卡

图 2-29 "文本工具"选项卡

任务 1.3 二维码的生成与编辑

在 WPS 文字处理软件中,用户可以先选定插入位置,再单击"插入"选项卡下的"更多素材"中的"二维码",实现插入二维码,如图 2-30 所示。

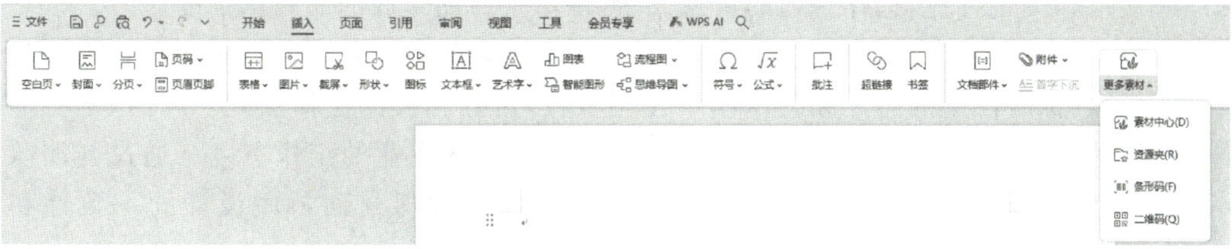

图 2-30 插入"二维码"

此外,WPS 还提供了一些基本的二维码编辑功能,如输入扫描二维码的显示的内容,二维码的颜色设置、嵌入 Logo、嵌入文字等,这些功能可以帮助用户进一步美化二维码的外观,使其更加符合宣传手册的整体设计风格。插入二维码对话框如图 2-31 所示。

图 2-31 "插入二维码"对话框

实施与评价

(1)通过学习,学生应掌握如下能力。

①图片、艺术字、二维码的插入技能:学生通过本任务的学习,应能够熟练掌握在 WPS 文字中插入图片、艺术字、二维码的方法,包括图片的来源选择、大小调整、位置布局,艺术字的样式设计、字体选择和效果设置,二维码的生成、插入和调整。学生应能够根据宣传手册的封面设计需求,独立完成图片和艺术字的插入与编辑,确保封面和封底的视觉效果符合预期。

②审美与设计能力:在制作封面封底过程中,学生应学会运用基本的审美原则,如对比、对齐、重复和亲密性,来设计封面封底布局。通过选择合适的图片和艺术字样式,学生应

能够提升封面的美观度和专业感,从而吸引目标受众的注意。此外,学生还应学会根据医院的品牌形象和文化特色,选择合适的视觉元素,以增强封面封底的品牌识别度。

③责任心与职业素养:本任务还旨在培养学生的职业素养和责任心。在制作封面封底时,学生应确保所使用的图片和艺术字不侵犯版权,遵守相关的法律法规。同时,学生应注重细节处理,如图片的清晰度、艺术字的可读性等,以展现专业的工作态度。通过与团队成员的协作,学生还应在沟通和协调能力方面有所提升,确保封面封底设计的一致性和完整性。

(2)按照"任务单 9"要求完成本任务。

🔵 拓展任务

1.探索二维码在现代营销中的应用

二维码作为一种快速信息传递工具,在现代营销中扮演着越来越重要的角色。学生可以通过研究二维码在不同行业中的应用案例,了解其如何帮助企业提升品牌曝光度和客户互动。例如,可以研究医院如何利用二维码提供在线预约服务,或者如何通过二维码进行健康知识的普及。通过这些案例,学生可以深入理解二维码在提升服务效率和用户体验方面的潜力。

2.学习使用 WPS 制作动态二维码

随着技术的发展,动态二维码因其可追踪性和可编辑性而受到广泛关注。学生可以学习如何在 WPS 中制作动态二维码,并探索其在实际应用中的优势。例如,动态二维码可以包含更多的信息,如链接、文本或图像,并且可以实时更新内容,而无需重新打印。通过实践,学生可以掌握动态二维码的制作技巧,并思考其在未来的商业和个人应用中的可能性。

3.研究二维码的安全性问题

尽管二维码带来了便利,但其安全性问题也不容忽视。学生可以研究二维码可能带来的安全风险,如恶意软件的传播、个人信息泄露等,并探讨如何通过技术手段提高二维码的安全性。例如,学习如何识别和防范伪造的二维码,或者了解加密技术在二维码中的应用。通过这一探索,学生可以增强网络安全意识,并为未来在信息安全领域的深入学习打下基础。

任务二　美化内页

🔵 任务描述

医院宣传手册编辑排版过程中,需要用到文本框、形状和智能图形。利用文本框可以方便地将文字、图片等内容放在文档的任意位置,还可以对文本框中内容的格式进行设置,插入形状起到美化内页的作用。现在需要小明为宣传手册美化内页,设置文本框的格式,掌握在文档中插入文本框、形状、智能图形的基本技巧。

任务开展前,思考问题:

（1）你认为在医院宣传手册中，哪些元素最能体现医院的文化和价值观？

（2）你认为在医院宣传手册中，特色科室的介绍应该如何设计才能更好地吸引患者？

（3）在美化特色科室介绍时，你打算使用哪些WPS文字排版功能来提升视觉效果？

学习目标

知识目标

1.掌握在WPS文字中插入文本框、形状和智能图形的基本方法，了解文本框、形状和智能图形的多种样式和属性设置。

2.熟悉文本框内文本的编辑技巧，包括字体、字号、颜色和对齐方式的调整。了解不同形状和智能图形的特点，能够根据文档内容选择合适的图形进行美化。

3.理解文本框在文档排版中的作用，能够根据需要灵活运用文本框进行内容布局。熟悉形状和智能图形的编辑操作，包括调整大小、颜色、样式等属性。

技能目标

1.能够熟练地在WPS文字中插入和调整文本框、形状、智能图形，确保文本框、形状、智能图形的样式和位置符合设计要求。

2.可以有效地在文本框内进行文本编辑，使内容呈现清晰、美观。灵活运用智能图形，通过调整布局和样式，增强文档的逻辑性和美观度。

3.能够结合文档的整体布局，合理使用文本框进行内容的分区和强调。根据医院宣传手册的内容和风格，选择合适的形状和智能图形进行美化，提升文档的整体质量。

素养目标

1.培养在文档编辑中注重细节的习惯，提升文档的专业性和美观度。

2.增强在职场中运用信息技术进行有效沟通的能力，提高工作效率。

3.提升对现代办公软件的适应性和创新性使用能力，以适应不断变化的职场需求。

知识准备

医院宣传手册编辑排版过程中，需要用到文本框和形状。利用文本框可以方便地将文字、图片等内容放在文档的任意位置，还可以对文本框中内容的格式进行设置，利用形状使文档更加美观。

插入并编辑
文本框

任务2.1　文本框的插入与编辑

制作文档的过程中，某些文本内容需要显示在图片上，或者放置指定位置，此时运用文本框功能，可以方便实现文本框文字与图片的结合及位置的摆放。

文本框包括横向文本框、竖向文本框、多行文字三种。选择"插入"选项卡，单击"文本框"按钮，打开如图2-32所示的选项。

插入文本框后，可进行文本框格式设置。单击"文本框"的边框，功能区展现"绘图工具"和"文本工具"选项卡内容，可参考艺术字的"绘图工具"和"文本工具"如图2-28、图2-29所示，利用这些工具可以设置文本框的格式。

插入形状

插入流程图

图 2-32　插入文本框

任务 2.2　插入形状

形状是运用现有的图形,如矩形、圆形等基本形状以及各种线条或连接符,绘制出用户需要的图形样式。形状包括基本形状、箭头汇总、标注、流程图等类型,各类型又包含了多种形状,用户可以选择相应图标绘制所需图形,具体操作方法如下。

选择"插入"选项卡,在功能区中单击"形状"按钮打开形状库,选择所需要的自选图形,如图 2-33 所示。

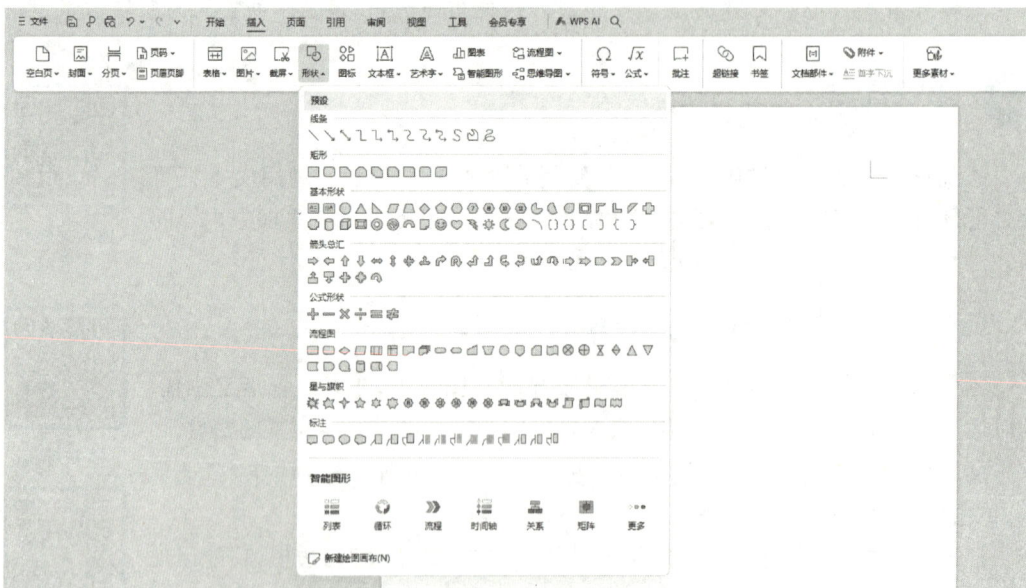

图 2-33　插入形状

插入形状后,如果选择形状功能区上就会出现"绘图工具"选项卡,如果对形状编辑文本,则会出现"文本工具"选项卡,可运用"绘图工具"和"文本工具"设置形状格式,其操作方法与艺术字和文本框一致。

任务 2.3　智能图形

智能图形是 WPS 中一个强大的功能,它可以帮助用户快速创建复杂的图表和流程图。智能图形包括了多种类型的图表,如组织结构图、流程图、关系图等,每种图表都有其特定的应用场景。使用智能图形时,用户只需选择所需的图表类型,然后根据提示输入相关数据,WPS 会自动生成相应的图表。这一功能不仅提高了制作图表的效率,还能确保图表的专业性和准确性。选择"插入"选项卡,单击"智能图形"按钮,打开智能图形对话框,如图 2-34 所示,选择"免费"或"SmartArt"可免费插入智能图形。

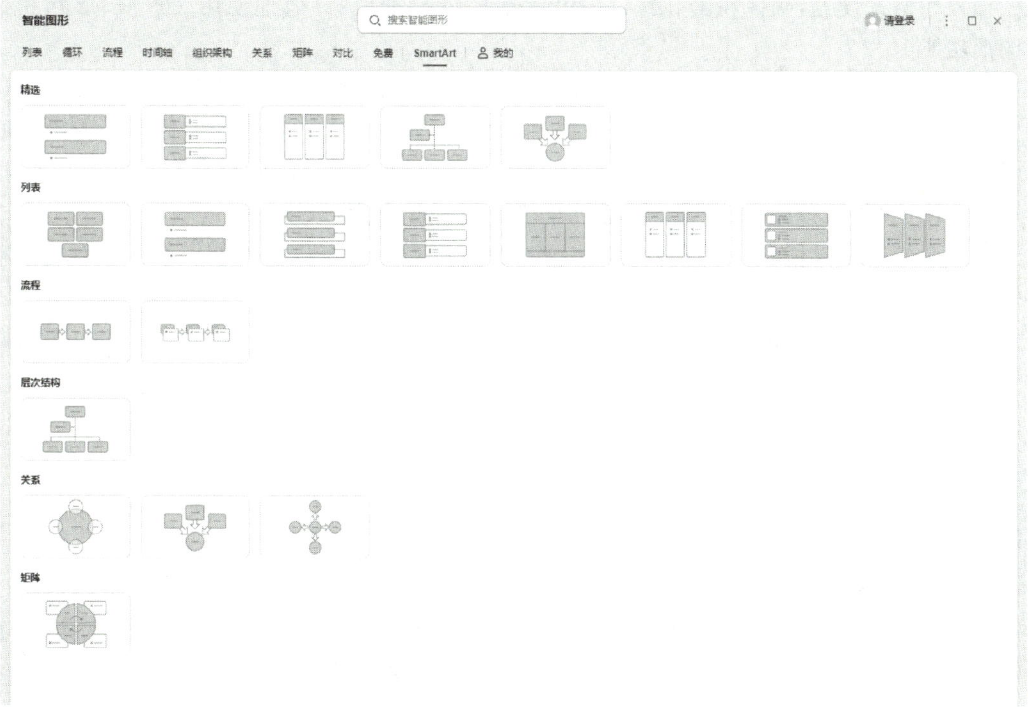

图 2-34　"智能图形"对话框

选择智能图形后功能区上会出现"设计"和"格式"两个选项卡标签如图 2-35、图 2-36 所示,可根据需要编辑和美化智能图形。

图 2-35　"设计"选项卡

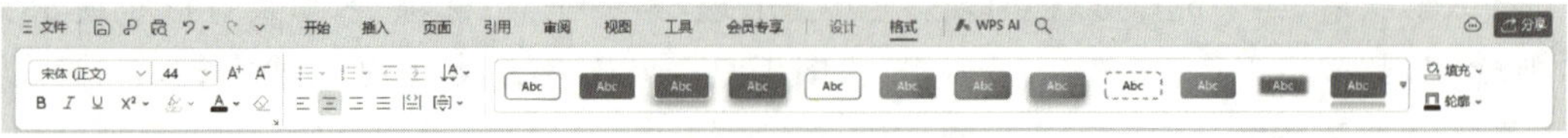

图 2-36 "格式"选项卡

实施与评价

(1)通过学习,学生应掌握如下能力。

①文本框、形状和智能图形操作技能:学生通过本任务的学习,应能够熟练掌握在 WPS 文字中插入和编辑文本框、形状和智能图形的技能。这包括了解如何选择合适的文本框、形状和智能图形样式,调整文本框、形状和智能图形的大小和位置。学生应能够独立完成文本框的插入和格式设置,确保在美化医院宣传手册时能够准确、高效地使用文本框、形状和智能图形功能。

②创意表达与设计感:在美化内页时,学生应学会运用文本框、形状和智能图形来表达创意和设计感。通过合理布局文本框、形状和智能图形的内容,学生应能够提升宣传手册的视觉效果,使其更加吸引人。此外,学生还应学会如何根据医院文化、特色科室的特点选择合适的字体、颜色和布局,以增强宣传手册的专业性和吸引力。

③职业素养与责任心:本任务还旨在培养学生的职业素养和责任心。通过精心设计和编辑医院文化部分,学生应展现出对工作的认真态度和对细节的关注。同时,学生还应在团队合作中学会沟通和协调,确保宣传手册的整体质量和一致性。通过这一过程,学生不仅提升了自己的专业技能,也增强了解决实际问题的能力和团队合作精神。

(2)按照"任务单 9"要求完成本任务。

拓展任务

1.研究 WPS 文字中的智能辅助功能

随着人工智能技术的发展,WPS 文字也集成了多种智能辅助功能,如智能排版、语音输入和翻译功能。学生可以深入研究这些功能,了解它们如何通过人工智能技术提高文档编辑的效率和质量。例如,学习如何使用语音输入功能快速录入文本,或者如何利用智能排版功能自动调整文档格式,以适应不同的阅读设备和屏幕尺寸,这些技能将使学生在未来的职场中更具竞争力。

2.探索 WPS 中的智能图形设计

在完成医院宣传手册的美化任务后,学生可以进一步探索 WPS 中的智能图形设计功能。智能图形不仅可以帮助快速创建专业的图表和流程图,还可以通过自定义设置来增强文档的视觉效果。学生可以尝试使用不同的智能图形来设计特色科室的介绍页面,比如使用组织结构图来展示科室的团队构成,或者使用时间轴来展示科室的发展历程。这些新颖的设计元素将使宣传手册更加生动和吸引人。

3.研究 WPS 中的形状艺术与创意排版

除了智能图形,WPS 还提供了丰富的形状工具,可以用来进行创意排版和艺术设计。

学生可以尝试使用不同的形状组合来设计特色科室的标志或者装饰元素,比如使用几何形状来构建科室的特色图案,或者使用自由形状来创作科室的专属图标。通过这些创意实践,学生不仅能够提升自己的设计能力,还能够更好地理解形状在文档排版中的应用和美学价值。

➡ 课程思政案例

UOF:文档格式标准的自主之路

随着信息技术的迅速发展,办公软件和文档处理工具成为全球各行各业必不可少的工具。从文字处理到数据分析、演示文稿的制作,这些软件在提高生产力、简化工作流程中起到了至关重要的作用。文档格式标准作为数字办公的核心之一,直接影响到信息的存储、交换和分享。早期,全球文档格式标准主要由欧美国家主导,尤其是微软推出的 Office Open XML(OOXML)和开放文档格式(ODF)占据了市场主导地位。然而,对于中国等新兴市场国家来说,依赖于国外标准意味着在数据安全、文档兼容性等方面面临不可忽视的风险。

文档格式标准的重要性不言而喻。它不仅决定了文档的兼容性、传输与读取的效率,更直接影响了数据的安全性与控制权。如果没有自主的文档格式标准,国家级别的文档处理、信息存储、数据传输等关键环节将始终处于外部技术控制之下,国家信息安全面临潜在的威胁。更为重要的是,国外文档格式标准的广泛应用,使得中国企业和机构在办公软件的选择上极度依赖国外技术,不利于中国自主信息技术产业的成长和发展。在这种背景下,制定一套自主、开放且兼容性强的文档格式标准,成为中国信息化进程中的一项重要任务。

面对这一挑战,中国自主研发文档格式标准的努力开始于 2002 年。经过多年的研究与开发,UOF(统一办公文档格式)于 2007 年正式推出。这是中国自主制定的办公文档格式标准,旨在替代 OOXML 和 ODF,实现文档格式的自主可控。UOF 的推出标志着中国在文档格式标准领域迈出了坚实的一步。它不仅兼容了现有的主流文档格式,还具备较强的开放性和可扩展性,能够适应不同办公软件的需求。更为重要的是,UOF 具备本土化优势,能够更好地支持中文处理、国内办公场景和技术需求。这一标准的制定和推广,极大地推动了中国信息化办公的自主进程。

然而,UOF 的研发和推广过程并不轻松。首先,与国际通用的 OOXML 和 ODF 相比,UOF 作为后来者,缺乏国际市场的广泛应用基础。如何在全球主流文档格式标准体系中找到立足之地,成为研发团队面临的首要难题。其次,UOF 需要兼顾与现有国际标准的兼容性,同时确保其独特的自主优势,这对技术研发提出了极高的要求。为了克服这些困难,UOF 的研发团队在文档格式设计、兼容性测试、标准化推广等方面进行了大量的技术攻关。他们通过对文档格式的深度分析和优化,确保了 UOF 在数据存储、信息传输方面的高效性和安全性。同时,在与国内外办公软件厂商的合作中,UOF 逐步被应用到更多的办公场景中,得到了广泛认可。

UOF 的成功推出，不仅填补了中国在文档格式标准领域的空白，也为国家信息安全提供了重要的技术保障。它的应用覆盖了政府、企业、教育等多个领域，在保障信息安全、提高办公效率、推动自主技术发展方面起到了重要作用。特别是在政府和企事业单位的信息化建设中，UOF 的应用有效解决了文档兼容性和安全性问题，避免了数据泄露和技术依赖的风险。同时，UOF 作为自主可控的文档格式标准，也为国内办公软件的崛起提供了有力的技术支撑。基于 UOF 的国产办公软件，逐渐在市场上获得一席之地，推动了中国办公软件行业的快速发展。

UOF 的推出对于中国而言，具有深远的战略意义。首先，它增强了国家在信息技术领域的自主权，摆脱了对国外标准的依赖。其次，它保障了国家重要信息的安全性，确保了在文档处理和信息传输过程中，数据的控制权牢牢掌握在自己手中。更为重要的是，UOF 的成功为中国信息技术标准化的进程提供了宝贵的经验，树立了一个良好的典范。这一成就不仅推动了中国信息产业的自主创新，也提升了国家在国际信息技术标准领域的话语权。

面对未来，UOF 的成功历程为我们提供了一个启示：在关键领域，技术自主是不可或缺的。它不仅关乎国家安全，更是实现产业升级、推动经济发展的关键动力。对于年轻一代的技术研究者而言，UOF 的成功表明，只要勇于创新、敢于挑战，终能在技术前沿领域取得突破。未来，中国信息技术的自主发展之路仍然任重道远，期待更多有志之士投身其中，为国家的技术自主和信息安全贡献智慧与力量。

项目四 德艺双馨——制作医院宣传手册表格

项目描述

医院宣传手册已经完成大部分的制作,还剩下"专家推荐"和"医院设备"没有制作,因"专家推荐"和"医院设备"需要大量的图文混排,因此可以用表格来实现图片和文字的快速排版。

通过本项目的学习,学习者不仅能够掌握最新的排版技术,还能够理解如何将这些技术应用于实际的医疗宣传工作中,增强宣传材料的吸引力和专业性。这不仅能够提升学习者在职场中的竞争力,还能够帮助他们更好地适应医疗行业的发展趋势,实现个人职业的持续成长。

此外,本项目强调实际操作与职业环境的紧密结合,通过模拟真实的医院宣传手册制作场景,让学习者在实践中学习,在学习中实践,从而增强学习的参与感和动力。通过这种方式,学习者能够更快地掌握技能,更有效地应对职场中的挑战,为未来的职业发展奠定坚实的基础。

任务一 制作专家推荐

任务描述

在医院宣传手册编制过程中,"专家推荐"部分需要用表格来完成专家介绍,本任务是使用 WPS 文字中的表格工具制作医院宣传手册中的"专家推荐",通过任务制作掌握 WPS 文档中建立表格、编辑表格等操作。

本次工作任务要求:为宣传手册内页中的"专家推荐"建立、编辑、美化表格,以表格的形式介绍 2-5 个专家,制作 1-2 页,表格规整、页面美观。在开始任务之前,请思考以下问题:

(1)你认为在医院宣传手册中,专家推荐表格应包含哪些关键信息?

(2)如何通过表格设计来提升信息的可读性和吸引力?

学习目标

知识目标

1.掌握在 WPS 文字中创建和编辑表格的基本方法,包括插入表格、调整行列大小和合并单元格。

2.了解并熟练掌握表格的新建、调整列宽和行高、合并和拆分单元格的操作流程。

3.熟悉表格数据的输入和格式设置,包括文本对齐、字体样式的设置。

技能目标

1.能够熟练地在 WPS 文字中创建符合需求的表格,并进行基本的编辑操作。

2.可以快速调整表格的列宽和行高,合并和拆分单元格,确保表格布局的合理性和美观性。

3.能够准确输入和格式化表格数据,确保信息的清晰和美观。

素养目标

1.培养在制作医院宣传手册时,对专家推荐表格的审美和功能性要求有清晰的认识。

2.增强在职场中使用 WPS 文字进行高效排版的能力,提升工作效率。

3.提升信息化办公的素养,能够在实际工作中独立完成表格制作任务,并适应现代办公需求。

知识准备

在医院宣传手册编制过程中,"专家推荐"部分需要用表格来完成专家介绍,本任务是使用 WPS 文档中的表格工具制作医院宣传手册中的"专家推荐",通过任务制作掌握 WPS 文档中建立表格、编辑表格等操作。

在文字中
插入表格

任务 1.1 表格创建

在 WPS 文档中,可以通过以下 4 种方式来插入表格。

(1)使用"表格"菜单插入表格。若插入的表格行数不超过 8,列数不超过 24,则可以在"插入"选项卡的"表格"组中,单击"表格",然后单击"插入表格",拖动鼠标以选择需要的行数和列数,如图 2-37 所示。

输入与编辑
表格内容

(2)使用"插入表格"对话框插入表格。在下拉选项中单击"插入表格",在弹出的"插入表格"对话框中输入列数和行数,选择相应选项以调整表格尺寸,如图 2-38 所示。

(3)使用表格模板插入表格。借以预先设定好的表格模板来插入表格。表格模板包含示例数据,可辅助完成添加数据。在下拉选项中单击需要的模板,然后使用新数据替换模板中的数据。

(4)将文字转换成表格。可以选择需要转换表格的文本,以"文字分隔位置"作为"列数"分隔符,以选择的段落数作为默认的"行数",如图 2-39 所示。

任务 1.2 编辑表格

编辑表格需要用到"表格工具"选项卡,如图 2-40 所示。

1.表格的选择

单元格即为表格中每一个小方格。单元格选择的基本方法为:在所需选择的单元格区域的左上角按下鼠标左键不放,并将鼠标拖动到所需选择的单元格区域的右下角,使被选择的单元格高亮显示。

(1)选择表格一个单元格:单击此单元格内左侧的选定栏。

图 2-37　插入表格

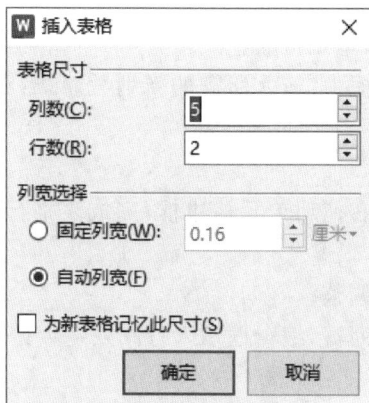

图 2-38　插入表格对话框

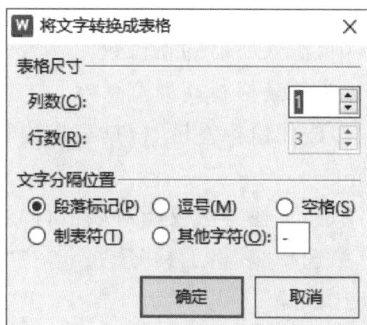

图 2-39　"将文字转换成表格"对话框

图 2-40　"表格工具"选项卡

(2)选择表格中的一行:单击此行左侧的文档选定栏。

(3)选择表格中的一列:将鼠标指针移至此栏的上边界,当鼠标指针变成一个向下箭头形状时,单击即可。

(4)选择整个表格:将鼠标移动到表格的左上角的图标处 ⊞,然后单击即可选择整个表格。

2.重复标题行

插入表格的时候往往表格在一页中显示不完全,需要在下一页继续,为了阅读方便,我们会希望表格能够在续页的时候自动重复标题行。只需选中原表格的标题行,在"表格工具"选项卡中选择"重复标题行"即可,在以后表格出现分页的时候,会自动在换页后的第一行重复标题行。

3.单元格合并与拆分

(1)单元格合并。

方法一:选中要合并的单元格,鼠标右键单击,选择弹出菜单中的"合并单元格"命令,进行合并单元格操作。

方法二:选中要合并的单元格,选择"表格工具"选项卡,单击"合并单元格"按钮来完成合并操作。

(2)单元格拆分。

方法一:选中要拆分的单元格,点击鼠标右键,选择"拆分单元格"命令,弹出"拆分单元格"对话框,输入要拆分成的行数列数,点击"确定"完成拆分单元格操作。

方法二:选中要拆分的单元格,选择"表格工具"选项卡,单击"拆分单元格"命令,弹出"拆分单元格"对话框,输入要拆分成的行数列数,点击"确定"完成拆分单元格操作。

注意:

要垂直拆分单元格,请在"列数"框中,输入所需的新单元格数。

要水平拆分单元格,请在"行数"框中,输入所需的新单元格数。

要对单元格同时进行水平和垂直拆分,请在"列数"框中,输入所需的新列数,然后在"行数"框中,输入所需的新行数。

4.调整表格行高列宽

(1)按住鼠标左键,根据表格内容情况,进行上下左右拖动单元格边框,完成表格行高列宽调整。

注意:上述方法仅能对表格行高列宽进行不精确的调整。

(2)选择"表格工具"选项卡,在"表格行高"和"表格列宽"编辑框输入行高列宽数据。

5."擦除"工具

选择"表格工具"选项卡,在"绘图边框"分组中,单击"擦除"按钮,选择擦除工具,使指针变成橡皮擦状,对表格线根据需要进行擦除操作。

6."绘制表格"工具

选择"设计"选项卡展开表格"设计"工具按钮,单击"绘制表格"按钮,选择绘制表格工具,使指针变成铅笔状,进行表格绘制。

7.表格行或列的删除

(1)选中要删除的行或列,点击鼠标右键,选择"删除单元格"命令,进行删除单元格操

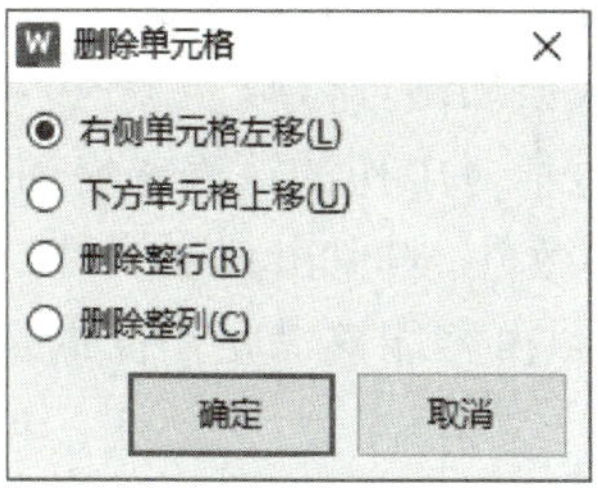

图 2-41　"删除单元格"对话框

作,如图 2-41 所示。

(2)选择表格,选择"表格工具"选项卡,单击"删除"按钮,进行删除操作。

注意:选择要删除的单元格内容,然后按 Delete。删除某个单元格的内容时,并没有删除该单元格。要删除单元格,必须将该单元格与其他单元格合并或删除行或列。

8.表格的移动和缩放

(1)表格的移动。

将光标停留在表格内部。当表格移动控点出现在表格左上角后 ⊞,将鼠标移到控点上方。片刻后鼠标指针即可变成四向箭头光标,即可将表格拖动到页面任意位置。

(2)表格的缩放。

如对表格整体缩放,将光标停留在表格内部,直到表格尺寸控点(一个小"口"字)出现在表格的右下角。移动鼠标至表格尺寸控点,出现向左倾斜的双向箭头后,沿箭头指示方向拖动即可实现表格的整体缩放。

9.表格自动调整

WPS 文字中的表格,可根据不同需要让表格整齐美观。

(1)在插入点位于表格的任一单元格内时,点击鼠标右键,选择"自动调整"中的某一调整命令项单击,则表格就根据选中的命令项自动调整。根据"自动调整"子菜单可对表格调整的项目有:"适应窗口大小"、"根据内容调整表格"、"行列互换"等。

(2)在插入点位于表格的任一单元格内时,选择"表格工具"选项卡,点击"自动调整"命令,进行选择调整。

10.插入表格行或列

在 WPS 文字表格中,用户可以根据实际需要插入行或者列。

(1)在准备插入行或者列的相邻单元格中单击鼠标右键,选择快捷菜单中指向"插入"命令,并在打开的下一级菜单中选择"在左侧插入列"、"在右侧插入列"、"在上方插入行"或"在下方插入行"命令。

(2)在准备插入行或者列的相邻单元格中,选择"表格工具"选项卡,单击"插入"按钮,根据实际需要单击"在上方插入"、"在下方插入"、"在左侧插入"或"在右侧插入"按钮插入行或列。

实施与评价

(1)通过学习,学生应掌握如下能力。

①表格创建与编辑技能:学生通过本任务的学习,应能够熟练掌握 WPS 表格的创建和编辑功能,包括表格的新建、行列的添加与删除、单元格的合并与拆分等基本操作。学生应能够根据实际需求设计合理的表格结构,并能够准确输入和调整表格中的数据,确保表格内容的清晰和准确。

②审美与设计能力:在制作专家推荐表格的过程中,学生应学会如何运用 WPS 表格的

格式设置功能,如字体、颜色、边框和背景等,来美化表格,使其更加专业和吸引人。通过实践,学生应能够理解并应用基本的设计原则,提升表格的视觉效果和阅读体验。

③职业素养的提升:本任务还旨在培养学生的职业素养,包括对工作的认真态度和对细节的关注。学生应学会在制作表格时保持内容的准确性和一致性,避免出现错误和疏漏。同时,学生还应学会在团队中进行有效沟通,确保表格的设计和内容能够满足团队的需求,并在团队协作中展现出良好的合作精神。

(2)按照"任务单11"要求完成本任务。

拓展任务

1.探索WPS表格的数据分析工具

在完成医院宣传手册表格的制作后,学生可以进一步探索WPS表格中的数据分析工具。例如,学习如何使用公式进行数据运算等。这些高级功能将帮助学生在未来的工作中更有效地处理和分析数据,提升决策支持能力。

2.研究WPS文档的云服务与移动办公

随着云计算和移动办公的普及,了解如何在不同设备和平台上使用WPS文档变得尤为重要。学生可以探索WPS的云服务功能,如WPS云文档,学习如何将文档存储在云端并实现跨设备同步。此外,了解如何在移动设备上使用WPS应用程序进行文档编辑和查看,将有助于提高工作效率和灵活性。

任务二 制作医院设备

任务描述

制作一份详尽的医院设备宣传手册表格,不仅能够帮助医院内部人员快速了解和查询设备信息,还能向公众展示医院的现代化水平和服务能力。通过美化表格,我们可以使信息更加直观、易读,提升宣传效果。在开始制作之前,请思考以下问题:

(1)你认为一个美观且功能性强的表格应具备哪些特点?

(2)在设计医院设备宣传手册表格时,你认为哪些设备信息是必须包含的?

学习目标

知识目标

1.掌握WPS表格的美化功能,包括单元格格式设置、边框和填充颜色的应用。

2.了解表格样式的应用,能够根据需要选择合适的表格样式进行美化。

3.熟悉表格数据的输入、编辑和美化的基本操作。

技能目标

1.能够准确操作 WPS 表格的美化功能,熟练执行单元格格式设置、边框和填充颜色的应用。

2.可以灵活应用表格样式,提升表格的视觉效果和专业性。

3.能够高效地输入、编辑和格式化表格内容。

素养目标

1.能够正确理解并运用 WPS 表格的美化功能,养成规范化的表格设计习惯。

2.培养细致、严谨的表格编辑态度,增强在职场中的数据处理能力。

3.提升信息化办公的素养,能够独立完成常见的表格制作任务,并适应现代办公需求。

知识准备

运用表格为宣传手册制作一页"医院设备"介绍,要介绍 10 个医院设备,以介绍图片为主,要求样式新颖、美观、大方。在医院设备页面中适当位的置插入形状介绍各种设备,使整个医院设备布局更加合理、美观。

设计与美化表格

任务 2.1　设置表格样式

表格的美化是提升文档专业性和吸引力的关键步骤,调整表格的边框和底纹可以增强表格的视觉效果,使其更加突出,表格样式如图 2-42 所示。

设置表格的边框和底纹可以单击"表格样式"下的"边框"按键,在弹出的下拉列表中选择"边框和底纹",调出"边框和底纹"对话框进行设置,如图 2-43 所示。

计算表格中
的数据

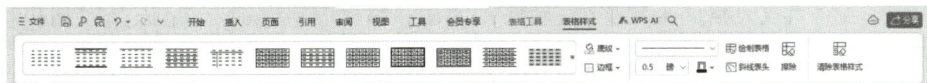

图 2-42　表格样式

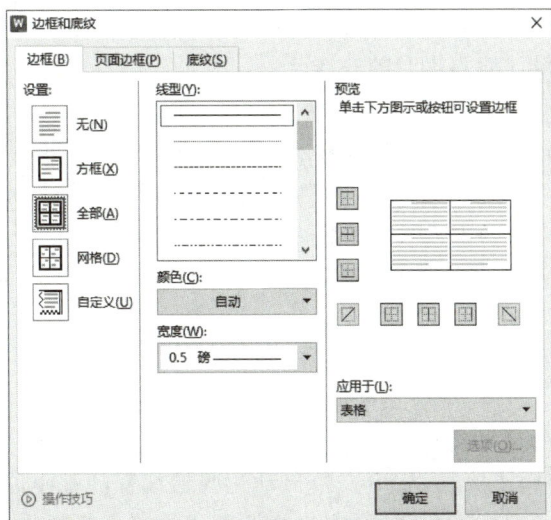

图 2-43　边框和底纹对话框

任务 2.2　应用表格预设样式

应用预设的表格样式可以快速设置表格的外观,节省设计时间,如图 2-44 所示。

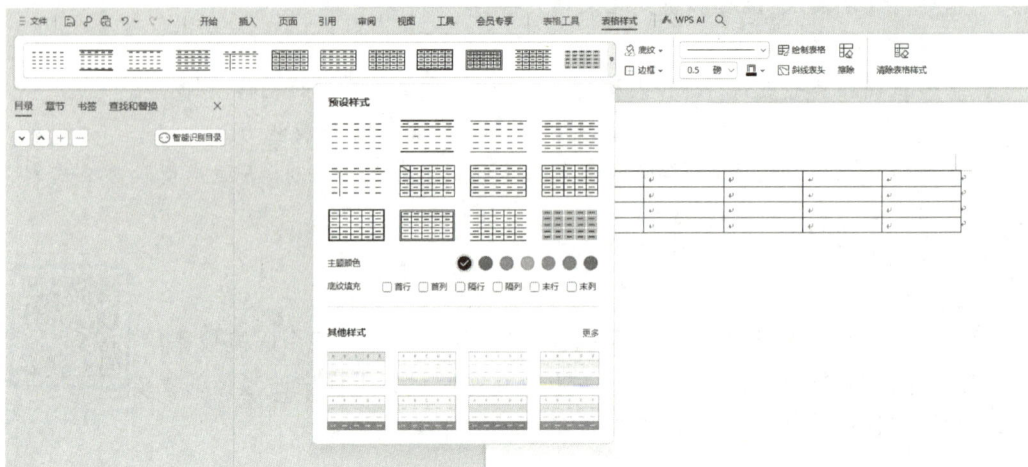

图 2-44　表格预设样式

实施与评价

(1)通过学习,学生应掌握如下能力。

①表格美化技能:学生通过本任务的学习,应能够熟练掌握 WPS 表格中的美化功能。学生应能够独立完成表格的美化操作,确保在创建和编辑表格时能够准确、高效地执行这些美化步骤。

②审美与设计能力:在完成任务的过程中,学生应学会如何根据内容选择合适的表格样式和颜色搭配,确保表格既美观又实用。通过反复练习,学生应能够提高自己的审美能力,学会如何设计出既符合专业标准又具有个人特色的表格。学会关注细节,如字体大小、对齐方式等,这也是审美和设计能力提升的一部分。

③职业素养的提升:本任务还旨在培养学生对专业形象的重视和对工作的严谨态度。通过学习如何美化表格,学生应逐步形成对工作成果的高标准要求,确保表格的外观和内容的准确性。同时,通过与同学的交流与合作,学生还应在团队协作和沟通能力方面有所提升,学会在表格设计中如何与他人高效协作,共同提升工作质量。

(2)按照"任务单 11"要求完成本任务。

拓展任务

1. 了解 WPS 文档的自动化与宏编程

学生可通过录制宏操作探索 WPS 文档自动化与宏编程的基本原理。任务要求首先利用 WPS 内置的宏录制工具,选择诸如文本格式调整或快速表格插入等常用操作进行录制,并仔细分析生成的 VBA 代码结构;随后,在保证宏功能正常运行的前提下,尝试手动修改代码,加入变量、条件判断或循环等编程元素,以实现更复杂的自动化流程;最后,记录调试过程与优化思路,提交包含宏文件、代码注释及运行截图的完整报告,从而展示对自动化编程原理及其在实际办公场景中应用的深入理解。

2.进一步提升办公效率

可以探索 WPS 文档中的自动化功能,如宏编程。学习如何录制和编辑宏,实现重复性任务的自动化,或者如何使用 VBA 脚本进行更复杂的文档操作。这些技能将使学生在处理大量文档时更加高效,并为将来可能的编程学习打下基础。

3.利用 AI 技术优化文档排版

人工智能技术在文档处理领域的应用日益广泛,例如自动排版、内容识别和错误检测等。学生可以研究 WPS 中的人工智能工具,如智能段落调整、自动拼写检查和语法修正等,了解这些工具如何提高文档编辑的效率和质量。此外,学生还可以探索如何利用 AI 技术进行文档内容的个性化推荐和优化,以满足不同读者的需求。

课程思政案例

中文编码技术的突破:信息化时代的语言基石

随着全球信息化进程的加速,计算机技术成为现代社会运转的核心动力。然而,在计算机技术发展的早期阶段,全球的计算机系统主要基于拉丁字母编码设计,对于其他非拉丁字母语言,尤其是中文的支持极为有限。这种局面不仅限制了中文在全球信息领域的应用,也使得中国在早期信息化浪潮中面临了巨大的挑战。在这样的背景下,中文编码技术的突破不仅成为提升中文信息化水平的关键环节,也为全球多语言支持技术树立了标杆。

中文编码的复杂性源于汉字的庞大字库和多层次的语义结构。与拉丁字母不同,汉字的数量远远超出西方文字系统所需的字符数,且每一个汉字都包含丰富的词汇和语义信息。因此,要实现中文在计算机中的准确呈现和处理,首先需要突破字符编码的技术瓶颈。在没有中文编码标准的年代,中文输入与输出在各类系统上困难重重,中文信息化的推进因此步履维艰。为了让计算机能够准确处理和显示中文字符,中文编码技术的研发变得至关重要。

字符编码技术是任何语言在计算机系统中正常显示和传输的基础,中文作为世界上使用人口最多的语言,其编码标准的重要性不言而喻。中文编码的存在,使得计算机系统能够识别、存储和呈现复杂的汉字字符,从而实现中文在信息传输、存储和处理中的广泛应用。没有稳定的中文编码标准,中文信息化将举步维艰,这也是为何字符编码被誉为信息时代的"语言基石"。在这个领域中,中文字符集的研究和推广不仅是技术上的创新,更是文化传承与现代技术融合的典范。

然而,早期的中文信息处理技术高度依赖国外开发的字符编码体系。这些编码体系在处理汉字时往往不够灵活,无法涵盖中文的复杂字符集。而且,国外技术标准并未充分考虑中文语言的特性,使得中文在计算机系统中的输入、输出和存储效率低下。中国迫切需要一个自主可控的编码标准,来打破对国外技术的依赖,确保中文在信息化领域的独立发展。这一需求的紧迫性不仅仅是出于技术考量,更是出于文化传承与信息安全的双重需要。

面对这一挑战,20世纪80年代,中国的科研机构和工程师们开始了中文编码标准的研发工作。经过多年的努力,1981年中国推出了自己的中文字符集标准——GB2312。这一标准涵盖了6763个常用汉字,以及一些常用的符号和标点符号。GB2312的推出标志着中国在中文信息化领域迈出了关键的一步,使得中文在计算机上的显示与处理问题得到初步解决。随着信息技术的飞速发展,GB2312逐渐发展为GBK和GB18030等字符集标准,涵盖了更加丰富的汉字字符,并与国际标准接轨。

研发中文编码技术的过程并非一帆风顺。在此过程中,开发团队面临着复杂的技术难题:如何在有限的编码空间中涵盖大量的汉字字符,如何确保编码的兼容性与稳定性,如何与国际字符集标准接轨以实现全球范围内的通用性。这些问题不仅仅是技术上的挑战,更涉及对中文语言体系的深刻理解与国际编码体系的对接。在解决这些问题的过程中,开发团队付出了大量的努力和心血,通过持续的技术创新和标准化进程,最终推出了符合中文语言特点且具备国际适用性的编码标准。

中文编码技术的突破,不仅为中国的信息化进程铺平了道路,也在全球信息技术领域树立了一个重要的里程碑。首先,拥有自主的中文字符集标准,使得中国在信息化时代拥有了更多的技术自主权,不再受制于国外技术标准的限制。其次,中文编码技术的成功推广,使得中文在全球范围内的信息交流与传播更加畅通无阻,极大地提升了中文在国际上的影响力。更重要的是,这一技术的突破,也为未来多语言信息处理技术的开发提供了宝贵的经验,促进了全球多语言支持技术的进步。

对国家而言,中文编码技术的成功不仅是技术上的进步,更是文化自信的体现。在全球化的今天,语言不仅是沟通的工具,也是文化的载体。通过自主研发中文编码标准,中国不仅实现了技术上的自主创新,也确保了中华文化在信息化时代的顺利传承。对于国家的长远发展而言,中文编码技术的突破是确保信息安全、文化安全和技术自主的重要支撑。

在这个领域中,中文编码的突破展示了技术与文化深度融合的无限可能。它向我们表明,技术创新不仅关乎效率与生产力,更关乎文化的传承与发展。对于未来有志投身于技术创新的青年而言,中文编码技术的研发历程是一堂生动的启示课。通过不断的探索与创新,技术难题终将迎刃而解。而在每一个技术突破的背后,都蕴含着深厚的文化自信和对未来的坚定信念。未来,更多的技术突破将在信息化的浪潮中涌现,等待着新一代的创新者们去书写属于他们的辉煌篇章。

项目五　力学笃行——修饰医院宣传手册

项目描述

医院宣传手册各页面已制作完成,但在制作过程中还需要对文档进行各种格式的修饰,要求通过 WPS 文档中添加水印效果、设置页眉/页脚和页码、添加脚注和尾注、制作目录等操作,来实现个性化的设计理念。

通过本项目,学习者将深入了解如何运用 WPS 文字处理软件进行专业的长文档排版,包括但不限于应用样式、多级编号、自动目录、章节导航等高级技巧。这不仅能够帮助学习者制作出既美观又专业的医院宣传手册,还能够提升其在实际工作中的竞争力和创新能力。此外,通过实际操作和案例分析,学习者将能够更好地理解并应用这些技能于实际的职业环境中,从而增强其解决实际问题的能力和自信心。

任务一　修饰医院宣传手册

任务描述

本次任务旨在通过 WPS 文字排版功能,对医院宣传手册进行修饰,使其更加专业和吸引人。具体来说,我们将学习如何在宣传手册中插入页眉、页脚、脚注尾注、题注以及交叉引用,以增强文档的结构性和可读性。

在开始任务之前,请思考以下问题:

(1)你认为一份优秀的医院宣传手册应该具备哪些特点?

(2)在修饰宣传手册时,你认为哪些排版元素最为重要,能够显著提升文档的专业度?

学习目标

知识目标

1.掌握在 WPS 文字中插入页眉、页脚、页码、脚注尾注的基本方法。

2.了解并熟练使用这些功能在文档中添加和管理相关信息。

3.熟悉如何根据文档需求调整和优化这些元素的布局和格式。

技能目标

1.能够准确地在 WPS 文字文档中插入和编辑页眉、页脚、脚注尾注。

2.可以快速调整这些元素的位置和样式,以适应不同的文档设计需求。

3.能够高效地使用这些功能,提升文档的专业性和可读性。

素养目标

1.能够正确理解和运用 WPS 文字中的高级排版功能,培养规范化的文档设计习惯。

2.培养细致、严谨的文档编辑态度,增强在职场中的文档处理能力。

3.提升信息化办公的素养,能够独立完成复杂的文档排版任务,并适应现代办公需求。

知识准备

任务 1.1　设置页眉页脚和页码

添加题注

1.从库中添加页码

为方便读者更好的查看和阅读,通常需添加页码显示文档的页数和一些相关信息。如果希望每个页面都显示页码,并且不希望包含任何其他信息(例如,文档标题或文件位置),可以快速添加库中的页码,也可以创建自定义页码。

在"插入"选项卡上中单击"页码"按钮选择所需的页码位置,如图 2-45 所示,单击所需的页码格式。若要返回文档正文,则单击"页眉页脚"选项卡上的"关闭"按钮。

创建交叉引用

图 2-45　添加页码

注意:如果要对页码的显示方式进行美化,可以选择"开始"选项卡像编辑文本一样对页码进行编辑。

2.从文档第二页开始编号

插入页码后,双击页眉区域单击"页眉页脚"下"首页不同"复选框,如图 2-46 所示。

3.从文档其他页面开始编号

(1)单击要开始编号的页面开头(如果第一、二页不需要页码,从第三页开始插入页码,将光标移至第三页开头)。

(2)单击"插入"选项卡下的"分页",选择"下一页分节符",如图 2-47 所示。

图 2-46　页眉页脚

图 2-47　下一页分节符

（3）双击页脚区域打开"页眉页脚"选项卡，取消"同前节"。

（4）在要开始编号的页面添加页码。

（5）若要从 1 开始编号，请单击"页眉页脚"中的"页码"，调出"页码"对话框，然后单击"起始页码"并输入"1"，应用范围选择"本节"，如图 2-48 所示。

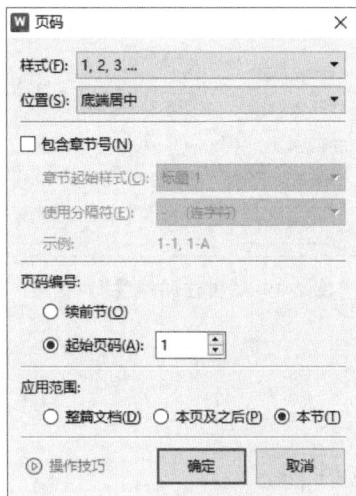

图 2-48　"页码"对话框

（6）若要返回至文档正文，请单击"页眉和页脚"选项卡上的"关闭"。

4. 在奇数和偶数页上添加不同的页眉、页脚或页码

（1）双击页眉区域或页脚区域打开"页眉页脚"选项卡，选中"奇偶页不同"复选框。

（2）在其中一个奇数页上，添加要在奇数页上显示的页眉、页脚或页码编号。

（3）在其中一个偶数页上，添加要在偶数页上显示的页眉、页脚或页码编号。

5.删除页眉、页脚和页码

（1）双击页眉、页脚或页码。

（2）选择页眉、页脚或页码。

（3）按"Delete"键删除。

（4）在具有不同页眉、页脚或页码的每个分区中重复以上步骤。

任务 1.2　插入脚注、尾注

脚注和尾注是用于在文档中添加附加说明或引用的重要工具。脚注通常出现在页面底部，而尾注则集中出现在文档的末尾。在 WPS 文字处理软件中，插入脚注和尾注的操作同样简单，通过点击"引用"选项卡中的"插入脚注"或"插入尾注"选项即可完成。正确使用脚注和尾注可以增强文档的学术性和权威性，同时避免正文内容的冗长和杂乱。脚注和尾注对话框如图 2-49 所示。

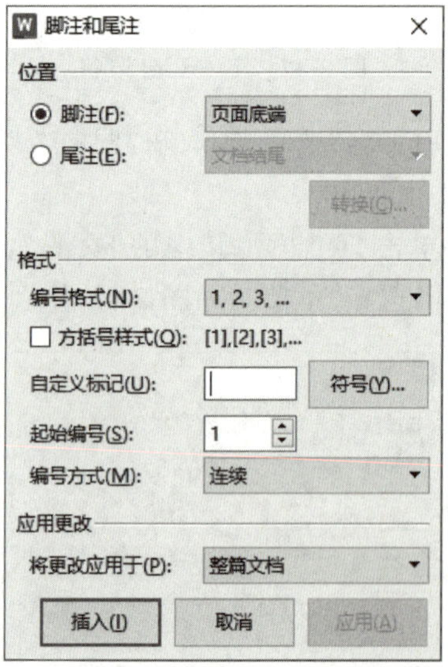

图 2-49　"脚注和尾注"对话框

实施与评价

（1）通过学习，学生应掌握如下能力。

①文档修饰技能：学生通过本任务的学习，应能够熟练掌握在 WPS 文字中插入页眉、页脚、脚注、尾注的技能。学生应能够根据宣传手册的需求，恰当地添加这些元素，以增强文档的专业性和可读性。此外，学生还应学会调整这些元素的格式和位置，确保它们与文档的整体风格协调一致。

②审美与设计能力：在修饰医院宣传手册的过程中，学生应培养对文档美学的敏感性和设计能力。学生应学会选择合适的字体、颜色和布局，以及如何通过视觉元素的有效组合来吸引读者的注意力。通过实践，学生应能够创造出既符合医院形象又具有吸引力的宣传材料。

③职业素养的提升：本任务还旨在培养学生的职业素养，包括对工作的认真态度和对细

节的精确处理。学生应学会在修饰文档时保持高度的专注和细致,确保每一处修改都符合专业标准。同时,通过与同学的交流和合作,学生还应在团队合作和沟通技巧方面得到提升,学会在文档修饰工作中与他人协作,共同提高工作质量。

(2)按照"任务单 13"要求完成本任务。

拓展任务

1.探索 WPS 文字中的多媒体元素插入

在现代文档编辑中,多媒体元素如图片、音频和视频的插入已成为提升文档吸引力和信息传达效率的重要手段。学生可以探索如何在 WPS 文字中插入这些多媒体元素,并学习如何调整它们的大小、位置和播放设置。此外,了解如何使用 WPS 的"屏幕截图"功能快速捕捉屏幕内容并插入文档中,将大大提高工作效率和文档的专业性。

2.了解 WPS 文字的云服务与移动办公

随着云计算和移动设备的普及,云服务和移动办公已成为现代办公不可或缺的一部分。学生可以探索 WPS 文字的云服务功能,如文档的云端存储和同步,以及如何在移动设备上使用 WPS 文字进行编辑和查看。了解这些功能不仅可以帮助学生随时随地处理文档,还能增强他们在不同设备间无缝工作的能力。

任务二　制作医院宣传手册目录

任务描述

在医院宣传手册的制作过程中,目录的编排不仅关系到手册的整体美观,更是读者快速定位信息的关键。一个清晰、有序的目录能够提升手册的专业性和实用性,使读者能够迅速找到所需信息。通过应用、修改和新建样式,以及利用自动目录功能,我们可以高效地完成目录的制作,确保其与手册内容的一致性和准确性。在开始任务之前,请思考以下问题:

(1)在日常生活中,你如何利用计算机或其他电子设备来提升工作效率或改善生活质量?

(2)你认为在制作宣传手册时,目录的重要性体现在哪些方面? 如何通过技术手段优化目录的制作过程?

学习目标

知识目标

1.掌握在 WPS 文字中应用、修改和新建样式的操作方法,理解样式在文档排版中的作用。

2.了解自动目录的生成原理和步骤,能够根据文档内容自动生成目录,了解题注和交叉引用的使用方法。

3.熟悉目录的格式设置和调整,包括字体、段落和缩进等。

技能目标

1. 能够熟练地在 WPS 文字中应用和修改样式，以优化文档的视觉效果和阅读体验。

2. 可以准确地使用自动目录功能，根据文档结构快速生成并调整目录。

3. 能够根据实际需求，灵活设置目录的格式，使其符合医院宣传手册的专业标准。

素养目标

1. 培养在文档排版中运用样式的意识，提高文档的专业性和一致性。

2. 增强使用自动目录功能的能力，提升工作效率和文档管理的规范性。

3. 通过实践操作，提升对文档细节的把控能力，增强职场中的文档处理素养。

知识准备

为使医院宣传手册结构更加清晰，方便读者阅读整个文档，并且进行快速查找定位以及保护文档，现在需要通过 WPS 文档中应用样式和插入目录等操作来实现上述功能。

任务 2.1 插入及更新目录

1. 插入目录

插入目录的方式有三种，分别为手动添加目录、自动生成目录、自定义生成目录。其中，自动生成目录功能可便捷的生成目录，自动目录功能则是 WPS 文字处理软件中的一个强大工具，它可以根据文档中的标题样式自动生成目录，大大节省了手动编排目录的时间和精力。

创建并使用目录

选择"引用"选项卡下的"目录"如图 2-50 所示，选择一种方式生成目录。

2. 更新目录

如果文档完成后发现有些地方必须要进行修改，修改后会发现标题章节以及标题所在页码也发生变化，而目录中的页码没有同步更新，这时就可以更新目录操作。选择"引用"选项卡，在"目录"分组中，单击"更新目录"按钮，打开"更新目录"对话框，在对话框中可选择"只更新页码"，也可以选择"更新整个目录"。

任务 2.2 使用样式

1. 应用样式

样式是 WPS 文字处理软件中的一个重要功能，它允许用户定义和应用文本的格式，包括字体、大小、颜色、段落间距等。通过应用样式，用户可以快

创建样式

速统一文档的格式，提高编辑效率。选择需要应用样式的文本或将插入点放在需要应用样式的段落中，选择"开始"选项卡下"样式"分组，单击选择一种样式进行应用，如图 2-51 所示。

2. 修改样式

修改样式是调整文档格式的重要手段。在实际操作中，用户可能需要根据具体需求调整已有的样式，选择"开始"选项卡下"样式"分组，右键单击需要修改的样式，在弹出的菜单中选择"修改样式"，调出"修改样式"对话框如图 2-52 所示，对已有样式进行修改，如需修改边框、编号、文本效果等，则需要单击"格式"按钮进行修改。

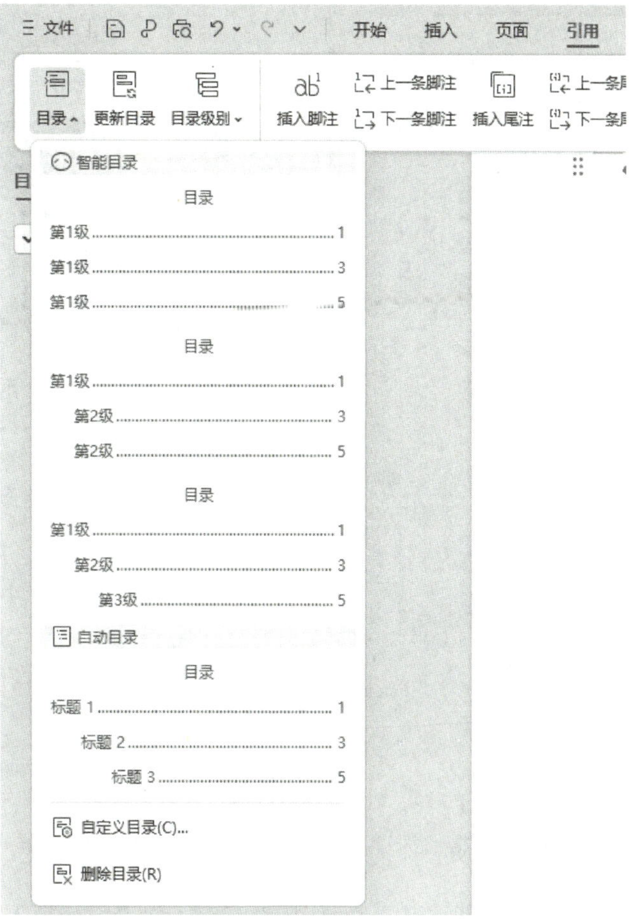

图 2-50　目录

图 2-51　应用样式

3.新建样式

新建样式功能允许用户根据自己的需求创建全新的文本格式,以便为特定的章节或标题创建独特的样式,以增强文档的可读性和视觉效果。了解如何新建样式功能,可以显著提高文档制作的效率和质量。选择"开始"选项卡下"样式"分组启动器,调出"样式和格式"任务窗格,如图 2-53 所示,单击"新建样"按钮调出"新样式"对话框,如图 2-54 所示。

修改样式

在"新建样式"对话框中先设置新样式的名称、样式类型、样式基于(如果对样式基于进行修改,基于该样式创建的样式也将被修改)、后续段落样式,然后单击"格式"按钮,在展开的列表中选择要为样式设置的格式,如字体、段落、框等。设置好格式后,单击"确定"按钮,即可在"样式和格式"任务窗格和"开始"选项卡中看到新创建的样式。

图 2-52　"修改样式"对话框

图 2-53　"样式和格式"任务窗格

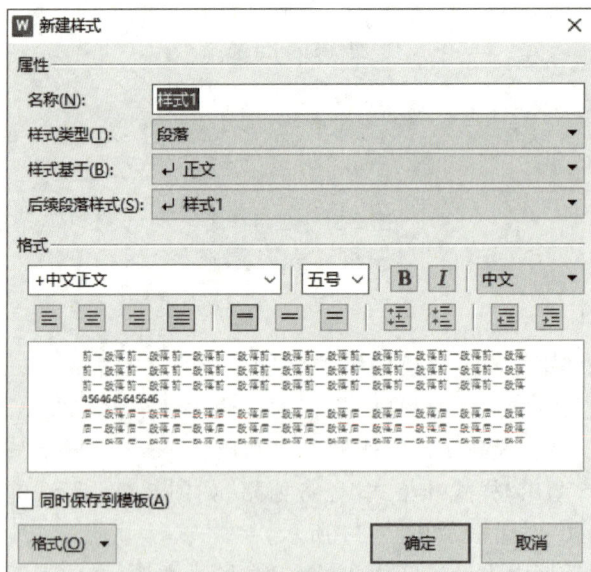

图 2-54　"新建样式"对话框

任务 2.3　插入题注、交叉引用

题注和交叉引用是提高文档结构化和可读性的有效手段。题注通常用于图片、表格、公式等元素的下方,用以简要说明其内容或来源。交叉引用则允许用户在文档的不同部分之间建立链接,便于读者快速跳转到相关内容。在WPS文字处理软件中,插入题注和交叉引用的操作通过"引用"选项卡中的相应选项完成。

套用内置样式

设置页面大小页边距

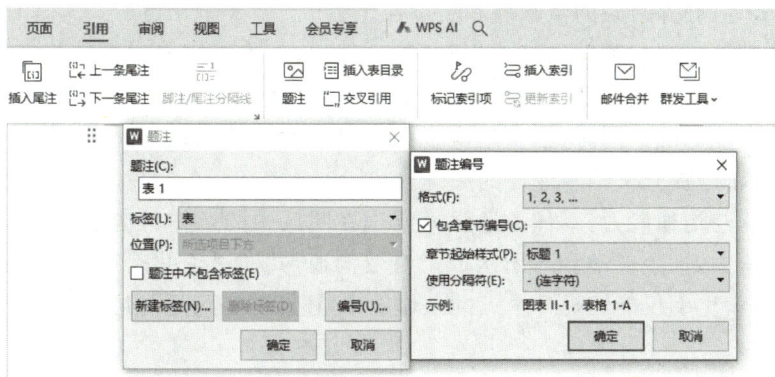

1. 插入题注

单击"引用"选项卡下的"题注"按钮,调出"题注"对话框如图 2-55 所示,在"标签"中选择需要插入题注的对象类型,如果是长文档排版,文档中的图片或表格使用比较多时,一般需要对题注添加编号,可调出"题注编号"对话框,选择题注的编号样式和分隔符等,在添加编号之前需要对图片或表格等对象所在的章节进行多级编号设置。

图 2-55　"题注"对话框

2. 交叉引用

单击"引用"选项卡下的"交叉引用"按钮,调出"交叉引用"对话框如图 2-56 所示,选择

图 2-56　"交叉引用"对话框

"引用类型"及"引用内容"进行设置,常用的引用类型为"编号项",比如写论文时用到的参考文献,就可以使用"交叉引用",需要注意的是引用的内容需要先设置"自动编号",在引用类型中才能选择"编号项"。

实施与评价

(1)通过学习,学生应掌握如下能力。

①样式应用与管理:学生通过本任务的学习,应能够熟练掌握WPS文字中的样式应用与管理功能,包括新建、修改和应用样式。学生应能够根据医院宣传手册的需求,创建适合的标题、正文等样式,并能够灵活调整样式的属性,如字体、大小、颜色等,以达到专业且统一的视觉效果。

②目录生成与编辑:学生应掌握自动目录的生成方法,理解目录与文档内容之间的关联,能够根据文档结构自动更新目录。此外,学生还应学会编辑目录的格式,如调整目录的层级、字体样式等,确保目录的清晰性和易读性。

③专业素养与文档规范性:在完成任务的过程中,学生应培养对文档规范性的重视,理解在职场中专业文档的重要性。通过实践,学生应能够形成严谨的工作习惯,确保文档的每一部分都符合专业标准。同时,学生还应提升对细节的关注,如页码的正确设置、页眉页脚的统一等,这些都是提升文档专业性的关键。

④团队协作与沟通能力:本任务还强调学生在团队中的协作与沟通能力。在制作医院宣传手册的过程中,学生应学会与团队成员有效沟通,共同讨论并确定文档的样式和内容。通过团队合作,学生不仅能够提升个人的工作效率,还能够在沟通与协作中学习到更多职场技能。

(2)按照"任务单13"要求完成本任务。

拓展任务

1.探索WPS文字中的多级标题与编号

在使用WPS文字处理文档时,经常会遇到需要对标题进行编号和分级的情况,WPS文字提供了自动编号和多级标题的功能,使得我们可以方便地对文档结构进行组织和呈现。自动编号是指通过WPS文字的功能,自动为标题、段落或其他文本元素添加编号。多级标题是批将标题按照层次结构进行你好可爱,使得文档的结构更加清晰和有序。在WPS文字中可以通过设置多级标题样式进行编号,从而实现对文档结构的管理。

2.研究WPS文字中的多媒体集成

现代文档往往需要集成多种媒体元素,如图片、视频和音频。学生可以研究如何在WPS文字中插入和编辑多媒体元素,以及如何优化这些元素的显示效果。此外,了解如何利用多媒体元素来增强文档的表现力和互动性,使其更加吸引读者。

课程思政案例

文档嵌入式多媒体的集成技术：跨越传统文档的界限

用户的习惯，使用体验较为生硬。这就导致中国在文档嵌入式多媒体领域的自主创新能力受到压制，国内企业和教育机构难以找到符合自身需求的多媒体集成解决方案。因此，如何打破国外技术垄断，建立自主可控的文档多媒体集成平台，成为中国信息技术发展中的重要挑战。

面对这一挑战，中国的技术企业和研究机构并没有止步于困境，而是积极探索解决之道。众多国内软件开发企业与科研团队致力于开发更符合中国用户需求的多媒体文档编辑平台。其中，WPS 作为中国自主研发的办公软件之一，率先在文档多媒体集成技术上实现了突破。通过不断升级优化，WPS 在文档嵌入多媒体内容方面取得了显著成就，为中国用户提供了更加便捷、功能丰富的办公体验。

WPS 团队在多媒体集成技术的研发过程中，面临的最大挑战在于如何保持文档处理的稳定性和兼容性。在传统的文字处理软件中，嵌入多媒体内容会导致文档文件体积增大，容易出现卡顿、闪退等问题。同时，不同类型的多媒体格式也对文档软件的兼容性提出了更高要求。为了克服这些技术难题，WPS 团队通过不断优化编码与解码算法，确保多媒体文件能够被流畅嵌入、播放，同时保持文档的整体流畅度和稳定性。此外，他们还加强了多媒体格式的兼容性，使得用户可以轻松嵌入各种类型的图片、音视频文件，而不必担心文件格式不兼容的问题。

WPS 在文档嵌入式多媒体技术上的突破，标志着中国在这一领域的自主创新能力迈上了新台阶。这一成就不仅填补了国内市场的空白，也为全球用户提供了更多的选择，特别是在支持中文字符处理和本土化需求方面，WPS 已经超越了许多国际同类软件。此外，WPS 的多媒体集成技术使得国内企业和教育机构在制作培训材料、推广宣传等方面能够更加自如地使用多媒体工具，极大提高了工作和教学的效率与质量。这种技术不仅局限于办公领域，在文化传播、教育、科研等众多领域也同样发挥了重要作用。

从国家的角度来看，文档嵌入式多媒体集成技术的突破，具有重要的战略意义。首先，它大大提高了中国在信息技术领域的自主创新能力，减少了对国外技术的依赖，为中国的科技发展提供了更多的自主权。其次，这一技术的成功推广，使得中国在全球软件市场上占据了更为有利的竞争地位，有助于提升中国信息技术产业的国际影响力。最为重要的是，文档多媒体集成技术的成熟应用，使得信息的传播更加高效、直观，这对于提高中国在国际文化和信息传播中的话语权具有深远影响。

未来，随着信息技术的不断发展，文档嵌入式多媒体技术还将迎来更多的突破与创新。对于有志于投身信息技术领域的青年人才来说，这一领域充满了无限的可能与机遇。多媒体技术不仅仅是办公效率提升的工具，它还将深刻影响人们的学习、生活和工作方式。通过不断的技术探索和创新突破，未来的文档处理方式将更加智能、高效。而在这一过程中，每一个创新者都可能成为引领时代进步的力量。

项目六 广而告之——输出医院宣传手册

项目描述

WPS 文字是一款功能强大且使用方便的文字处理软件,在日常工作中,我们常常需要对文档进行保护,以防止他人恶意修改或删除,本项目将介绍如何使用 WPS 文档保护功能。

WPS 文字除了具备强大的文字处理功能外,打印功能也是我们经常需要使用的。正确的打印设置不仅可以提升工作效率,还能保证打印效果更加精准和符合需求,本项目需要完成医院宣传手册的打印设置,以便轻松应对各种打印需求。

本次工作项目要求将医院宣传手册进行文档保护并提交给负责人进行审核,审核通过后设置打印选项、进行打印输出工作。

任务一 保护医院宣传手册

任务描述

在日常工作和学习中,我们常常需要使用各种文档来存储和传输重要的信息,然而,有时候这些文档可能包含机密的内容,我们需要确保只有授权的人可以访问。WPS 文档密码保护功能可以帮助我们实现这一目标。完成医院宣传手册制作后,我们还需要将医院宣传手册进行文档保护工作。

在开始这项任务之前,请思考以下问题:

(1)如何为文档设置打开密码?

(2)如何打开文档后只能查看不能修改?

学习目标

知识目标

1.掌握在 WPS 文字中添加水印的方法,理解水印在文档保护和品牌宣传中的作用。

2.了解并熟练掌握在文档中插入批注和超链接的技巧,以及批注在审阅和反馈中的应用。

3.掌握保护文档的方法。

技能目标

1.能够准确地在 WPS 文字中添加水印,并根据需要调整水印的样式和位置。

2.可以熟练地在文档中插入批注和超链接,并能够根据审阅需求进行批注的编辑和管理。

3.能够熟练地对文档进行保护设置。

素养目标

1.能够正确理解并运用 WPS 文字中的高级排版功能,提升文档的专业性和美观度。

2.培养细致、严谨的文档处理态度,增强在职场中的文档编辑和排版能力。

3.提升信息化办公的素养,能够独立完成复杂的文档编辑任务,并适应现代办公的高效需求。

知识准备

医院宣传手册制作完成过程中,还需要对文档进行保护,要求通过 WPS 文档中添加水印效果、批注、保护设置等操作,来实现对文档的保护。

任务 1.1 设置水印

我们经常需要为办公文档添加"秘密"、"保密"的水印,以便让获得文件的人都知道该文档的重要性和保密性。

选择"页面"选项卡,单击"水印"下的"插入水印",调出"水印"对话框,如图 2-57 所示,可选择插入"图片水印"或"文字水印"。

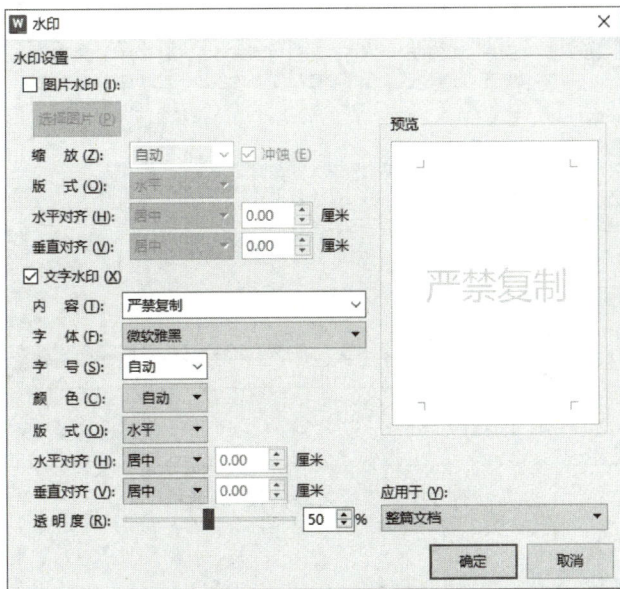

图 2-57 "水印"对话框

任务 1.2 插入批注

插入批注是文档编辑中的一项高级功能,它允许用户在文档中添加注释或评论,这对于团队协作或审阅文档时非常有用。在 WPS 文字处理软件中,插入批注可以通过"审阅"选项卡中的"插入批注"功能来实现,如图 2-58 所示。用户可以在批注中输入需要传达的信息,这些信息不会影响到文档的正文内容,但可以被其他用户查看和回复。在制作医院宣传手册时,使用批注功能可以帮助团队成员更好地沟通和协作,确保手册内容的准确性和完整性。

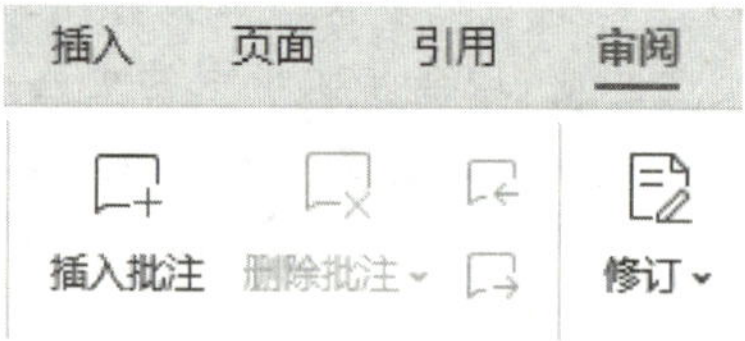

图 2-58　插入批注

任务 1.3　插入超链接

在 WPS 文档中设置内部超链接可以帮助读者更方便地跳转到文档的不同部分,提高阅读效率。设置超链接方法是要先选中需要设置超链接的文本或图片,点击"插入"选项卡下的"超链接",如图 2-59 所示,在弹出的对话框中,选择需要链接的位置,可以是同一文档的不同位置,也可以是其他文档或网页,最后点击"确定"按钮即可完成设置。

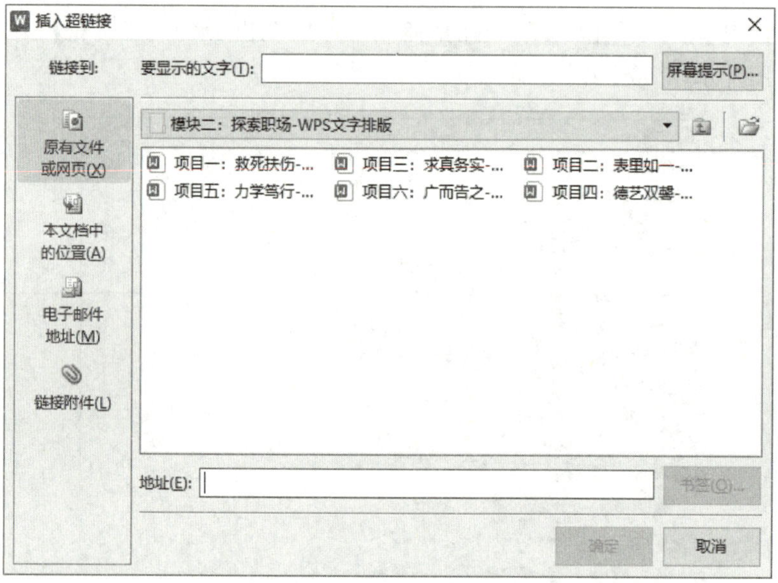

图 2-59　"插入超链接"对话框

任务 1.4　保护文档

1. 限制编辑

为了使辛苦完成的文档不被其他人随意阅读、抄袭和篡改,可以根据具体情况选用 Office 提供的安全保护功能进行文档保护。打开需要设置保护的文档,单击"审阅"选项卡下的"限制编辑",如图 2-60 所示,调出"限制编辑"任务窗格,限制编辑功能提供了三个选项:限制对选定的样式设置格式、设置文档的保护方式、启动保护。

图 2-60 "限制编辑"任务窗格

（1）限制对选定的样式设置格式：可以有选择地限制格式编辑选项，我们可以单击其下方的"设置"进行格式选项自定义，如图 2-61 所示。

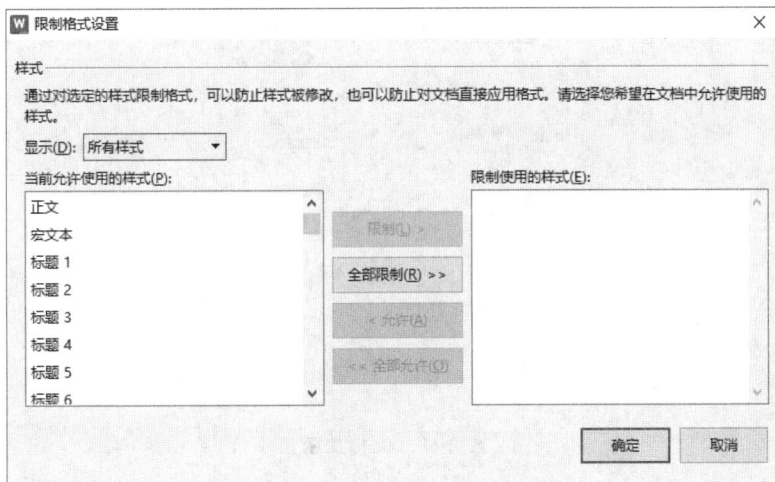

图 2-61 "限制格式设置"对话框

（2）设置文档的保护方式：可以有选择地限制文档编辑类型，包括"只读"、"修订"、"批注"、"填写窗体"。

（3）启动保护：配合"设置文档的保护方式"使用，如果在"启动保护"中输入密码，那么只有知道密码才能取消"设置文档的保护方式"，如图 2-62 所示。

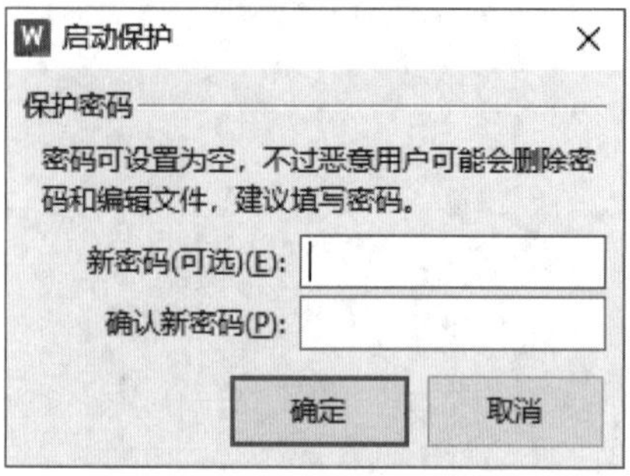

图 2-62 "启动保护"对话框

2. 文档加密

单击"文件"菜单下的"文档加密"，如图 2-63 所示。

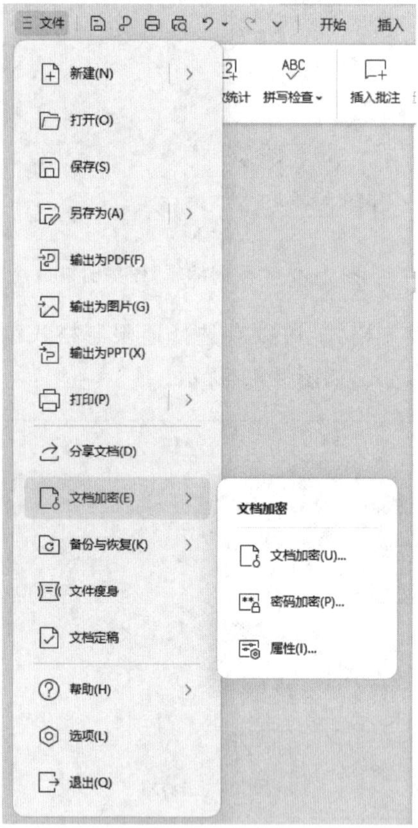

图 2-63 文档加密

（1）文档加密：设置指定账号查看或编辑文档。

（2）密码加密：设置文档的打开密码或编辑密码，如图 2-64 所示。

（3）属性：设置文档的相关属性，如图 2-65 所示。

图 2-64 "密码加密"对话框

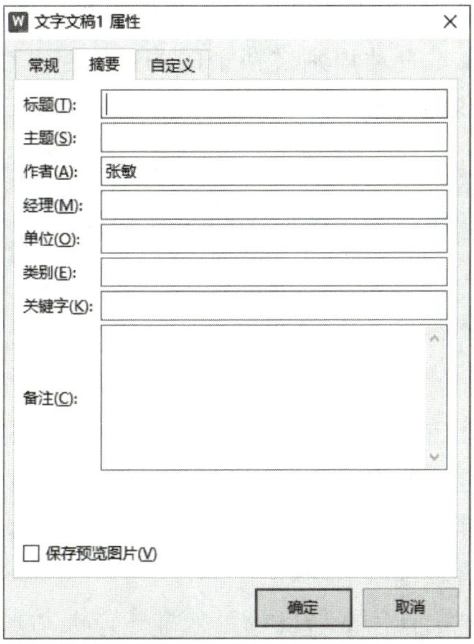

图 2-65 属性对话框

实施与评价

(1)通过学习,学生应掌握如下能力。

①文档排版技能:学生通过本任务的学习,应能够熟练掌握在 WPS 文字中添加水印、插入批注、插入超链接、保护文档的技能。学生应能够独立完成医院宣传手册的保护工作。

②问题解决能力:在完成任务的过程中,学生可能会遇到各种技术问题,如水印不清晰、批注位置不当等。学生应学会分析问题产生的原因,并寻找有效的解决方案。通过这一过程,学生的问题解决能力将得到显著提升。

③职业素养的培养:本任务还旨在培养学生的职业责任感和专业形象。通过学习如何处理文档中的细节问题,学生应逐步形成严谨的工作态度,确保文档内容的准确性和专业

性。同时,学生还应在团队合作和沟通能力方面有所提升,学会在文档处理中如何与同事高效协作,共同提升工作质量。

(2)按照"任务单15"要求完成本任务。

拓展任务

1.探索WPS文字中的动态水印技术

在传统的文档处理中,水印通常是静态的,但在现代技术中,动态水印技术已经开始被应用。学生可以探索如何在WPS文字中实现动态水印,例如根据文档内容的变化自动调整水印的位置或内容。这种技术在保护文档安全和版权方面具有重要意义,尤其是在出版和法律文档领域。

2.研究WPS文字中的智能批注系统

批注是文档编辑和审阅过程中的重要工具。学生可以研究WPS文字中的智能批注系统,了解如何利用人工智能技术自动识别文档中的关键信息并生成批注。这种智能批注系统可以大大提高文档审阅的效率,减少人工错误,特别是在大型项目和复杂文档的审阅中。

任务二 输出医院宣传手册

任务描述

通过前几次任务的操作已它完成医院宣传手册的制作,本次任务学会使用WPS文字处理软件打印医院宣传手册,包括输出为PDF格式以确保文档格式的一致性,以及预览打印效果并设置合适的打印参数以达到最佳的打印质量。

在开始这项任务之前,请思考以下问题:

(1)你认为一份优秀的医院宣传手册应该包含哪些关键元素?

(2)在打印宣传手册时,你认为哪些打印设置是至关重要的,以确保最终输出的质量?

学习目标

知识目标

1.了解并掌握邮件合并功能。

2.熟悉输出PDF文件的步骤,理解PDF格式在文档共享和打印中的优势。

3.掌握预览打印效果和设置打印参数的技能,确保打印输出的质量和效率。

4.了解并熟练掌握WPS文字中的邮件合并功能的具体操作步骤。

技能目标

1.能够高效地将文档输出为PDF格式,并设置相关的输出选项以满足不同的打印需求。

2.能够熟练地预览打印效果,并根据实际需要调整打印参数,如纸张大小、打印方向等。

3.能够高效地将文档输出为 PDF 格式,并设置相关的输出选项以满足不同的打印需求。

4.能够熟练地预览打印效果,并根据实际需要调整打印参数,如纸张大小、打印方向等。

5.能够准确操作 WPS 文字中的邮件合并功能,熟练执行数据源的导入、字段映射和合并操作。

素养目标

1.能够正确理解并运用邮件合并功能,养成规范化的文档制作习惯。

2.培养细致、严谨的文档编辑态度,增强在职场中的数据处理能力。

3.提升信息化办公的素养,能够独立完成医院宣传手册的打印输出,并适应现代办公需求。

知识准备

日常工作生活中,经常需要发送通知、请柬、奖状、毕业证等,这些文档的大部分内容相同,少部分内容变化。为了提高工作效率,可以使用邮件合并的方式来完成。

任务 2.1 输出 PDF 文件

在完成医院宣传手册的编辑后,输出为 PDF 文件是一个常见的步骤,因为 PDF 格式可以保持文档的格式不变,便于分发和打印。单击"文件"选项卡,单击"另存为"命令,弹出"另存为"对话框,然后对"保存类型"进行选择"PDF"格式,单击"保存"按钮即可保存为 PDF 格式文档。

任务 2.2 打印设置

预览打印效果并设置打印参数也是打印前的重要步骤,通过预览可以检查文档的布局、格式是否符合预期,同时可以根据打印需求设置纸张大小、打印质量等参数。这些操作的熟练掌握,能够确保医院宣传手册在打印输出时的质量和效果。

1.单面打印

单击"文件"按钮,在菜单中选择"打印"命令,如图 2-66 所示,在"打印"对话框中,单击"打印机"下三角按钮,选择电脑中安装的打印机,根据需要修改"份数"数值以确定打印多少份文档。

在"页码范围"分组中有以下选项:

"全部"选项,就是打印当前文档的全部页面;

"当前页"选项,就是打印插入点光标所在的页面;

"所选内容"选项,则只打印选中的文档内容,但事先必须选中了一部分内容才能使用该选项。

"页码范围"选项,则打印指定的页码。

2.双面打印

在"打印"对话框中选择"双面打印"复选框,需要注意的是电脑连接的打印机需要支持双面打印,才能实现此功能。

图 2-66 "打印"对话框

3. 打印奇数页和偶数页

在"打印"对话框中"打印"下拉列表中选择"奇数页"或"偶数页",若打印机不支持双面打印,可通过打印奇偶页来实现双面打印的效果。

任务 2.3 邮件合并的基本概念

邮件合并是 WPS 文字处理软件中的一项强大功能,它允许用户将一个主文档与一个数据源文件结合起来,生成多个个性化的文档。日常工作生活中,经常需要发送通知、请柬、奖状、毕业证等,这些文档的大部分内容相同,少部分内容变化。为了提高工作效率,可以使用邮件合并的方式来完成。

邮件合并的一般操作步骤如下:创建主文档和数据源文件;设置主文档类型;打开数据源文件;插入合并域;预览合并结果;合并到新文档。

单击"引用"选项卡下的"邮件合并"按钮,打开"邮件合并"功能区,如图 2-67 所示。

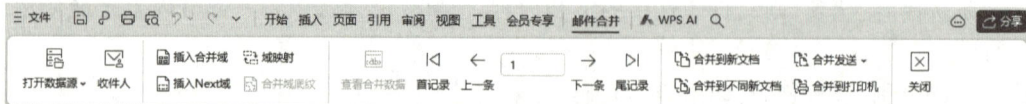

图 2-67 "邮件合并"功能区

实施与评价

(1)通过学习,学生应掌握如下能力。

①文档排版技能:学生通过本任务的学习,应能够熟练掌握在 WPS 文字中输出 PDF 文件以及预览和设置打印参数的技能。学生应能够独立完成医院宣传手册的打印准备工作,确保文档的专业性和可读性。此外,学生还应掌握如何根据不同的打印需求调整文档设置,如纸张大小、页边距等,以达到最佳的打印效果。

②邮件合并技能:学生通过本任务的学习,应能够熟练掌握 WPS 文字处理软件中的邮件合并功能。这包括理解邮件合并的基本概念,如主文档和数据源的设置,以及如何将数据源中的信息合并到主文档中。学生应能够独立完成邮件合并的全过程,包括选择合适的模板、导入数据源、合并数据并生成最终文档。

③职业素养的提升:本任务还旨在培养学生的职业素养,包括对工作细节的关注和对任务的责任心。通过学习如何使用邮件合并功能,学生应逐步形成严谨的工作态度,确保文档内容的准确性和专业性。同时,学生还应学会在团队中进行有效沟通,理解在职场中数据准确性和文档专业性的重要性,以及如何在团队合作中发挥自己的作用。

(2)按照"任务单 15"要求完成本任务。

拓展任务

1.探索 WPS 文字中的邮件合并高级应用

在掌握了邮件合并的基本操作后,学生可以进一步探索邮件合并的高级功能。例如,学习如何使用不同的数据源(如 Excel 表格、Access 数据库等)进行邮件合并,以及如何处理合并过程中的复杂数据字段(如日期格式、数字格式等)。这些高级应用将帮助学生更高效地处理大量数据,为将来在职场中处理复杂的文档合并任务打下基础。

2.研究 WPS 文字与其他办公软件的集成应用

随着办公软件的多样化,了解不同软件之间的集成应用变得越来越重要。学生可以探索 WPS 文字如何与 Microsoft Office、Google Docs 等其他办公软件进行集成,例如通过共享文档、导入导出文件等方式实现数据的无缝对接。这些技能将帮助学生在不同的工作环境中灵活运用各种办公软件,提高工作效率。

课程思政案例

中文排版技术的标准化进程:从混乱到有序的突破之路

在数字化时代的进程中,文字排版技术作为人类信息传播的重要媒介,扮演着不可或缺的角色。早期的排版技术以西方拉丁字母为基础,随着全球化的推进,如何适应各国语言的需求成了一大技术难题。中文作为世界上最古老且复杂的文字之一,文字多样、字符结构复杂,对排版的要求极为特殊。由于西方国家主导了早期排版标准的制定,中国在排版标准化方面起步较晚,中文排版一度面临技术壁垒和标准缺失的问题。

中文排版技术的特殊性在于,它不仅要处理字符间的复杂布局,还要兼顾文字的美观性和文化传承。与西方语言的线性排列不同,中文字符的多样性、方块字形以及传统的竖排结构对排版提出了更高的要求。特别是在文档排版、出版业、网络页面设计等领域,标准化的中文排版技术成为信息准确传达、文化传播的重要基础。然而,标准缺失导致的排版混乱使得早期的电子中文排版难以达到理想的效果,甚至影响了文献出版和电子商务等行业的发展。

面对这一挑战,中国在中文排版技术标准化的道路上付出了巨大努力。20世纪90年代,随着中国信息化的加速推进,中文排版的需求越来越迫切。国内的科研机构和企业意识到,依赖外部标准不仅会限制技术的发展,还会影响文化的传播。中文排版技术需要自主的标准和规范体系,以确保在全球范围内传播时不失去其文化独特性。

推动中文排版标准化进程的过程中,中国的学术界和企业共同发力,最具代表性的是方正、华文等字体公司,以及中国标准化研究院等技术机构。1997年,方正字库率先推出了支持多种中文字体的排版系统,这一突破使得中文排版进入了一个全新的阶段。随后,中文字符编码标准GB18030和《中文排版规范》的推出为中文在数字化世界中的传播提供了技术和法规的双重保障。这些标准的出台,确保了中文在全球信息化潮流中的规范和统一。

中文排版技术的标准化进程并非一帆风顺。在实施这一技术突破的过程中,科研人员不仅需要应对西方主导标准的竞争压力,还要解决中文字符的复杂性问题。例如,汉字数量庞大、结构多样,如何在有限的计算机内存和显示屏幕中准确表现出来,成了技术上的一大难题。此外,不同设备、平台的兼容性要求,也让中文排版标准的制定和推广充满挑战。面对这些困难,中国的科研人员通过不断优化算法、改进编码方案,最终突破了技术瓶颈,逐步建立起了自主的中文排版体系。

在这一过程中,技术研发团队不仅要确保排版的技术精度,还需要考虑中文的美学价值。传统的书法艺术和现代的数字化技术如何融合,成为中文排版标准化过程中一个重要的研究课题。以方正字库为例,其不仅开发了符合计算机排版要求的标准字体,还保留了大量传统书法字体的精髓,确保了中文排版既具备现代科技的高效性,又不失去文化传承的韵味。正是通过这样的技术创新与文化保留,中文排版技术得以在数字世界中稳步前行。

这一技术突破不仅仅是一次工业上的进步,更是中国文化在全球数字化浪潮中的一次自我宣示。随着中文排版技术标准的建立,中国的数字内容传播得到了更为广泛的国际认可,全球范围内中文信息的传递也变得更加顺畅。中文排版技术的标准化,不仅提升了文档编辑、电子出版的效率,更为重要的是,它成了中文文化自信的一部分,为全球华文媒体的崛起打下了坚实的基础。

对于未来,中国的中文排版技术仍有广阔的发展空间。随着人工智能、大数据等新技术的出现,中文排版的智能化、个性化将成为未来的研究热点。对于年轻的技术人才而言,这一领域不仅充满了技术挑战,还肩负着文化传承的使命。在解决这些技术难题的过程中,既需要扎实的技术功底,也需要对中文文化的深刻理解。可以预见,随着更多年轻人投身于这一领域,中文排版技术将继续引领全球信息传播的新潮流。中国的技术标准化进程不仅仅是科技发展的里程碑,更是文化自信的象征。

模块三
适应职场——WPS 表格处理

项目一 积极进取——创建员工基本情况表

项目描述

在企业管理中,人力资源管理是确保企业高效运作的关键环节之一。员工基本情况表作为人力资源管理的核心工具之一,不仅记录了员工的基本信息,还涵盖了薪资、社保、税务等重要数据。通过创建和管理员工基本情况表,企业可以更好地进行人力资源规划、薪酬管理、绩效考核等工作。

随着信息化时代的到来,电子表格软件如 WPS 表格等已成为企业处理和分析数据的重要工具。本项目旨在通过创建员工基本情况表,培养学生掌握 WPS 表格软件的基本操作与数据处理技巧。学生将学习如何创建表格、输入数据、设置格式、使用公式和函数等技能,并在模拟真实职场情境中锻炼数据管理和分析的能力。此项目的完成将为学生未来在职场中应用电子表格软件奠定坚实的基础。

任务一 创建员工基本情况表

任务描述

如图 3-1、图 3-2 所示,员工基本情况表是公司人力资源管理的重要表格,它记录了员工的各类关键信息,其表格涉及员工基本情况表,员工工资表。信息包括员工的部门、入职时间、身份证号码等基本信息,同时也涵盖员工的职称工资、个人社保、个人所得税等信息。在本任务中,我们将创建员工基本情况表,录入基础信息。

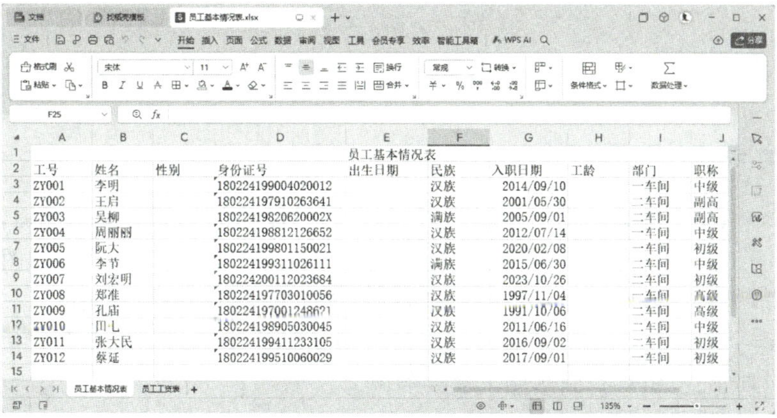

图 3-1　员工基本情况表

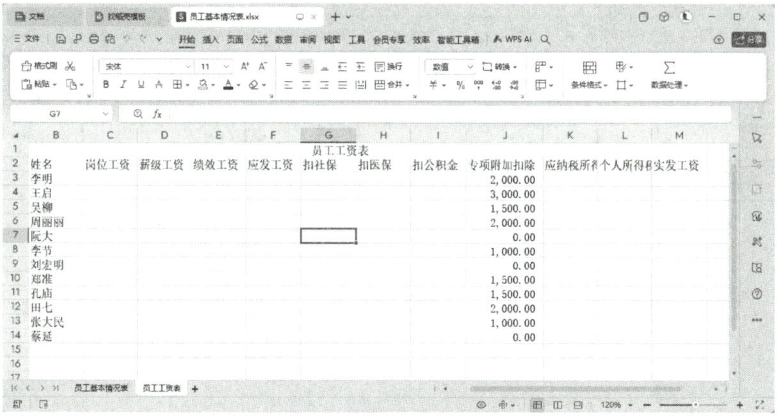

图 3-2　员工工资表

学习目标

知识目标

1. 熟悉 WPS 表格的工作界面
2. 掌握工作簿、工作表和单元格的基本操作
3. 掌握数据的输入与编辑

技能目标

1. 掌握外部数据的导入和引用
2. 掌握数据的类型转换
3. 掌握工作表格式的设置

素养目标

在创建员工基本情况表的过程中，与人力资源部门、各业务部门以及其他相关团队成员保持密切的沟通与协作。能够积极倾听各方需求和意见，理解不同部门对于员工信息管理的侧重点和特殊要求，及时调整表格设计和数据收集方案，确保所创建的表格能够满足多方面的业务需求，促进公司内部信息的流通与共享。

知识准备

一、WPS表格的工作界面

启动WPS表格并新建空白工作簿后，显示在用户面前的就是其工作界面，其中包括标题栏、快速访问工具栏、功能区、名称框、编辑栏、工作表编辑区等组成元素，如图3-3所示。

（1）名称框。名称框用于指示当前选择的单元格，也可用于选择单元格。

（2）编辑栏。编辑栏主要用于输入和修改活动单元格中的内容。当在工作表的某个单元格中输入数据时，编辑栏会同步显示输入的内容。

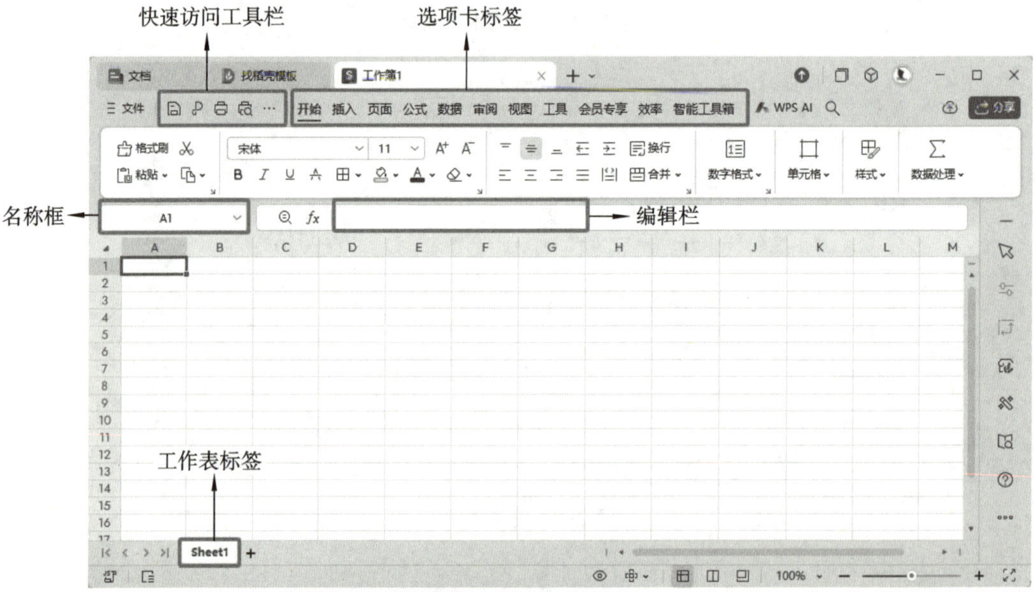

图3-3　WPS表格的工作界面

（3）工作表编辑区。工作表编辑区是WPS表格处理数据的主要区域，包括单元格、行号、列标和工作表标签等。

（4）工作表标签。工作表标签位于工作簿窗口的左下角。工作表是通过工作表标签来标识的，当工作簿中包含多个工作表时，单击不同的工作表标签可在各工作表之间切换。默认情况下，WPS表格新建的工作簿中只包含一个工作表Sheet1。

二、工作簿、工作表和单元格的基本操作

1.工作簿的基本操作

启动WPS Office后，在打开的"首页"界面中单击左侧或上方的"新建"按钮，打开"新建"界面，单击界面上方的"表格"图标，然后选择"新建空白文档"选项，WPS表格会自动创建一个名为"工作簿1"的空白工作簿，并进入其工作界面。如果要新建其他工作簿，可直接按"Ctrl＋N"组合键，快速创建一个空白工作簿。

2.工作表的基本操作

在 WPS 表格中,一个工作簿可以包含多个工作表,用户可以根据需要对工作表进行插入、重命名、移动、复制和删除等操作。

(1)插入工作表。默认情况下,新工作簿只包含一个工作表。如果现有的工作表不能满足需要,可单击工作表标签右侧的"新建工作表"按钮**+**,在所有工作表的右侧插入一个新工作表。

(2)选择工作表。要选择单个工作表,直接单击相应的工作表标签;要选择多个连续的工作表,可在按住"Shift"键的同时单击要选择的第一个工作表和最后一个工作表的工作表标签;要选择不相邻的多个工作表,可在按住"Ctrl"键的同时单击要选择的工作表标签。

(3)重命名工作表。用户可以为工作表设置一个与其保存内容相关的名字,以方便区分工作表。要重命名工作表,可双击工作表标签以进入其编辑状态,然后输入工作表名称,再单击除该标签外的任意位置或按"Enter"键确认。

(4)移动和复制工作表。要在同一工作簿中移动工作表,可单击要移动的工作表标签,然后按住鼠标左键将其沿标签栏拖动到所需位置即可。如果在拖动的过程中按住"Ctrl"键,则为复制工作表操作,源工作表依然保留。

如果要在不同的工作簿之间移动工作表,可先打开源工作簿和目标工作簿,然后选中要移动的工作表,单击"开始"选项卡中的"工作表"按钮,在展开的下拉列表中选择"移动工作表"选项,打开"移动或复制工作表"对话框,在其中选择目标工作簿及其目标位置后单击"确定"按钮即可。

(5)删除工作表。对于工作簿中不再需要的工作表可以将其删除。单击要删除的工作表标签,然后单击"开始"选项卡中的"工作表"按钮,在展开的下拉列表中选择"删除工作表"选项;如果工作表中有数据,将弹出"WPS 表格"提示对话框,单击"确定"按钮即可。

3.单元格的基本操作

(1)选择单元格或单元格区域。

①选择单元格。单击某个单元格,即可将其选中。

② 选择单元格区域。按住鼠标左键并拖过要选择的单元格,然后释放鼠标即可;或单击要选择区域的第一个单元格,然后按住"Shift"键的同时单击要选择区域的最后一个单元格,即可选择它们之间的所有单元格。

③ 选择不相邻的多个单元格或单元格区域。可首先利用前面介绍的方法选择第一个单元格或单元格区域,然后在按住"Ctrl"键的同时再选择其他单元格或单元格区域。

④ 选择行或列。将鼠标指针移到该行左侧的行号上或该列顶端的列标上,当鼠标指针变成➡或⬇形状时单击。如果要选择连续的多行或多列,可在行号上或列标上按住鼠标左键并拖动;如果要选择不相邻的多行或多列,可配合"Ctrl"键进行操作。

⑤ 选择整个工作表。按"Ctrl+A"组合键或单击工作表左上角行号与列标交叉处的"全选"按钮▨。

(2)插入或删除单元格、行和列。

① 插入单元格。在要插入单元格的位置选中与要插入的单元格数量相等的单元格,然后单击"开始"选项卡中的"行和列"按钮,在展开的下拉列表中选择"插入单元格"/"插入单元格"选项,打开"插入"对话框,根据需要选择一种插入方式,最后单击"确定"按钮即可。

② 删除单元格。选中要删除的单元格或单元格区域，然后单击"开始"选项卡中的"行和列"按钮，在展开的下拉列表中选择"删除单元格"/"删除单元格"选项，打开"删除"对话框，根据需要在其中选择一种删除方式，最后单击"确定"按钮即可。

③ 插入行。在要插入行的位置选中与要插入的行数量相等的行，然后单击"开始"选项卡中的"行和列"按钮，在展开的下拉列表中选择"插入单元格"/"插入行"选项即可。

④ 删除行。选中要删除的行，然后单击开始选项卡中的"行和列"按钮，在展开的下拉列表中选择"删除单元格"/"删除行"选项即可。

（3）合并与拆分单元格。

合并单元格是指将相邻的多个单元格合并为一个单元格。要合并单元格，可首先选中要进行合并的单元格区域，然后单击"开始"选项卡中的"合并居中"按钮，或单击"合并居中"下拉按钮，在展开的下拉列表中选择一种合并方式。

要拆分合并后的单元格，只需选中该单元格，再次单击"合并居中"按钮即可。

三、数据输入与编辑

1. 数据输入

要在 WPS 表格的工作表中输入数据，可单击要输入数据的单元格，然后直接输入数据即可。

工作表中活动单元格的右下角有一个绿色的小方块，称为填充柄。将鼠标指针移到填充柄上，待鼠标指针变成 ✚ 形状时按住鼠标左键并拖动，可自动在相邻的单元格中填充与活动单元格内容相关的数据，如序列数据（有规律变化的数据，如日期、等差数列）或相同数据。

此外，在 WPS 表格的工作表中还可以使用快捷键输入相同数据。为此，可先选中要输入相同数据的多个单元格，然后输入数据，最后按"Ctrl＋Enter"组合键确认。

在实际应用中，为了保证输入的数据都在其有效范围内，用户可以利用 WPS 表格提供的数据验证功能为单元格设置条件，以便列出可选项或在数据出错时给出提醒，从而快速、准确地输入数据。例如，为"手机号码"列设置文本长度仅为 11 位的有效性条件，可以保证"手机号码"列中最终输入的数据均为 11 位。当输入的数据不是 11 位时，会弹出错误提示信息，用户可重新输入。

2. 数据编辑

输入数据后，用户可以像编辑 WPS 文字中的文本一样，对输入的数据进行各种编辑操作，如移动、复制、查找、替换和清除等。

（1）移动数据。选中要移动数据的单元格或单元格区域，然后将鼠标指针移到所选单元格或单元格区域的边缘。待鼠标指针变成 形状时，按住鼠标左键并拖动，到目标位置后释放鼠标即可。

（2）复制数据。如果在移动数据过程中按住"Ctrl"键，则为复制数据操作。

（3）查找与替换数据。可利用 WPS 表格的查找和替换功能实现，操作方法与在 WPS 文字中查找和替换文档中的指定内容类似。

（4）清除数据。选中要清除数据的单元格或单元格区域，然后单击"开始"选项卡中的"清除"按钮 ，在展开的下拉列表中选择相应选项，可清除单元格中的内容、格式、批注或特殊字符等。

四、导入和引用外部数据

在实际应用中,用户往往需要使用 WPS 表格对其他系统生成的数据进行加工。WPS 表格支持的外部数据类型有很多,如网站数据、数据库、其他工作簿等。

要使用外部数据,首要工作就是将外部数据导入到 WPS 表格的工作表中。为此,可单击"数据"选项卡中的"导入数据"按钮,在展开的下拉列表中选择相应选项,并根据提示进行操作。

五、数据的类型转换

WPS 表格中经常使用的数据有文本型数据、数值型数据、日期和时间数据等。

(1)文本型数据。文本型数据是指汉字、英文,或由汉字、英文、数字组成的字符串。默认情况下,输入的文本型数据会沿单元格左侧对齐。

(2)数值型数据。数值型数据是 WPS 表格中使用最多,也是最为复杂的数据类型。它由数字 0~9、正号"＋"、负号"-"、小数点"."、分数号"/"、百分号"％"、指数符号"E"或"e"、货币符号"￥"或"＄"及千位分隔号","等组成。输入数值型数据时,WPS 表格自动将其沿单元格右侧对齐。

(3)日期和时间数据。日期和时间数据实际上属于数值型数据,用来表示一个日期或时间。在 WPS 表格中,可以使用"/"或"-"分隔日期中的年、月、日部分,使用冒号(:)分隔时间中的时、分、秒部分。

在 WPS 表格中,绝大多数数据类型之间是可以相互转换的。如图 3-4 所示,选中要转换数据类型的单元格或单元格区域,然后直接单击"开始"选项卡中的相应按钮 ￥、% °° ⁺°° ⁻°°,或单击"数字格式"下拉按钮 常规 ,在展开的下拉列表中选择所需的数字格式,快速转换数据类型。

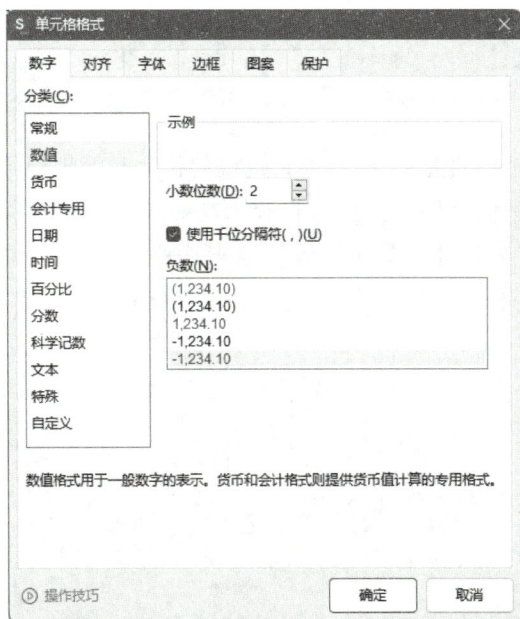

图 3-4　设置单元格数字格式

项目二 孜孜不倦——美化员工基本情况表

项目描述

在现代企业管理中,数据的管理和呈现方式直接影响着工作效率和决策质量。员工基本情况表作为人力资源管理的重要工具,不仅需要准确记录员工信息,还需要通过清晰、美观的呈现方式提升表格的可读性和专业性。随着公司规模的扩大和管理精细化的要求,原有的员工基本情况表在外观和信息展示方面可能存在不足,难以满足高效管理和快速检索的需求。

本项目旨在通过对员工基本情况表的美化,培养学生掌握 WPS 表格软件的高级操作与数据呈现技巧。学生将学习如何设置单元格格式、调整表格布局、使用条件格式、插入图表等技能,从而提升表格的视觉效果和信息传达能力。此项目的完成将为学生未来在职场中应用电子表格软件进行数据美化与优化奠定坚实基础。

任务一 美化员工基本情况表

任务描述

员工基本情况表已经创建完毕,随着公司规模的扩大和管理精细化的要求,原有的员工基本情况表在外观呈现和信息展示方面显得较为简陋和杂乱,难以满足高效管理和信息快速检索的需求。因此,有必要对其进行美化,以提升表格的可读性、易用性和专业性,使其更好地服务于公司的人力资源工作以及其他相关业务流程,美化后效果图如图 3-5、图 3-6 所示。

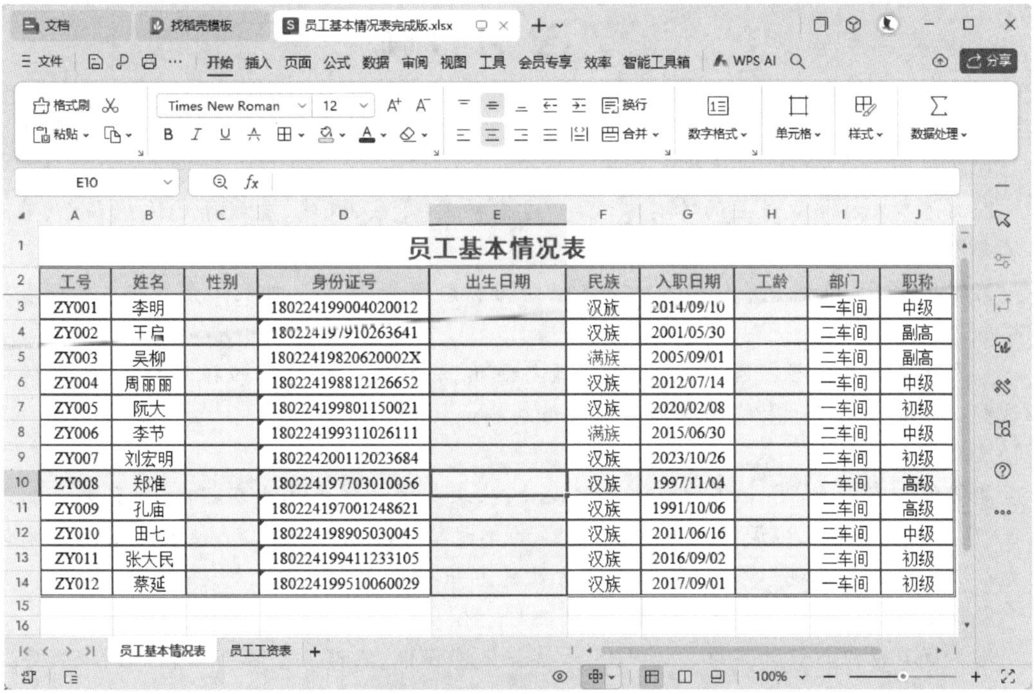

图 3-5 美化后的员工情况表

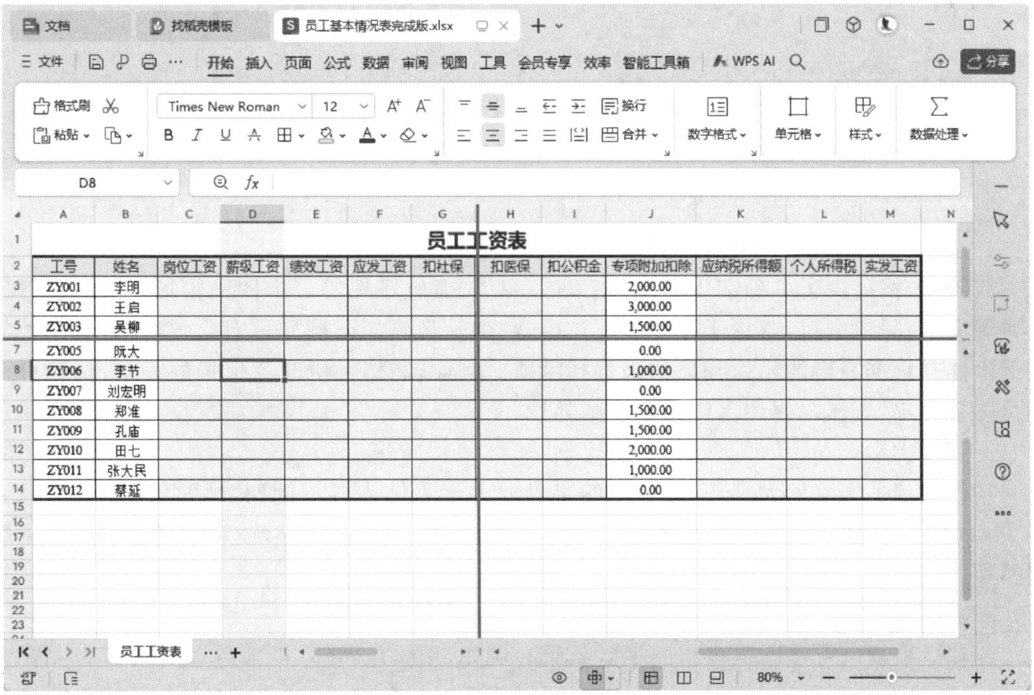

图 3-6 美化后的员工工资表

学习目标

知识目标

1.掌握 WPS 表格中字体格式设置的知识。

2.熟悉单元格格式设置的各类参数,如边框样式(单线、双线、虚线等)、边框颜色、单元格填充颜色(纯色、渐变、图案填充)的设置方法。

3.掌握 WPS 表格中条件格式的基本概念与应用场景,明白如何利用条件格式增强表格数据的可视化效果。

4.熟知工作表标签颜色设置、行列隐藏与显示、冻结窗格等功能的操作与用途,能够运用这些功能进一步优化表格的操作界面与信息展示效果。

技能目标

能够独立完成 WPS 表格的整体美化设计,从表头设计到表体内容排版,再到表尾信息处理,包括设置美观且协调的字体格式、合适的单元格边框与填充颜色,使表格具有清晰的视觉层次和专业的外观形象,能够吸引读者注意力并有效传达信息。

素养目标

培养审美意识与设计思维,在 WPS 表格美化过程中,能够从整体布局、色彩搭配、字体选择等多个方面综合考虑,追求表格的视觉和谐与美观性,注重细节处理,以提升表格作为信息载体的品质与价值,同时能够借鉴优秀的设计案例与理念,不断创新与优化自己的表格美化风格。

知识准备

一、字体格式

1.字体类型

WPS 表格提供了多种字体选择,如宋体、黑体、微软雅黑等。宋体比较正式、端庄,适用于常规文本;黑体醒目,常用于标题或重点内容;微软雅黑在屏幕显示上比较清晰,是一种常用的字体。根据表格的用途和风格来选择字体。例如,制作一份商务报告的表格,标题可以用黑体来突出,表体内容用宋体保证清晰易读。

2.字号大小

字号决定了文字的大小,一般标题的字号要大于表体内容。例如,标题可以设置为 14-16 号,表体内容通常在 10-12 号之间。避免字号过小导致阅读困难,或者字号过大使表格显得臃肿、不协调。

3.字体颜色

合理运用颜色可以增强表格的视觉效果。例如,用深色字体(如黑色、深蓝)作为主要内容颜色,以确保清晰可读。对于重点信息,可以使用对比色突出,如将“总计”行或关键数据用红色或亮橙色显示,但要注意颜色搭配的协调性,避免过于刺眼的颜色组合。

4.加粗、倾斜和下划线

加粗可以用于强调表格中的重要字段,如表头或关键数据列。例如,在员工信息表中,

"姓名""岗位""薪资"等列的标题可以加粗。倾斜可以用于添加一些辅助性的说明文字,使它们与主要内容有所区分。下划线一般用于超链接或需要特别提示的文本,在表格中使用较少,但在某些特定情况下(如引用外部文档的链接)可以使用。

设置单元格字体格式的界面如图 3-7 所示。

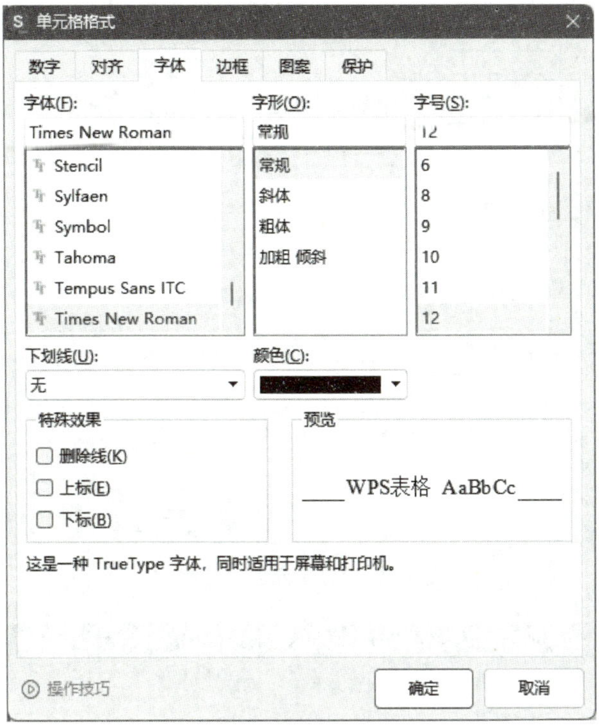

图 3-7　设置单元格字体格式

二、单元格格式

1.边框设置

边框可以使表格的结构更加清晰。可以选择全部边框、外边框、内边框等不同的边框样式。

如图 3-8 所示,边框的线条样式有实线、虚线、双线等多种选择。例如,外边框用实线,内边框用虚线可以营造出层次感。还可以设置边框的颜色,通常选择与表格整体风格相协调的颜色,如灰色系边框可以使表格看起来简洁、专业。

2.填充颜色

如图 3-9 所示,填充单元格颜色可以区分表格的不同区域。例如,在一个销售数据表中,可以将表头填充为浅蓝色,数据区域填充为白色,使表头更加突出。除了纯色填充,还可以使用渐变填充或图案填充来增加表格的视觉趣味性,但要注意不要让填充颜色影响文字的可读性。

3.数据对齐方式

如图 3-10 所示,文本型数据一般左对齐,数值型数据右对齐,这样可以使表格看起来更加整齐。对于标题或需要居中显示的内容,可以使用居中对齐。同时,还可以通过"垂直对齐"选项来调整文字在单元格中的上下位置,例如"顶端对齐""垂直居中"或"底端对齐"。

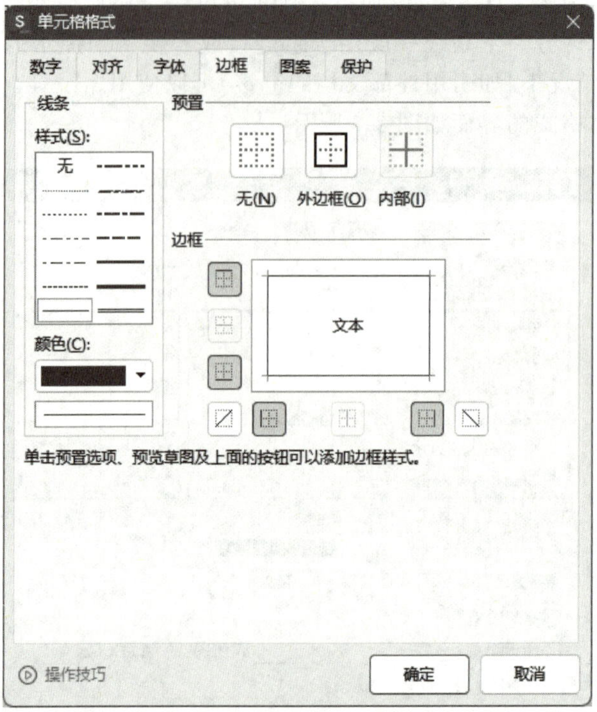

图 3-8　设置单元格边框格式

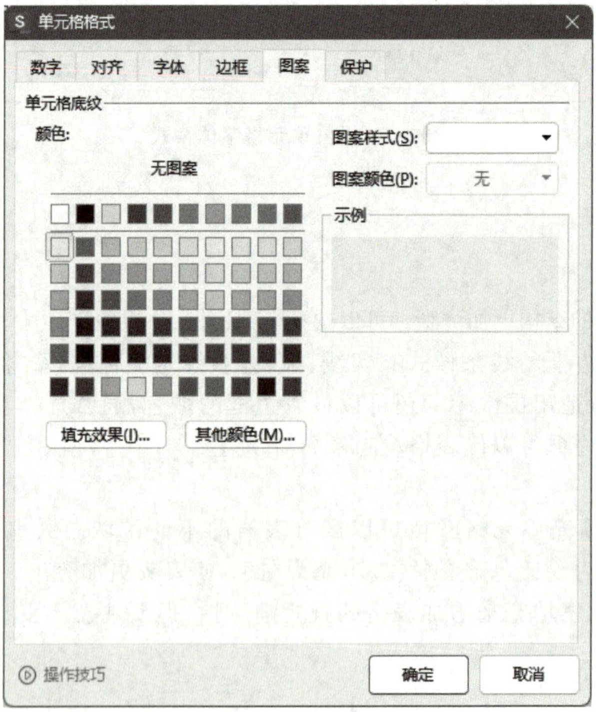

图 3-9　设置单元格填充格式

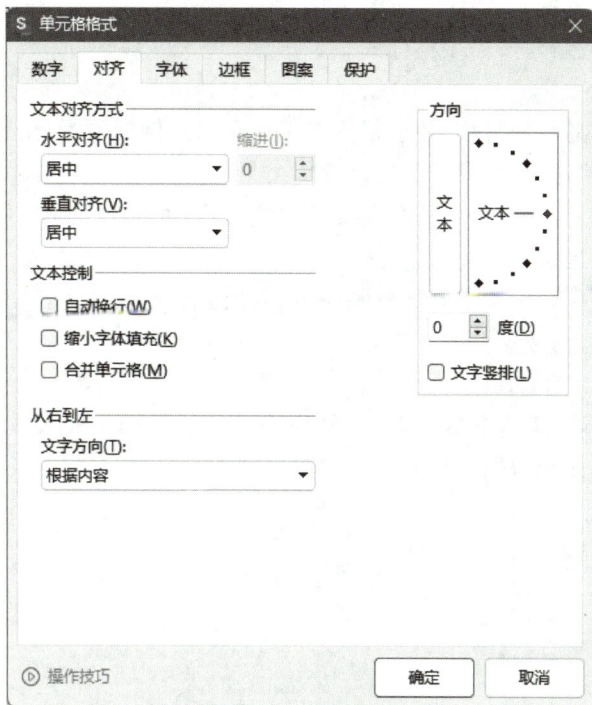

图 3-10　设置单元格对齐格式

三、条件格式

1.基于数值的条件格式

可以根据数值大小来设置单元格的格式。例如,在一个成绩表中,将成绩大于等于 90 分的单元格背景颜色设置为绿色,小于 60 分的设置为红色,这样可以直观地看出成绩的高低情况。还可以使用数据条、色阶等条件格式来可视化数据。数据条可以根据单元格中的数值显示长短不同的条形,色阶则是通过颜色的深浅变化来反映数值的大小。

2.基于文本内容的条件格式

当表格中有文本内容时,可以根据特定的文本关键词来设置格式。例如,在一个任务清单表格中,将包含"紧急"字样的任务行的字体颜色设置为红色,以突出显示紧急任务。

设置单元格填充格式的界面如图 3-9 所示。

四、工作表外观设置

要对工作表进行格式化处理,可先选中要进行格式设置的单元格或单元格区域,然后进行相关操作。

1.调整行高和列宽

默认情况下,WPS 表格中所有行的高度和所有列的宽度都是相同的。用户可以利用鼠标拖动方式或在"开始"选项卡的"行和列"下拉列表中选择相应选项来调整行高和列宽。

2.套用表格样式

WPS 表格为用户提供了多种预定义的表格样式,套用这些样式,可以快速建立适合不同专业需求且外观精美的工作表。为此,可选中单元格区域后在"开始"选项卡的"表格样式"下拉列表中选择或新建所需表格样式。

3. 行列操作

可以隐藏不需要显示的行列,使表格重点更加突出。例如,在一个包含大量中间计算过程的表格中,可以隐藏这些中间列,只展示最终结果和关键输入数据。

调整行高和列宽,确保表格中的数据能够完整显示,并且行列比例协调。

4. 工作表标签颜色设置

为不同用途的工作表设置不同的标签颜色,方便区分和快速定位。例如,将数据输入工作表的标签设置为绿色,数据分析工作表的标签设置为蓝色。

5. 冻结窗格

当表格数据较多,滚动查看数据时,冻结窗格功能可以固定表头或关键列,使它们始终在屏幕上可见。这在比较数据或输入数据时非常有用,可以提高操作的便利性。

项目三 克己奉公——计算员工基本情况表

项目描述

在企业管理中,数据的计算与分析是人力资源管理的重要环节。员工基本情况表不仅记录了员工的基础信息,还包含了丰富的业务数据(如年龄、工作年限、薪资等)。为了更高效地分析和处理这些数据,需要利用电子表格软件(如 WPS 表格)的强大计算功能,对数据进行统计、汇总和分析,从而为人力资源决策提供准确的数据支持。

本项目旨在通过对员工基本情况表的计算与分析,培养学生掌握 WPS 表格软件的高级数据处理技巧。学生将学习如何使用公式、函数等工具,对表格中的数据进行统计、分析和可视化呈现。此项目的完成将为学生未来在职场中应用电子表格软件进行数据计算与分析奠定坚实基础。

任务一 计算员工基本情况表

任务描述

员工基本情况表已经包含了基础信息,为了更高效地分析和处理这些数据,如统计员工的年龄分布、工作年限、薪资相关数据等,需要利用 WPS 表格强大的计算功能对员工基本情况表中的数据进行处理,从而为人力资源决策提供准确的数据支持,效果图如图 3-11、图 3-12 所示。

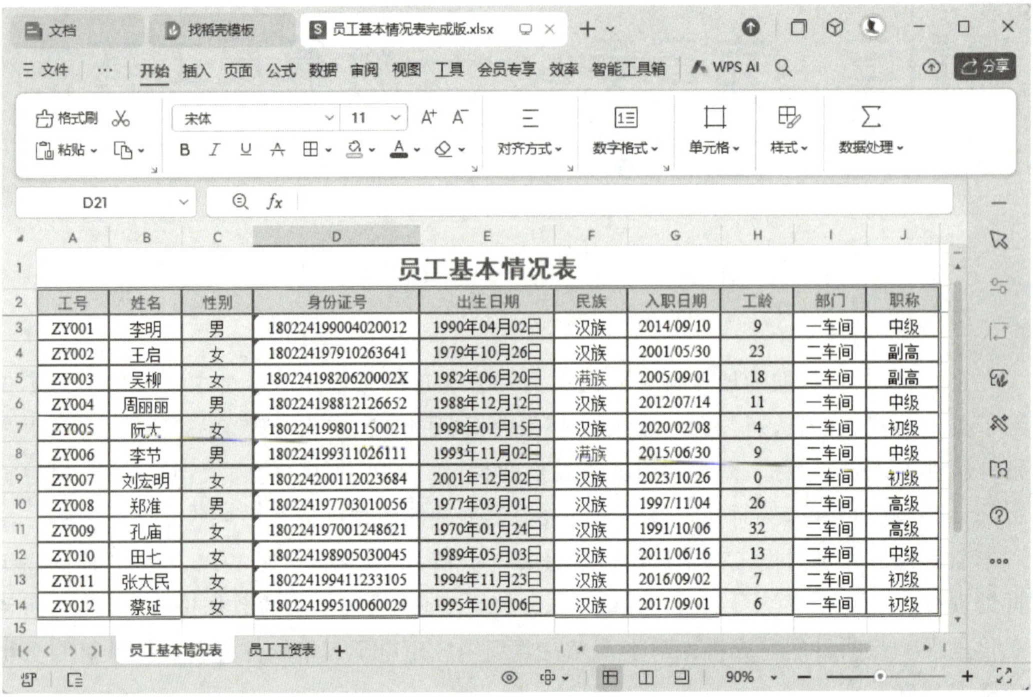

员工基本情况表

工号	姓名	性别	身份证号	出生日期	民族	入职日期	工龄	部门	职称
ZY001	李明	男	180224199004020012	1990年04月02日	汉族	2014/09/10	9	一车间	中级
ZY002	王启	女	180224197910263641	1979年10月26日	汉族	2001/05/30	23	二车间	副高
ZY003	吴柳	女	18022419820620002X	1982年06月20日	满族	2005/09/01	18	二车间	副高
ZY004	周丽丽	男	180224198812126652	1988年12月12日	汉族	2012/07/14	11	一车间	中级
ZY005	阮大	女	180224199801150021	1998年01月15日	汉族	2020/02/08	4	一车间	初级
ZY006	李节	男	180224199311026111	1993年11月02日	满族	2015/06/30	9	二车间	中级
ZY007	刘宏明	女	180224200112023684	2001年12月02日	汉族	2023/10/26	0	二车间	初级
ZY008	郑准	男	180224197703010056	1977年03月01日	汉族	1997/11/04	26	一车间	高级
ZY009	孔庙	女	180224197001248621	1970年01月24日	汉族	1991/10/06	32	二车间	高级
ZY010	田七	女	180224198905030045	1989年05月03日	汉族	2011/06/16	13	二车间	中级
ZY011	张大民	女	180224199411233105	1994年11月23日	汉族	2016/09/02	7	二车间	初级
ZY012	蔡延	女	180224199510060029	1995年10月06日	汉族	2017/09/01	6	一车间	初级

图 3-11　计算员工基本情况表效果图

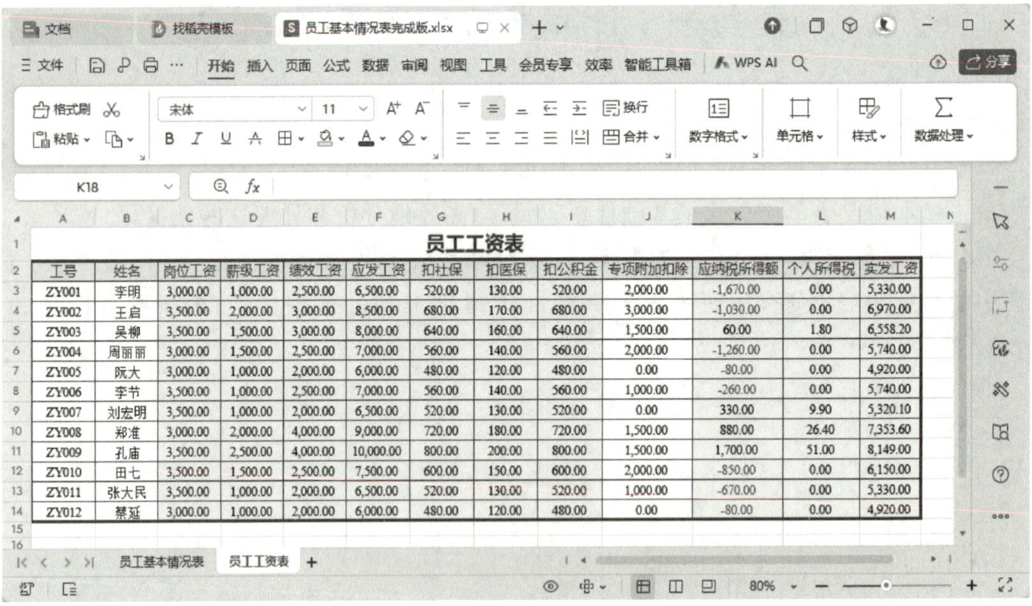

员工工资表

工号	姓名	岗位工资	薪级工资	绩效工资	应发工资	扣社保	扣医保	扣公积金	专项附加扣除	应纳税所得额	个人所得税	实发工资
ZY001	李明	3,000.00	1,000.00	2,500.00	6,500.00	520.00	130.00	520.00	2,000.00	-1,670.00	0.00	5,330.00
ZY002	王启	3,500.00	2,000.00	3,000.00	8,500.00	680.00	170.00	680.00	3,000.00	-1,030.00	0.00	6,970.00
ZY003	吴柳	3,500.00	1,500.00	3,000.00	8,000.00	640.00	160.00	640.00	1,500.00	60.00	1.80	6,558.20
ZY004	周丽丽	3,000.00	1,500.00	2,500.00	7,000.00	560.00	140.00	560.00	2,000.00	-1,260.00	0.00	5,740.00
ZY005	阮大	3,000.00	1,000.00	2,000.00	6,000.00	480.00	120.00	480.00	0.00	-80.00	0.00	4,920.00
ZY006	李节	3,500.00	1,000.00	2,500.00	7,000.00	560.00	140.00	560.00	1,000.00	-260.00	0.00	5,740.00
ZY007	刘宏明	3,500.00	1,000.00	2,000.00	6,500.00	520.00	130.00	520.00	0.00	330.00	9.90	5,320.10
ZY008	郑准	3,000.00	2,000.00	4,000.00	9,000.00	720.00	180.00	720.00	1,500.00	880.00	26.40	7,353.60
ZY009	孔庙	3,500.00	2,500.00	4,000.00	10,000.00	800.00	200.00	800.00	1,500.00	1,700.00	51.00	8,149.00
ZY010	田七	3,500.00	1,500.00	2,500.00	7,500.00	600.00	150.00	600.00	2,000.00	-850.00	0.00	6,150.00
ZY011	张大民	3,500.00	1,000.00	2,000.00	6,500.00	520.00	130.00	520.00	1,000.00	-670.00	0.00	5,330.00
ZY012	蔡延	3,000.00	1,000.00	2,000.00	6,000.00	480.00	120.00	480.00	0.00	-80.00	0.00	4,920.00

图 3-12　计算员工工资表效果图

学习目标

知识目标

1. 熟练掌握常用函数在工资计算中的应用,如 SUM 函数用于求和计算(如计算工资各项组成部分的总和)、IF 函数用于条件判断、DATEDIF 函数用于计算日期差值等。

2. 理解函数的嵌套使用原理,能够灵活组合多个函数来解决复杂的工资计算问题。

技能目标

1. 运用所学的函数和公式知识,高效地计算员工的各项工资组成部分,并正确计算应发工资、社保扣除金额和个人所得税等,最终得出实发工资。

2. 能够对计算结果进行验证和核对,确保工资计算的准确性,避免出现计算错误导致员工工资发放失误。

素养目标

在工资计算过程中,始终保持高度的严谨性和细致性,对每一个数据录入、每一个公式编写和每一次计算结果都认真对待,不放过任何一个可能导致错误的细节。因为工资数据涉及员工的切身利益,一旦出现错误,可能会引发员工的不满和信任危机,所以要养成严谨细致的工作习惯,确保工资计算的准确性和可靠性。

知识准备

隔行求和技巧
的应用

一、公式基础

1. 公式的构成

在 WPS 表格中,公式是以"="开头的表达式,用于对单元格中的数据进行计算。例如,"=A1 + B1"表示将 A1 单元格和 B1 单元格中的数值相加。公式可以包含常量(如数字)、单元格引用(如 A1)、运算符(如 +、-、*、/)和函数(如 SUM、AVERAGE 等)。

Rank( )函数

2. 运算符的使用

算术运算符:包括加(+)、减(-)、乘(*)、除(/)、乘方(^)等。例如,"=34"结果为 12,"=2^3"结果为 8。在混合运算中,遵循先乘除后加减的顺序,括号可以改变运算顺序,如"=(2 + 3) * 4"先计算括号内的加法,结果为 20。

SUMIFS 函数

比较运算符:用于比较两个值,包括等于(=)、大于(>)、小于(<)、大于于(>=)、小于等于(<=)、不等于(<>)。比较运算的结果是逻辑值,即 TRUE(真)或 FALSE(假)。例如,"=A1 > B1",如果 A1 单元格中的值大于 B1 单元格中的值,结果为 TRUE,否则为 FALSE。

文本运算符:主要是"&",用于连接文本字符串。例如,"=A1&-&B1",如果 A1 单元格内容为"张三",B1 单元格内容为"李四",结果为"张三-李四"。

二、单元格引用

1.相对引用

这是最常见的引用方式。当复制或填充含有相对引用的公式时,引用的单元格地址会根据目标单元格的位置自动调整。例如,在 C1 单元格输入"＝A1 ＋ B1",然后向下填充到 C2 单元格,C2 单元格中的公式会自动变为"＝A2 ＋ B2"。

常用函数 01

2.绝对引用

绝对引用指当复制公式到其他单元格时,WPS 表格保持公式所引用的单元格绝对位置不变。例如:在公式中引用＄B＄5 单元格,无论使用填充柄进行填充,还是复制公式,引用的单元格地址的行号列号都不会改变,仍然是＄B＄5 单元格。

常用函数 02

3.混合引用

混合引用指的是引用中几包含绝对引用又包含相对引用,如＄A1,用于表示行号变列号不变的引用。如果公式所在的单元格的位置改变,则相对引用改变,绝对引用不变。

常用函数 03

三、函数概述

1.函数的定义和作用

函数是预先定义好的公式,用于执行特定的计算或操作。它们可以简化复杂的计算过程,提高工作效率。例如,SUM 函数用于求和,AVERAGE 函数用于求平均值,COUNT 函数用于计数等。

2.函数的语法结构

一般函数由函数名、括号和参数组成。例如,SUM（A1：A10）,其中 SUM 是函数名,A1：A10 是参数,表示对 A1 到 A10 单元格区域中的数据进行求和。参数可以是单元格引用、常量、表达式或其他函数。

3.插入函数的方法

在 WPS 表格中,可以通过"公式"选项卡中的"插入函数"按钮来选择和插入函数。也可以直接在单元格中输入函数名和参数。在输入函数时,WPS 表格会提供函数参数的提示和自动完成功能,方便用户正确使用函数。

4.常用函数介绍

(1)SUM 函数。

功能:用于计算区域内所有数值的总和。

语法:SUM（number1,[number2...]）,其中 number1 为必需参数,是要相加的第一个数值或单元格区域,number2 等为可选参数,可以是其他要相加的数值或单元格区域。例如,SUM（A1：A10）计算 A1 到 A10 单元格区域的总和,SUM（A1：A5,B1：B5）计算 A1-A5 和 B1-B5 两个区域的总和。

(2)AVERAGE 函数。

功能:计算区域内数值的平均值。

语法:AVERAGE（number1,[number2,...]),参数含义与 SUM 函数类似。例如,AVERAGE（C1:C10）计算 C1 到 C10 单元格区域的平均值。

（3）COUNT 函数。

功能:用于计算包含数字的单元格个数。

语法:COUNT（value1,[value2,...]),value1 为必需参数,是要计数的第一个单元格或单元格区域,value2 等为可选参数。需要注意的是,COUNT 函数只对包含数字的单元格进行计数,文本单元格不会被计入。例如,COUNT（A1:A10）统计 A1 到 A10 单元格区域中数字单元格的个数。

（4）IF 函数。

功能:根据条件判断返回不同的值。

语法:IF（条件,值如果条件为真,值如果条件为假)。例如,IF（A1 > 60,"及格","不及格")，如果 A1 单元格中的数值大于 60,返回"及格",否则返回"不及格"。IF 函数还可以嵌套使用,用于处理更复杂的条件判断,如计算个人所得税时根据不同的应纳税所得额区间计算税额。

（5）VLOOKUP 函数。

功能:用于在表格或区域的首列查找指定的值,并返回该值所在行中指定列的其他值。

语法:VLOOKUP（查找值,查找区域,返回列数,精确匹配或近似匹配)。例如,在一个员工信息表中,查找员工姓名对应的工资,假设姓名在 A 列,工资在 C 列,查找姓名为"张三"的工资,公式可以是 VLOOKUP（"张三",A:C,3,FALSE),其中"3"表示返回查找区域(A:C)中的第三列(即工资列)的值,"FALSE"表示精确匹配。

（6）DATEDIF 函数。

功能:用于计算两个日期之间的天数、月数或年数。

语法:DATEDIF（开始日期,结束日期,单位),单位可以是"Y"(年)、"M"(月)、"D"(天)。例如,DATEDIF（A1,B1,"Y"）计算 A1 单元格日期和 B1 单元格日期之间的年数。

5. 函数的嵌套

概念:函数嵌套是指在一个函数的参数中使用另一个函数。例如,在计算平均值时,先使用 SUM 函数求和,再用 SUM 函数的结果除以 COUNT 函数统计的数字单元格个数,公式可以写成 AVERAGE（SUM（A1:A10),COUNT（A1:A10))。不过这个例子只是为了说明嵌套概念,实际计算平均值直接用 AVERAGE（A1:A10）即可。

应用场景:常用于复杂的计算,如根据不同条件计算奖金、个人所得税等。例如,在个人所得税计算中,根据应纳税所得额所在的不同区间,使用多层嵌套的 IF 函数来确定税率和速算扣除数进行税额计算。

项目四 学以致用——统计与分析员工基本情况表

项目描述

在企业管理中,数据的统计与分析是提升决策质量的重要环节。员工基本情况表不仅记录了员工的基础信息,还包含了丰富的业务数据(如年龄、工作年限、薪资等)。为了更高效地分析和处理这些数据,需要利用电子表格软件(如 WPS 表格)的强大功能,对数据进行统计、分析和可视化呈现,从而为人力资源决策提供准确的数据支持。

本项目旨在通过对员工基本情况表的统计与分析,培养学生掌握 WPS 表格软件的高级数据处理技巧。学生将学习如何使用公式、函数、数据透视表、图表等工具,对表格中的数据进行深入分析和可视化呈现。此项目的完成将为学生未来在职场中应用电子表格软件进行数据统计与分析奠定坚实基础。

任务一 统计与分析员工基本情况表

任务描述

员工基本情况表已经包含了基础信息,为了更高效地分析和处理这些数据,如统计员工的年龄分布、工作年限、薪资相关数据等,需要利用 WPS 表格强大的计算功能对员工基本情况表中的数据进行处理,从而为人力资源决策提供准确的数据支持,效果图如图 3-13～图 3-15 所示。

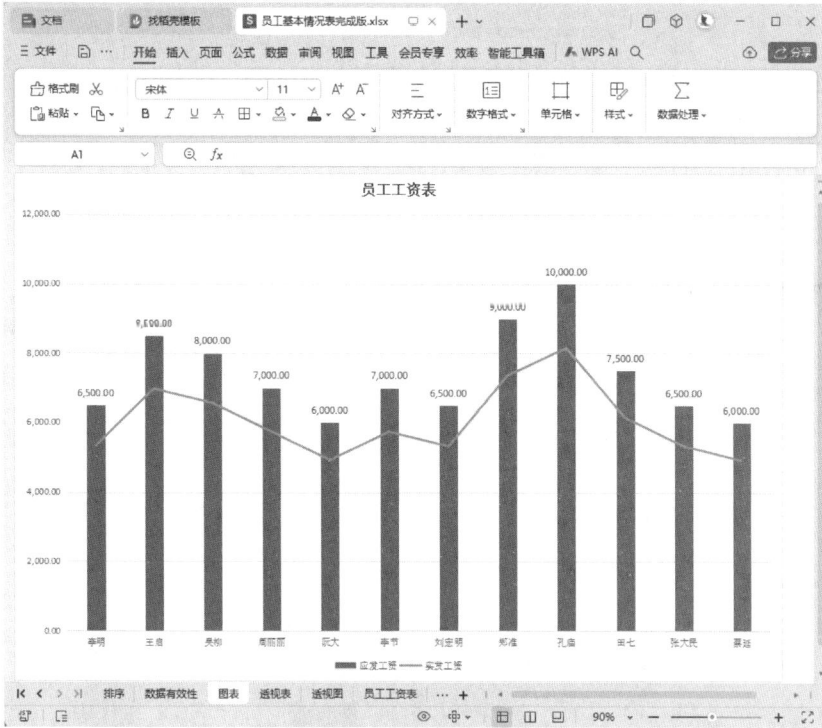

图 3-13 图表效果图

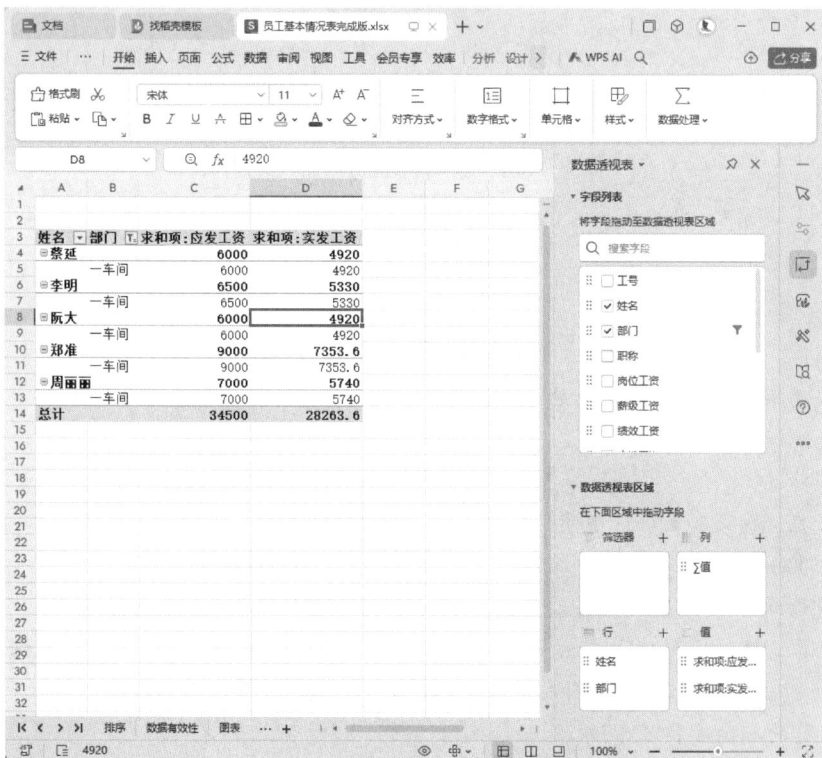

图 3-14 透视表效果图

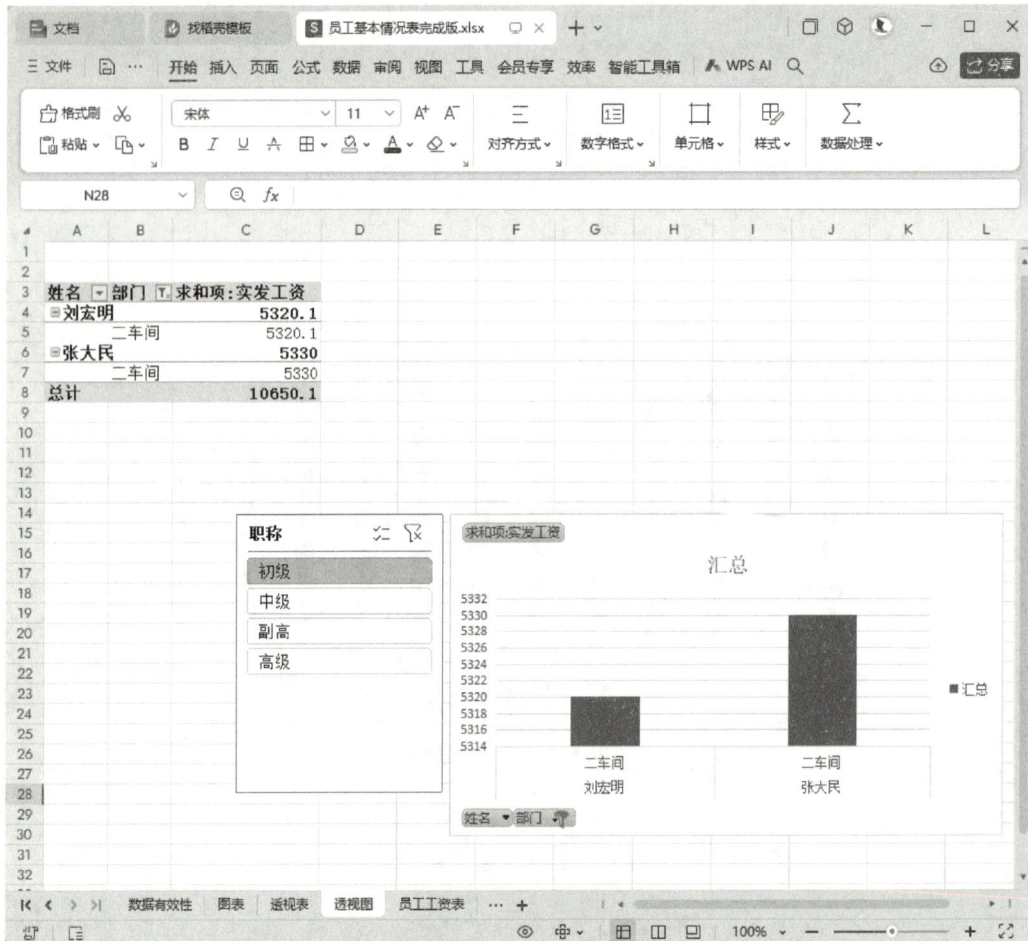

图 3-15　透视图效果图

学习目标

知识目标

1. 掌握排序、筛选和分类汇总的基本操作。

2. 熟悉统计图表。

技能目标

掌握数据透视表和数据透视图的绘制。

素养目标

在工资计算过程中,始终保持高度的严谨性和细致性,对每一个数据录入、每一个公式编写和每一次计算结果都认真对待,不放过任何一个可能导致错误的细节。因为工资数据涉及员工的切身利益,一旦出现错误,可能会引发员工的不满和信任危机,所以要养成严谨细致的工作习惯,确保工资计算的准确性和可靠性。

知识准备

一、排序

1.简单排序

单条件排序：在 WPS 表格中，简单排序可以快速地按照某一个列的数据对表格进行升序或降序排列。首先，选中需要排序的数据区域（包含表头），然后在"数据"选项卡中找到"排序"按钮。也可以直接在列的标题栏（表头）上点击右键，选择"排序"选项。例如，在员工信息表中，如果想按照员工的年龄从小到大进行排序，只需选中"年龄"列，然后点击"升序排序"按钮，表格中的行就会按照年龄从小到大重新排列。

普通筛选

排序的规则依据：对于数值型数据，升序排序是按照从小到大的顺序排列，而降序排序则是从大到小。对于文本型数据，升序排序是按照拼音字母（或英文字母）的顺序从 A-Z 排列；如果是日期型数据，升序排序是按照日期的先后顺序，从最早的日期到最晚的日期。例如，在部门名称列进行升序排序，部门名称会按照首字母的拼音顺序排列。

2.自定义排序

设置排序依据和次序：当简单排序不能满足需求时，可以使用自定义排序。在"数据"选项卡中点击"排序"按钮，弹出"排序"对话框。在对话框中，可以添加多个排序条件。例如，首先按照部门进行排序，部门相同的情况下再按照员工的绩效分数进行排序。添加排序条件的方法是点击"添加条件"按钮，然后分别选择排序的列、排序的依据（如数值、文本、日期等）和次序（升序或降序）。

自定义序列排序：WPS 表格还允许用户根据自己定义的序列进行排序。例如，公司有特殊的部门优先级顺序（如先销售部门，再技术部门，最后行政部门），可以在"排序"对话框中点击"选项"按钮，在"自定义排序次序"下拉列表中选择"自定义序列"，然后在新弹出的对话框中输入自定义的序列顺序，如"销售部门，技术部门，行政部门"，之后按照部门列进行排序时，就会按照这个自定义的序列来排列。

二、筛选

1.基本筛选操作

开启筛选功能：在 WPS 表格中，要使用筛选功能，首先需要选中数据区域（包括表头），然后在"数据"选项卡中点击"筛选"按钮。此时，每列的表头旁边会出现一个筛选箭头。

简单筛选条件设置：通过点击筛选箭头，可以看到该列中的所有数据选项。例如，在一个员工信息表中，如果想筛选出某个部门的员工，只需在"部门"列的筛选箭头下拉菜单中取消勾选"全选"，然后勾选想要的部门名称即可。还可以使用"文本筛选"选项进行更复杂的文本条件筛选，如包含、不包含、开头是、结尾是等条件。

数字筛选：对于数值列，筛选箭头下拉菜单中有多种数字筛选选项。可以筛选出大于、小于、等于某个数值的记录，也可以设置介于两个数值之间的范围筛选。例如，在"工资"列筛选出工资大于 5000 元的员工记录。

2.高级筛选

条件区域设置:高级筛选允许用户根据更复杂的条件来筛选数据。首先需要在表格的空白区域设置条件区域,条件区域至少包含两行,第一行是表头字段名,要与数据区域的表头完全相同,第二行及以后是具体的筛选条件。例如,要筛选出"部门"为"销售"且"年龄"大于30岁的员工,在条件区域第一行分别写上"部门"和"年龄",第二行写上"销售"和">30"。

执行高级筛选:设置好条件区域后,在"数据"选项卡中点击"高级筛选",在弹出的对话框中,分别指定数据区域(包含表头)和条件区域(包含条件行),然后点击"确定",即可根据设定的条件进行筛选。高级筛选还可以选择将筛选结果复制到其他位置,而不影响原始数据区域。

逻辑关系应用:在条件区域中可以设置多个条件之间的逻辑关系。如果条件在同一行,表示"与"的关系,即所有条件都要满足;如果条件在不同行,表示"或"的关系,即满足其中一个条件即可。例如,要筛选出"部门"为"销售"或者"年龄"大于30岁的员工,就把"部门 = 销售"和"年龄 > 30"这两个条件分别写在不同的行。

三、分类汇总

1.分类汇总基础概念

分类汇总是WPS表格中一种强大的数据处理功能,它可以按照指定的分类字段对数据进行分类,并在每一类数据下方或上方显示汇总信息。这些汇总信息可以是求和、平均值、计数、最大值、最小值等多种统计结果。例如,在一个销售数据表中,可以按照产品类别对销售数据进行分类汇总,计算每个产品类别的销售总额、平均销售额等。

2.分类汇总操作步骤

排序数据:首先,选中要进行分类汇总的数据区域(包括表头),然后根据分类字段进行排序。例如,在一个包含学生成绩的表格中,若要按班级进行分类汇总成绩,就先将表格数据按照"班级"列进行排序。排序的操作可以在"数据"选项卡中点击"排序"按钮来完成。

开启分类汇总功能:排序完成后,在"数据"选项卡中点击"分类汇总"按钮,弹出"分类汇总"对话框。在对话框中,需要指定分类字段、汇总方式和汇总项。例如,分类字段选择"班级",汇总方式选择"平均值",汇总项选择"成绩",这样就可以计算每个班级学生成绩的平均值。

设置汇总选项:在"分类汇总"对话框中,还可以设置一些其他选项。如"替换当前分类汇总"选项,若勾选此选项,当再次进行分类汇总操作时,会替换之前的汇总结果;"每组数据分页"选项可以使每一组分类汇总的数据单独打印在一页上;"汇总结果显示在数据下方"选项则决定了汇总结果是显示在每组数据的下方还是上方,默认是显示在数据下方。

四、图表

1.图表创建步骤

选择数据区域:首先,在WPS表格中选中要用于创建图表的数据区域。这个区域应该包括表头(用于标识数据类别和系列)和具体的数据内容。例如,如果要创建一个各部门销售额的柱状图,需要选中包含部门名称列和销售额列的数据区域。

插入图表类型:选中数据区域后,在"插入"选项卡中找到"图表"组,点击相应的图表类型按钮(如柱状图、折线图等),WPS表格会根据所选数据自动生成一个初步的图表。也可以点击"图表"组中的"更多图表"按钮,在弹出的对话框中选择更复杂或特殊的图表类型。

调整图表数据范围:如果在创建图表后发现数据区域选择有误或者需要添加、删除数据系列,可以在图表上右键点击,选择"选择数据"选项,在弹出的"选择数据源"对话框中重新调整数据区域。例如,可以添加新的产品线的销售数据到已有的销售图表中。

2.图表元素设置与美化

图表标题:图表标题是对图表内容的概括性描述。可以通过点击图表标题框,直接在其中输入标题内容来添加或修改标题。同时,还可以对标题的字体、字号、颜色等进行设置,使其更加醒目和美观。例如,为一个销售趋势折线图设置标题为"2023—2024年销售趋势分析",并将字体设置为加粗、字号为14号、颜色为深蓝色。

坐标轴设置:包括横轴和纵轴,坐标轴的标题应该准确地反映轴上数据的含义。可以通过右键点击坐标轴,选择"设置坐标轴格式"来设置坐标轴的刻度、标签、字体等。例如,在一个柱状图中,将纵轴的标题设置为"销售额(万元)",并调整刻度的间隔,使数据展示更加清晰。

数据标签:数据标签用于在图表上直接显示数据的值或其他相关信息。可以通过选中图表,然后在"图表工具"选项卡(一般在选中图表后自动出现)的"添加元素"组中选择"数据标签"来添加。添加后,可以进一步设置数据标签的位置(如在柱子内部、顶部或外部)、格式(如数字格式、字体等)。例如,在饼图的每个扇形上添加数据标签,显示各部分所占的百分比。

图例设置:图例用于说明图表中不同颜色或图案所代表的数据系列。可以通过右键点击图例,选择"设置图例格式"来设置图例的位置(如在图表底部、右侧等)、字体等。例如,在一个柱状折线组合图中,将图例放置在图表的右侧,使其不影响图表主体部分的展示。

图表区域和绘图区设置:图表区域是整个图表的范围,绘图区是实际绘制图表的区域(不包括标题、图例等)。可以对图表区域和绘图区的背景颜色、边框等进行设置,以增强图表的整体美观性。例如,将图表区域的背景颜色设置为淡蓝色,绘图区的背景颜色设置为白色,使图表看起来更加清爽。

五、数据透视表

1.数据透视表的创建步骤

准备数据:确保数据完整、规范,并且每列都有明确的标题。例如,在一个包含订单信息的表格中,列标题可能包括订单日期、客户名称、产品名称、销售数量、销售金额等。

选择数据区域:选中要创建数据透视表的数据区域,包括表头。这个区域应该是一个连续的矩形范围。可以使用鼠标拖动或者按住Ctrl键多选来选择需要的区域。

插入数据透视表:在"插入"选项卡中点击"数据透视表"按钮。在弹出的对话框中,确认数据区域无误后,点击"确定",WPS表格会在新的工作表中创建一个空白的数据透视表,并在右侧显示"数据透视表字段"窗格。

添加字段到透视表:在"数据透视表字段"窗格中,将想要分析的字段拖放到对应的区域。通常有四个区域可以放置字段,即"行"、"列"、"值"和"筛选"。例如,将"产品名称"拖放到"行"区域,"销售金额"拖放到"值"区域,就可以快速汇总每个产品的销售金额。

2.数据透视表的字段布局与功能

行区域:用于将数据按照所选字段进行分类,并在行方向上展开。例如,把"部门"字段放在行区域,数据透视表会按照部门的不同分别列出数据,方便对比不同部门的数据情况。

列区域:与行区域类似,不过是在列方向上对数据进行分类。如果将"月份"字段放在列区域,结合行区域的"产品类别"字段,可以查看每个产品类别在不同月份的销售情况,形成一个二维的表格结构。

值区域:这个区域用于放置需要进行汇总计算的字段。WPS表格会根据所选的汇总方式(如求和、计数、平均值等)对这些字段的值进行计算。例如,将"销售额"字段拖放到值区域,默认是求和汇总,就可以得到每个分类下的销售总额。

筛选区域:可以放置一个或多个字段,用于对整个数据透视表的数据进行筛选。比如,将"地区"字段放在筛选区域,就可以通过选择不同的地区来查看该地区的数据透视结果,而不需要重新构建整个透视表。

3.数据透视表的汇总方式与格式设置

(1)汇总方式。

求和:这是最常用的汇总方式,用于计算数值字段的总和。例如,在销售数据表中,对销售数量或销售金额进行求和,以得到总的销售情况。

计数:用于统计某个字段的记录数量。比如,统计每个部门的员工人数,或者每个产品的销售订单数量。

平均值:计算数值字段的平均值。在分析员工绩效评分或者产品平均价格等情况时很有用。

最大值和最小值:分别找出某个数值字段中的最大值和最小值。例如,查找每个销售区域的最大销售额和最小销售额。

(2)格式设置。

数据格式:可以对数据透视表中的数据格式进行设置,如数值格式(小数位数、货币符号等)、日期格式、百分比格式等。通过右键点击数据区域,选择"值字段设置",在弹出的对话框中点击"数字格式"来进行设置。

布局和样式:调整数据透视表的布局,如是否显示总计行/列、是否以表格形式显示等。还可以通过"数据透视表工具-设计"选项卡来选择不同的样式,使数据透视表更加美观和易读。

项目五　精益求精——保护并打印员工基本情况表

项目描述

在当今的数字化时代,数据管理和信息安全已成为企业运营的关键环节。随着技术的不断进步,保护敏感数据和高效打印文档的能力对于职场人士来说至关重要。本项目专注于教授如何使用 WPS 表格处理工具来保护和打印员工基本情况表,这一技能不仅能够帮助学习者应对日益严格的数据保护法规,还能提升他们在职场中的竞争力。

通过学习本项目,学习者将掌握如何设置权限、加密文件以及优化打印设置,这些都是实际工作中不可或缺的技能。此外,这些技能的掌握将使学习者能够更好地适应快速变化的职场环境,确保他们的工作效率和数据安全。这种实用技能的学习不仅增强了学习者的职业技能,也为他们提供了跟上行业发展步伐的工具,从而在职业生涯中保持竞争力。

任务一　保护员工基本情况表

任务描述

员工基本情况表作为企业人力资源管理的重要组成部分,其准确性和安全性直接关系到企业的运营效率和信息安全。保护员工基本情况表的任务,可以通过对单元格、工作表和工作簿的保护,确保数据不被未授权人员修改或查看。在开始这项任务之前,我们不妨思考以下问题:

(1)在您的日常工作中,您是如何保护重要电子文档的安全性的?

(2)在 WPS 表格中,如何对表格进行撤销保护?

学习目标

知识目标

1.掌握在 WPS 表格中设置工作表和单元格的隐藏及显示。

2.熟悉单元格和工作表的保护机制,理解其对数据安全的重要性。

3.掌握工作簿的保护和共享设置,确保文档在协作环境中的安全性和一致性。

技能目标

1.能够有效地保护单元格和工作表,防止未授权的修改和误操作。

2.能够正确配置工作簿的保护和共享选项,支持团队协作同时保障数据安全。

素养目标

1. 增强对数据保护的意识,确保在职场中处理敏感信息时的安全性和责任感。

2. 提升团队协作和信息共享的能力,适应现代职场对高效沟通和协作的需求。

📢 知识准备

对于一些重要的 WPS 表格,可能会将其放在网络中共享,对于这样的 WPS 表格,其安全性是非常重要的,要防止非法用户从工作表或工作簿中更改、移动或删除重要数据,以保护某些工作表或工作簿。

任务 1.1　工作表及单元格的隐藏和显示

在 WPS 表格中,隐藏和显示工作表及单元格是常用的操作,通过隐藏工作表,可以在不删除工作表的情况下,将其从工作簿中暂时隐藏起来,以便于保护和管理数据。而显示工作表则可以将隐藏的工作表重新显示出来,方便用户查看和编辑。通过隐藏和显示工作表,可以在表格中方便地管理和保护数据,隐藏工作可以避免一些不需要显示的工作误操作,而显示工作表则可以将隐藏的内容重新展现出来。

1. 单元格的隐藏和显示

选中要隐藏内容的单元格区域,打开"单元格格式"对话框,在"数字"选项卡的"分类"列表中选择"自定义"选项,然后在右侧的"类型"编辑框中输入 3 个半角分号";;;",如图 3-16 所示,单击"确定"按钮,选中单元格区域的内容被隐藏,如果要恢复单元格内容的显示,就需要打开"单元格格式"对话框,将 3 个半角分号删除,重新修改数字格式类型即可。

图 3-16　隐藏单元格内容

2.工作表的隐藏和显示

单击"开始"选项卡下的"工作表",在弹出的下拉菜单中选择"隐藏工作表",即可将当前工作表隐藏,如图 3-17 所示。若要取消隐藏工作表,则还是在工作表下拉菜单中选择"取消隐藏工作表",然后在弹出的"取消隐藏"对话框中选择要取消隐藏的工作表单击"确定"按钮即可,如图 3-18、图 3-19 所示。

图 3-17 隐藏工作表

图 3-18 取消隐藏工作表

图 3-19 "取消隐藏"对话框

任务 1.2　工作簿与工作表的保护

1.保护工作簿

在"审阅"选项卡中单击"保护工作簿"按钮,打开"保护工作簿"对话框,在"密码"编辑框中输入保护密码,单击"确定"按钮,在打开的"确认密码"对话框中输入同样的密码并确定,如图3-20所示,此时可看到"保护工作簿"按钮变成"撤销工作簿保护"按钮,如需撤销保护工作簿,可单击"撤销工作簿保护"按钮,如图3-21所示。

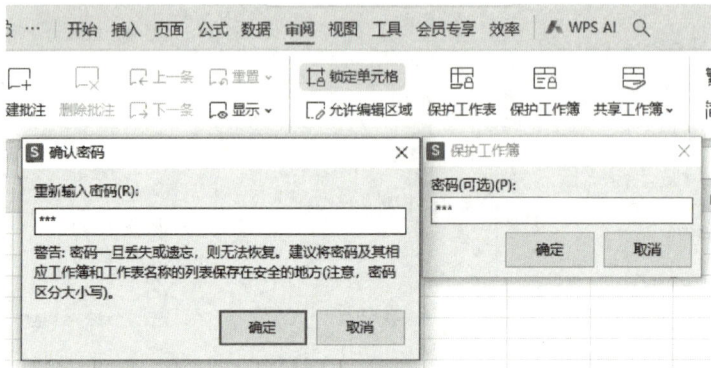

图 3-20　保护工作簿

图 3-21　撤消保护工作簿

2.保护工作表

选择要保护的工作表,然后单击"审阅"选项卡中的"保护工作表"按钮,打开"保护工作表"对话框,在"密码(可选)"编辑框中输入密码;在"允许此工作表的所有用户进行"列表中选中允许的操作选项,单击"确定"按钮,并在随后打开的"确认密码"对话框中输入同样的密码,单击"确定"按钮,如图3-22所示。此时,工作表中的所有单元格都会被保护起来,不能进行未在"保护工作表"对话框中选中的操作。如果试图进行这些操作,系统会弹出"被保护单元格不支持此功能"提示。

要撤销对工作表的保护,只需单击"审阅"选项卡中的"撤销工作表保护"按钮。如果设置了密码保护,此时会打开"撤销工作表保护"对话框,输入设置的密码并单击"确定"按钮即可。

3.设置工作表中允许用户编辑区域

授予特定用户编辑受保护工作表中区域的权限,可以指定区域密码。

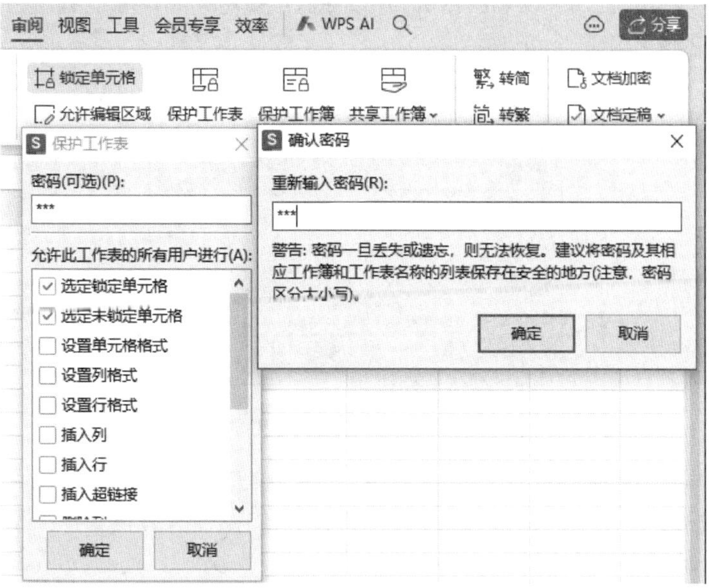

图 3-22 保护工作表

(1)选择要保护的工作表,单击"审阅"选项卡下的"允许用户编辑区域"命令,调出"允许用户编辑区域"对话框,如图 3-23 所示。

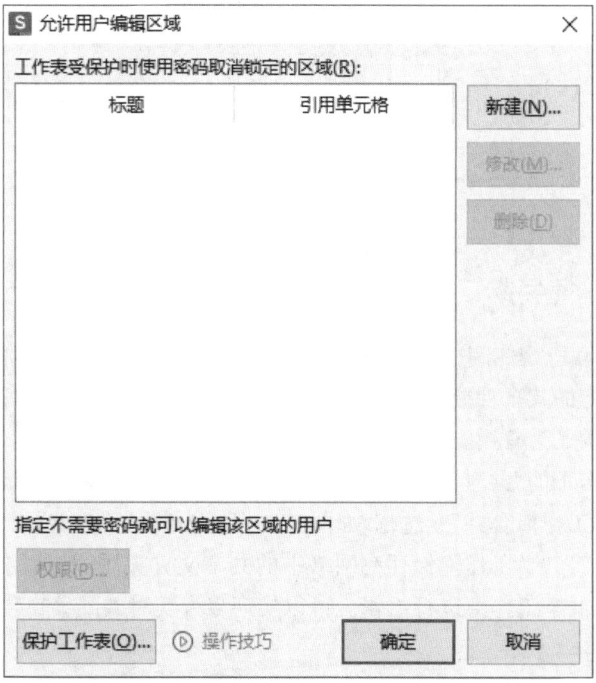

图 3-23 "允许用户编辑区域"对话框

(2)单击"新建"按钮,调出"新区域"对话框,如图 3-24 所示,"标题"可以对默认区域名可以进行更改,"引用单元格"为指定用户编辑的区域,在"新区域"对话框中可以进行更改,"区域密码"为指定用户编辑区域的密码,如果设置区域密码,只有输入该密码用户才能编辑指定区域,单击"确实"按钮,完成新区域的创建。

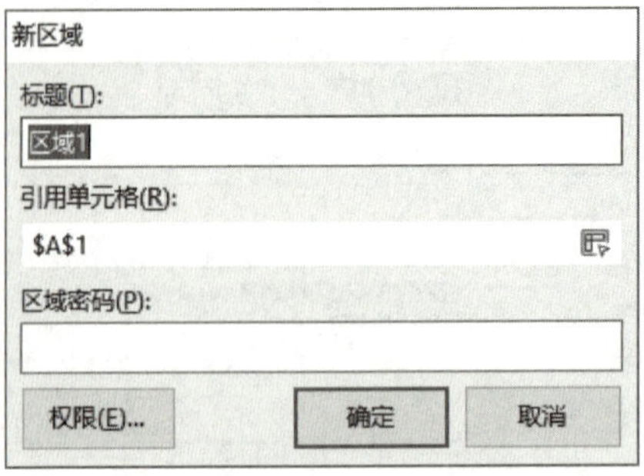

图 3-24　"新区域"对话框

(3)返回至"允许用户编辑区域"对话框,单击左下角的"保护工作表"按钮,在弹出的"保护工作表"对话框中输入密码后,再次确认密码,完成工作表的保护,只有设置保护工作,才能使"允许用户编辑区域"外的所有单元格被保护起来。

(4)编辑允许用户编辑的区域,此时会弹出"取消锁定区域"对话框,如图 3-25 所示,输入"新区域"创建的密码后,就可以编辑该区域了。

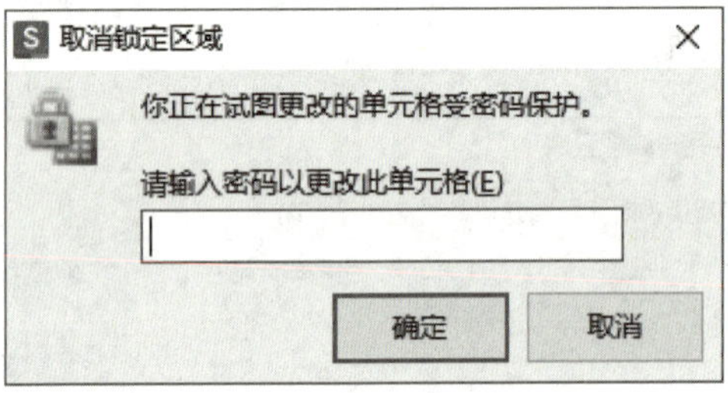

图 3-25　"取消锁定区域"对话框

任务 1.3　工作簿共享

工作簿的共享是 WPS 表格中高级功能的一部分,它允许用户在确保数据安全的同时,实现团队间的协作。工作簿的共享功能允许授权用户在同一时间对文档进行编辑和查看。这对于需要多人协作完成的场景尤为有用。

单击"审阅"选项卡下的"共享工作簿"按钮,在弹出的"共享工作簿"对话框中勾选"允许多用户同时编辑,同时允许工作簿合并"复选框,如图 3-26 所示,单击"确定"弹出"另存为"对话框,保存工作簿为共享工作簿,将共享工作簿保存在网络中的共享文件夹中,其他用户可以通过网络路径访问共享文件夹,打开共享工作簿进行编辑。可以实现多人实时共同编辑和保存共享工作簿。

实施与评价

(1)通过学习,学生应掌握如下能力。

①数据保护技能:学生通过本任务的学习,应能够熟练掌握 WPS 表格中单元格和工作表的

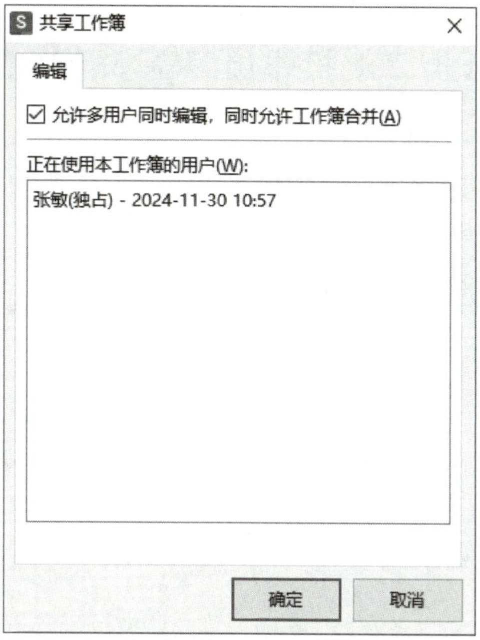

图 3-26 "共享工作簿"对话框

保护设置,理解不同保护级别对数据安全的影响。学生应能够独立完成对敏感数据的保护操作,确保在共享员工基本情况表时,数据不被未授权修改或查看。此外,学生还应掌握工作簿的保护和共享设置,能够在多用户环境下安全地管理和访问数据。

②职业素养的提升:本任务还旨在培养学生对数据安全的重视和对职业规范的遵守。通过学习如何保护和管理敏感数据,学生应逐步形成严谨的职业态度,确保在处理员工基本情况表时,遵守相关的法律法规和公司政策。同时,通过与同事的交流与合作,学生还应在职业道德和团队协作方面有所提升,学会在数据处理中如何与他人高效协作并维护数据安全。

(2)按照"任务单 25"要求完成本任务。

🔵 拓展任务

1.探索 WPS 表格的自动化功能

在熟悉了 WPS 表格的基本保护和打印功能后,学生可以进一步探索表格的自动化工具,如宏和公式的高级应用。例如,学习如何录制和使用宏来自动化重复性的任务,或者如何利用复杂的公式和函数来处理和分析大量数据。这些高级技能将极大地提高工作效率,尤其是在数据处理和报告生成的场景中。

2.研究 WPS 表格与云服务的集成

随着云计算技术的发展,云服务在数据存储和共享方面扮演着越来越重要的角色。学生可以研究如何将 WPS 表格与云服务(如金山文档云、腾讯文档等)集成,实现数据的实时同步和远程访问。了解如何设置权限和共享链接,确保数据的安全性和可访问性。这些技能对于适应远程工作和团队协作的新常态至关重要。

任务二　打印员工基本情况表

任务描述

当用户将各种数据输入到工作表中并对其进行了相应的处理后,经常需要将工作表打印出来。怎样打印特定格式的数据以满足实际需要,是我们学习工作表打印需要解决的问题。

通过打印员工基本情况表,不仅可以确保信息的实体备份,还能方便各部门在无网络环境下查阅和使用。在开始本次任务之前,请思考以下问题:

(1)你在以往的工作中是否遇到过需要打印文档的情况? 通常是为了解决什么问题?

(2)你认为打印员工基本情况表在实际工作中可能有哪些应用场景?

学习目标

知识目标

1.掌握WPS表格的打印设置,包括页面布局、页边距、打印区域和打印标题的设置方法。

2.了解并熟练掌握打印预览的使用,确保打印效果符合预期。

3.熟悉打印选项的调整,如打印份数、单双面打印和打印顺序等。

技能目标

1.能够准确设置WPS表格的打印参数,确保打印出的员工基本情况表格式正确、内容完整。

2.可以熟练使用打印预览功能,及时发现并调整打印设置中的问题。

3.能够根据实际需求调整打印选项,提高打印效率和质量。

素养目标

1.培养细致、严谨的打印设置习惯,确保打印文档的专业性和准确性。

2.增强在职场中的文档处理能力,提升工作效率。

3.提升信息化办公的素养,适应现代办公需求,能够在不同场景下灵活运用打印技能。

知识准备

WPS文档能够满足具体纸张的大小的要求,而WPS表格比较随意,可以在各个方向上自由延伸。打印工作表时,如果不设置打印格式,就会在工作表的任意位置上出现与内容无关的分页符,因此要完全将整张工作表打印出来,需要对打印区加以限定,WPS表格默认用户需要打印当前的某一工作表或多个工作表中的所有数据。因此在打印工作表之前,用户需要熟悉设置打印区域、插入分页符以及添加页眉页脚等基本操作。

任务2.1　工作表的打印设置

在进行工作表的打印之前,我们首先需要了解和掌握工作表的打印设置,这是确保打印效果符合预期的关键步骤。打印设置包括页面设置、打印区域选择、打印标题设置等。这些操作均在

"页面"选项卡下,如图 3-27 所示。

图 3-27 "页面"选项卡

1.设置打印区域

用户可以将 WPS 表格中设置好的打印区域作为工作表的默认区域,只需要单击"快速访问工具栏"中的"打印"按钮,工作表便在当前所选的默认打印机上开始打印。选择打印区域,单击"页面"选项卡下的"打印区域"按钮,选择"设置打印区域",即可完成打印区域的设置,如图 3-28 所示。

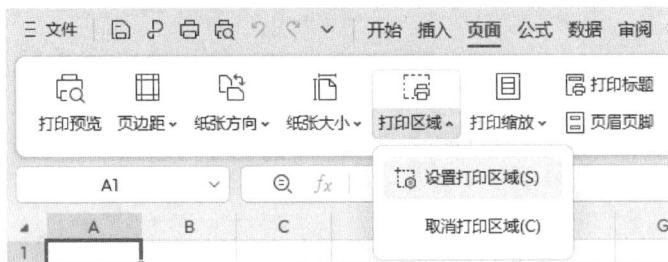

图 3-28 设置打印区域

如果设置了具体的打印区域,使用"打印"对话框默认设置打印文档时,WPS 表格只打印所设置的区域。设置了打印区域后,如果用户需要在最下方添加行或在最右边添加列,新的数据不会出现在打印页面上。

2.插入分页符

在打印工作表时,WPS 表格会自动插入分页符将表格分成几个部分,以适应所选纸张的大小。若要插入分页符,需要先选中插入点下方单元格并拖至最右端的单元格,然后单击"页面布局"选项卡下的"插入分页符"命令,将在所选单元格位置插入分页符,如图 3-29 所示。

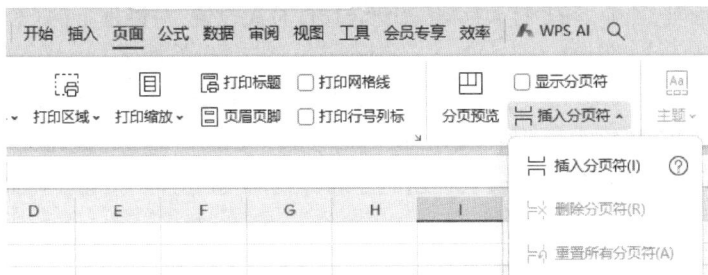

图 3-29 插入分页符

WPS 表格中包含一个"分页预览"的视图命令,这个命令能够看到所有分页符,并可以通过单击和拖动来调整分页符位置。

3.添加页眉和页脚

任何不止一页的工作表都应该包括页眉和页脚,设置页眉和页脚可以帮助计算页数、识别工作表、标明建表时间、创建者姓名等。设置页眉和页脚的操作步骤如下。

（1）单击"页面"选项卡下的"页眉页脚"，打开"页面设置"对话框下的"页眉/页脚"选项卡。

（2）单击单击"自定义页眉"或"自定义页脚"，根据命令设置页眉页脚。页眉页脚自定义对话框还可以用来插入图片，如图 3-30、图 3-31 所示。

图 3-30　自定义页眉

（3）WPS 表格默认工作表中页眉页脚的大小均为 1.27 厘米，可以通过单击"页面设置"对话框下的"页边距"命令，设置"页眉"、"页脚"等数值来调整位置。

4. 使用相同标题打印多页

对于有很多页的工作表来说，可以在每页上使用相同的一个或多个行或列作为数据的标题，这为我们查看工作表数据提供了很大的方便。具体设置方法如下。

（1）单击"页面"选项卡下的"打印标题"按钮，打开"页面设置"对话框下的"工作表"选项卡，如图 3-32 所示。

（2）单击"顶端标题行"在每页上设置行标题，单击"左端标题列"设置列标题。

（3）在需要添加标题的序列或行中单击任一单元格，不必选择整个行或列。

（4）单击"打印预览"按钮，确认输入标题的正确，然后单击"打印"按钮，将打印出多页相同标题的工作表。

5. 设置打印缩放

在打印时可以调整数据的大小、缩放的比例。如果指定打印输出的工作表必须满足具体的页数要求，WPS 表格可以通过缩放比例计算出页数。单击"页面"选项卡下的"打印缩放"按钮，如图 3-33 所示，根据需要进行打印缩放设置。

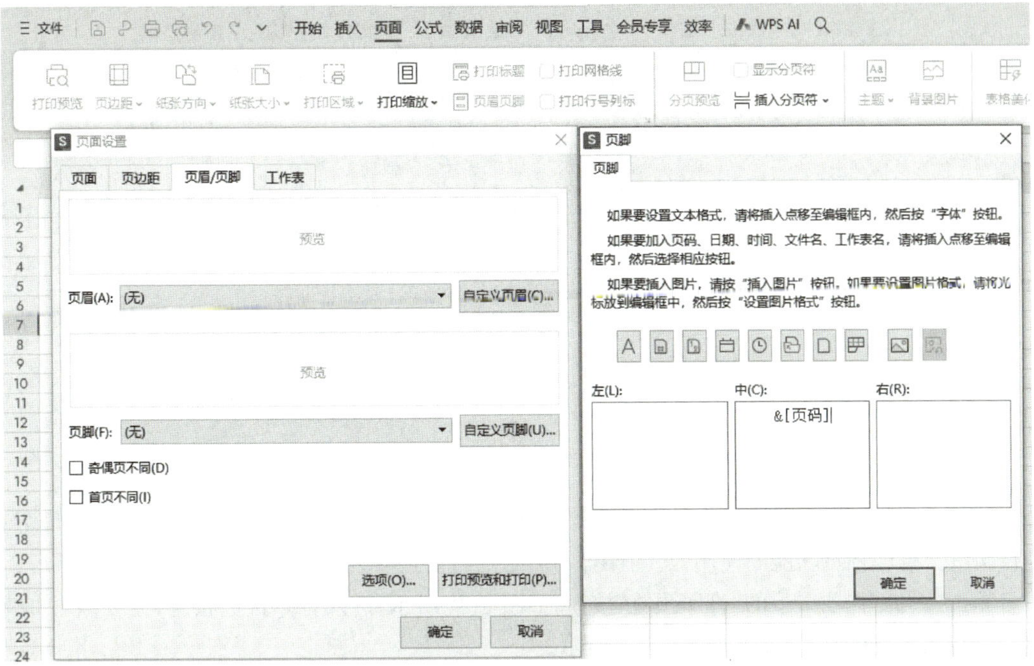

图 3-31 自定义页脚

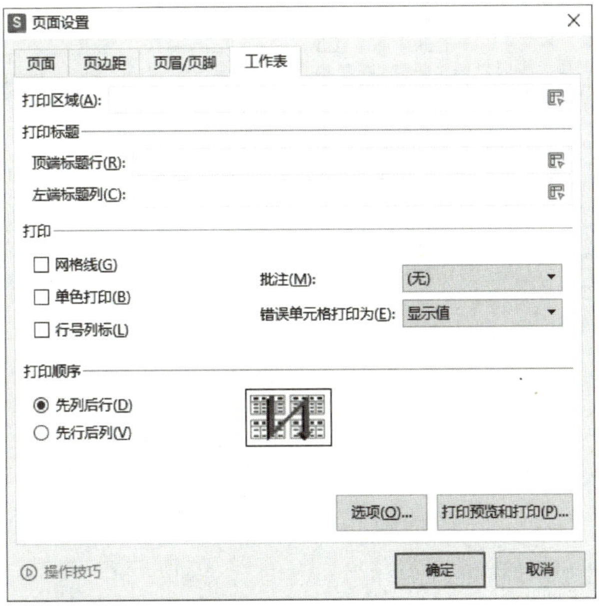

图 3-32 打印标题

任务 2.2 打印预览的使用

打印预览是打印工作表前的一个重要步骤,它允许我们在实际打印之前查看打印效果,及时调整和修正,避免浪费纸张和墨水。通过打印预览,我们可以看到表格在纸张上的实际布局,包括

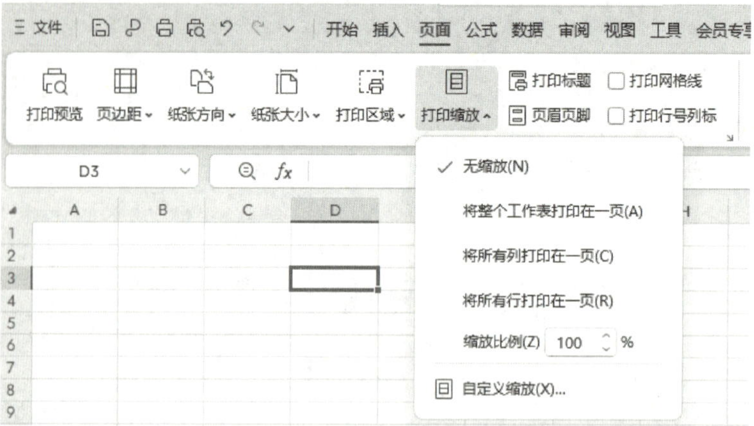

图 3-33　打印缩放

分页情况、标题行是否重复、边距是否合适等。如果发现有不满意的地方,可以立即返回编辑界面进行调整。打印预览功能的使用,是确保打印质量的重要保障,也是提高工作效率的有效手段。

　　单击"页面"选项卡下的"打印预览"按钮,如图 3-34 所示,进入打印预览状态,在右侧"打印设置"任务窗格中进行打印设置,如图 3-35 所示。

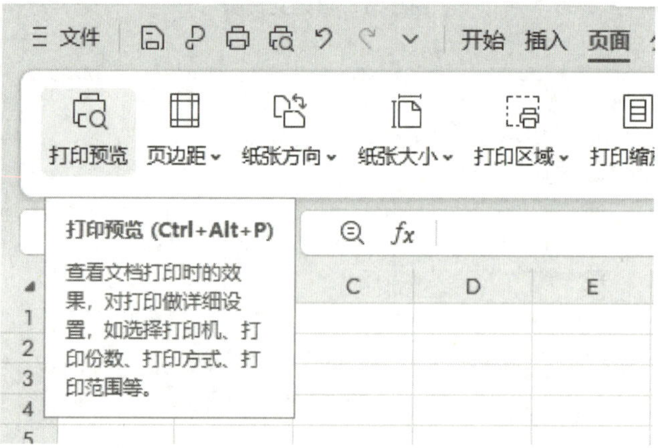

图 3-34　打印预览

实施与评价

　　(1)通过学习,学生应掌握如下能力。

　　①打印设置技能:学生通过本任务的学习,应能够熟练掌握 WPS 表格的打印设置功能,包括页面设置、打印区域的选择、打印预览的使用等。学生应能够根据实际需求,调整打印参数,如纸张大小、方向、页边距等,确保打印出的员工基本情况表格式规范、内容清晰。

　　②问题解决与适应能力:在设置打印参数的过程中,学生可能会遇到各种问题,如打印格式不符、内容缺失等。学生应学会分析问题原因,运用所学知识调整设置,解决问题。此外,学生还应具备快速适应不同打印环境的能力,如在不同型号的打印机上进行打印设置。

图 3-35　"打印设置"任务窗格

③职业素养的提升:本任务还旨在培养学生的职业责任感和社会责任感。通过学习如何正确打印员工基本情况表,学生应认识到文档打印在职场中的重要性,确保打印出的文件准确无误,避免因打印错误导致的职场沟通障碍。同时,学生还应在操作过程中注重节约资源,如合理使用纸张和墨盒,体现环保意识。

(2)按照"任务单 25"要求完成本任务。

拓展任务

1.探索 WPS 表格的数据分析工具

从基础功能入手,了解如何使用排序和筛选快速查找特定数据,尝试自动求和、计数等简单函数对数据进行初步统计,并通过图表生成将数据信息可视化。这些基础操作将帮助学生更直观地理解数据结构,提升数据整理和初步分析的能力,为进一步掌握更高级的数据分析工具打下良好基础。

2.进一步探索 WPS 表格内置的数据分析工具

学习如何使用数据透视表来汇总和分析大量数据,或者如何应用条件格式来突出显示关键数据。这些高级功能将帮助学生在处理复杂数据时更加高效和精准,为未来在数据分析领域的深入工作打下坚实基础。

3.探索 WPS 表格 APP 手机多人协作编辑

WPS 表格手机在线多人编辑具有多方面的重要作用:提高工作效率,团队成员可同时对表格进行编辑,无需依次等待修改,能大幅缩短文档处理时间,加快项目进度。增强团队协作,成员能实时看到他人编辑内容,便于了解工作动态和进展,还可通过评论功能对特定内容讨论交流,提高沟通效率,避免误解和重复工作。保证数据准确性和一致性,所有修改会即时同步并保存到云端,确保每位成员看到的都是最新数据,避免因版本不同导致的数据混乱和错误。

课程思政案例

人工智能与办公效率的提升:从工具到思维的革新

随着科技的迅速发展,人工智能(AI)技术逐渐走进人们的日常生活和工作场景,成为推动社会效率提升的重要引擎。在办公领域,人工智能带来了从流程自动化到智能决策的全方位变革,极大地优化了工作流程和资源管理。作为21世纪最具颠覆性的技术之一,AI不仅改变了个人的办公方式,还为企业提升生产力、节省成本、增强创新能力提供了新的工具。然而,尽管全球范围内的AI应用已取得了显著进展,中国在这一领域的起步相对较晚,因此在与国际竞争者抗衡时,仍面临着不小的挑战。

人工智能在办公中的应用十分广泛,涵盖了从数据分析、文档管理、客户服务到协作工具的智能化升级。通过AI算法,复杂的计算和数据处理可以在短时间内完成,帮助企业做出更为精准的决策。与此同时,AI驱动的自然语言处理(NLP)技术让办公自动化工具能够理解并响应人类的语言,实现了语音输入、自动翻译、智能文本生成等功能,从而大幅提升了日常办公的效率。更重要的是,AI在不断学习和优化的过程中,逐渐具备了智能推荐、预判决策等能力,使其从简单的辅助工具进化为能够辅助管理和创新的决策支持系统。

对于中国而言,AI在办公效率提升中的应用同样具有战略意义。面对国际市场的激烈竞争,中国企业亟需提升生产效率和创新能力,AI成为实现这一目标的重要路径。然而,由于AI技术的核心算法、基础设施和软硬件大多掌握在西方国家手中,中国企业在发展AI时面临技术封锁、资源匮乏等多重挑战。如何打破技术壁垒,实现AI办公技术的自主创新,成为摆在中国科技界面前的一个重大课题。

在这种背景下,阿里巴巴等国内科技巨头开始了在AI办公领域的探索与攻关。以阿里云为核心的平台,阿里巴巴推出了智能办公平台"钉钉",通过引入AI技术,实现了办公系统的智能化升级。钉钉不仅整合了传统的文档管理、即时通信、任务协作等功能,还通过自然语言处理和机器学习技术,实现了智能审批、工作流自动化和语音输入等功能。AI在办公系统中的应用不仅简化了烦琐的事务性工作,还为企业决策者提供了智能化的数据分析和预测工具,大大提升了工作效率。

阿里巴巴在开发AI办公技术时遇到了诸多挑战,包括如何使AI工具与复杂的办公场景有效结合,如何确保系统在处理大规模数据时的稳定性,以及如何为用户提供个性化、智能化的服务体验。为了解决这些问题,阿里巴巴投入了大量研发资源,并与国内外科研机构展开合作,通过不断的技术迭代,最终推出了一套具备智能化、便捷化、适用性强的AI办公解决方案。这一解决方案不仅在中国市场上获得了广泛应用,也推动了全球智能办公技术的发展。

钉钉平台的成功标志着中国在 AI 办公技术领域迈出了坚实的一步。它展示了中国在科技自主创新上的巨大潜力,打破了过去在这一领域依赖国外技术的局面。通过自主研发,中国企业不仅在国内市场上占据了重要地位,还逐渐走向国际市场,参与到全球智能办公生态的构建中。此外,AI 办公技术的普及为各类中小企业提供了提高生产力和创新力的工具,促进了整个社会的数字化转型。更为重要的是,这一成果为中国在全球科技领域树立了新的形象,展示了中国在信息技术创新方面的进步与成就。

人工智能对办公效率的提升,不仅仅是技术层面的突破,更是一场工作方式和思维模式的变革。通过智能化的工具,传统的办公方式被颠覆,更多时间和精力可以被释放出来用于创新和创造。对于未来有志于投身于科技创新领域的年轻人而言,AI 在办公领域的应用为他们提供了广阔的发展空间。无论是算法的研究、产品的开发,还是 AI 场景的落地应用,都需要大量具有创新意识和技术能力的年轻人投入其中。

在未来的办公世界中,AI 将成为每个人不可或缺的工作伙伴,而中国在这一领域的突破也为其他发展中国家提供了宝贵的经验与借鉴。作为新一代科技人才,年轻人应当充分认识到 AI 技术带来的机遇和挑战,勇敢投入到这一快速发展的领域中,通过自身努力推动技术的进步与社会的变革。科技的未来,正等待着下一代创新者的加入与创造。

模块四
职场发展——WPS 演示设计

WPS 演示是 WPS Office 办公软件套件中的一个模块,主要用于制作和编辑演示文稿。使用者可以通过 WPS 演示设计幻灯片的布局、添加文本、插入图片、插入视频和音频、设置动画效果等丰富演示内容,使其更具吸引力和表现力。WPS 演示内置了多种主题和模板,可以满足用户不同的设计需求,并提供了丰富的字体、形状、图表等工具,使用户能够轻松地自定义幻灯片,制作出符合个人或组织风格的演示文稿。WPS 演示还具备演示模式,用户可以在此模式下进行幻灯片的放映,检查设计效果并进行调整。同时,该软件还支持多种格式的文件导入和导出,方便与其他人分享或协同工作。总的来说,WPS 演示是一款功能强大、易于使用的幻灯片制作软件,无论是专业人士还是普通用户,都可以通过它轻松创建出专业的演示文稿,满足各种展示和报告的需求。其强大的编辑工具和便捷的演示模式,使得制作演示文稿变得更加简单高效。

本模块以毕业应聘情景为例引入项目教学主题,并贯穿于整个模块中,让学生了解相关知识点在实际工作中的应用情况,此模块以设计"自我介绍"演示文稿工作项目为流程,使学生掌握 WPS 演示的使用方法,解决各种常见的问题。模块分为三个项目,内容如下:

项目一　实事求是——创建自我介绍演示文稿

项目二　别具匠心——设置自我介绍演示文稿效果

项目三　锦上添花——放映自我介绍演示文稿

通过这三个项目,循序渐进制作"自我介绍"演示文稿,最终效果如图 4-1 所示。

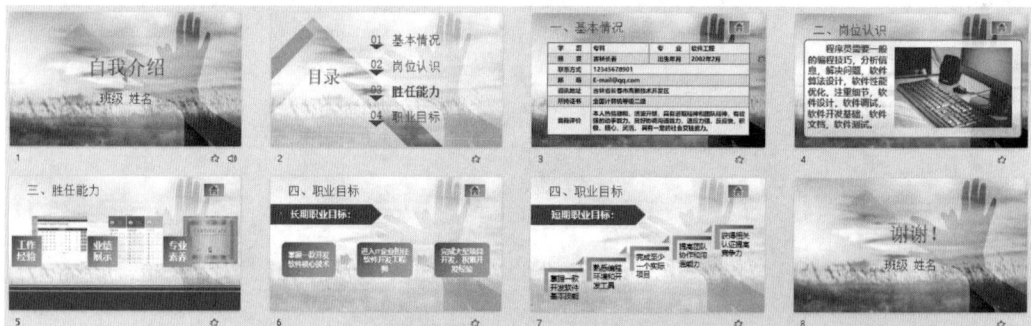

图 4-1　最终效果图

项目一　实事求是——创建自我介绍演示文稿

项目描述

　　小明是一名新入学的大学生，他需要在 WPS 演示中创建一份自我介绍的演示文稿，用于新学期的班级自我介绍。他希望通过精美的幻灯片展示自己，并且让同学们更好地了解他。此时需要整理素材并熟练掌握 WPS 演示的功能和操作步骤。

　　本项目旨在通过制作自我介绍，培养学生掌握 WPS 演示软件的基本操作与设置技巧。通过实践操作，学生将学习如何创建演示文稿，掌握文稿的新建、保存、美化、修饰、放映等设置技能，同时在模拟应聘情境中锻炼学生的表达能力。此项目的完成将为学生在实际工作中应用演示文稿奠定坚实的基础。

任务一　创建自我介绍演示文稿

任务描述

　　在学校中，有效的自我介绍是建立个人品牌和职业形象的关键。一个精心设计的自我介绍演示文稿能够帮助你清晰、专业地展示自己的基本情况、岗位认识、胜任能力和职业目标。通过 WPS 演示，用户可以创建一个视觉吸引人、内容丰富的演示文稿，从而在职场中脱颖而出。

　　在本任务中，学生将查找制作演示文稿的相关素材，模拟自我介绍演示文稿的创建过程，学习如何通过 WPS 演示工作界面进行插入相应的文本、图像、SmartArt 图形等，并对插入的文本及图像进行编辑，完成自我介绍演示文稿的初稿。在任务开始前，思考以下问题：

　　(1)你认为一个成功的自我介绍演示文稿应该包含哪些关键元素？

　　(2)在设计自我介绍演示文稿时，你最希望突出自己的哪些方面？

学习目标

知识目标

　　1.掌握 WPS 演示工作界面的功能布局，包括菜单栏、工具栏、演示窗口和状态栏的基本操作。

　　2.了解并熟练掌握演示文稿的新建、打开、保存和关闭的操作流程。

　　3.熟悉文本框、艺术字、图片、形状、表格、智能图形的插入和编辑操作。

技能目标

1. 能够准确操作 WPS 演示的界面功能，熟练执行新建、保存、打开和关闭演示文稿等基本操作。

2. 可以快速插入和编辑文本框、艺术字、图片、形状、表格和智能图形，确保演示文稿内容的丰富性和视觉效果。

3. 能够高效地调整演示文稿的视图，优化演示内容的展示效果。

素养目标

1. 能够正确理解并运用 WPS 演示的基础操作，养成规范化的演示文稿管理习惯。

2. 培养细致、严谨的演示文稿编辑态度，增强在职场中的演示制作能力。

3. 提升信息化办公的素养，能够独立完成常见的演示文稿编辑任务，并适应现代职场需求。

认识工作界面
和演示视图

幻灯片的
基本操作

演示文稿的
基本操作

知识准备

熟练掌握演示文稿设计工具已成为各类职业的基础技能，尤其是在需要进行自我介绍或展示个人能力的场合，一个精心设计的演示文稿能够有效地传达信息并留下深刻印象。WPS 演示软件作为制作演示文稿的重要工具，其功能强大且易于操作，非常适合职场人士使用。

WPS 演示文稿能够把用户所要表达的信息组织在一组图文并茂的画面中，并展示出来。明确演示文稿的内容，创建和编辑演示文稿是制作演示文稿的第一步。

任务 1.1　WPS 演示工作界面

在进行任何演示文稿设计之前，我们首先需要熟悉 WPS 演示工作界面，这是操作和管理所有演示文稿的主要平台。界面的布局设计非常直观，包括菜单栏、工具栏、演示文稿窗口和状态栏，每一个部分都有其独特的功能和作用。WPS 演示工作界面如图 4-2 所示。

"快速访问工具栏"用户可以自行设置快速启动功能命令。

"选项卡工具栏"是所有 WPS 软件都拥有的，包含了软件所有功能和设置选项。选项卡包括"开始"、"插入"、"设计"、"切换"、"动画"、"放映"、"审阅"、"视图"和"工具"。

"功能区"是对应选项卡工具栏上的选项卡进行归类的功能，

"预览视图区"中包括了"幻灯片"和"大纲"预览视图，这方便用户进行幻灯片的管理和编辑。

"幻灯片编辑区"是一个舞台，在这里对指定的幻灯片进行添加元素、输入对象、编辑文本等操作。

"备注区"一般是用来对幻灯片中的内容进行必要的补充说明，但不会显示在放映屏幕上。

"状态栏"是用来显示当前光标所在的位置信息和文稿信息。

"视图切换按钮"用于快速切换到不同的视图模式，包括普通视图、幻灯片浏览视图、阅读视图。

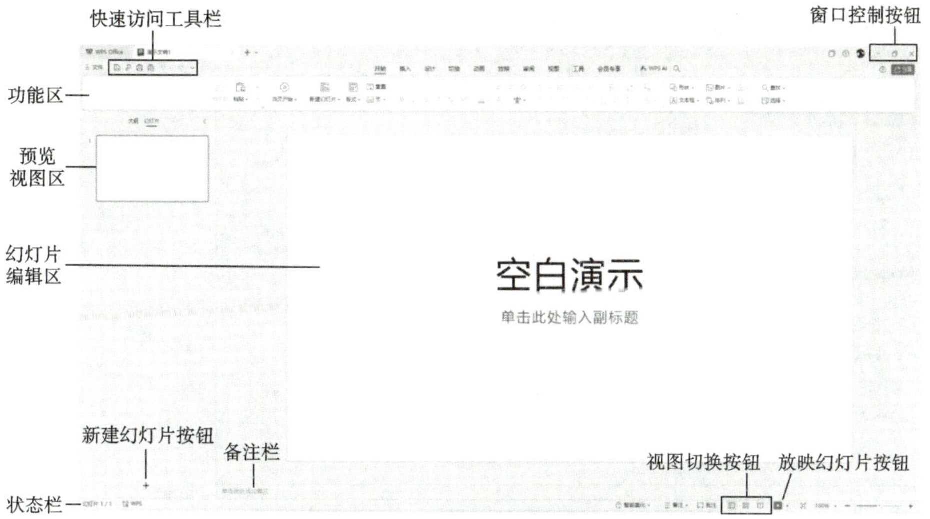

图 4-2　WPS 演示工作界面

任务 1.2　演示文稿的新建、打开、保存和关闭

1.创建新演示文稿

（1）WPS 演示启动后单击"文件"→"新建"→"空白演示文稿"会创建一个名为"演示文稿 1"的空白演示文稿，如图 4-3 所示。

图 4-3　新建演示文稿

（2）在文件夹或桌面空白处，点击鼠标右键，然后选择"新建"命令，最后选择"PPTX 演示文稿"可建立一个新空白演示文稿。

（3）使用快捷键"Ctrl＋N"，可建立一个新空白演示文稿。

2.打开演示文稿

WPS 演示的打开方式主要分为已存储的演示文稿和要创建的新演示文稿两种模式。具体情况如下：

（1）运用鼠标定位到已经存储文件的位置，双击要打开的演示文稿，WPS 演示应用程序启动并打开该演示文稿。

（2）若要打开一个新演示文稿或要对以前创建的演示文稿进行编辑，首先选择"文件"选项卡→"打开"命令，然后找到文件存储的位置并选择后，单击"打开"按钮或双击文档。如图 4-4 所示。

图 4-4　打开演示文稿

3. 保存演示文稿

创建了一个演示文稿后，需要对文稿进行保存操作。

（1）选择"文件"选项卡→"保存"命令，若首次保存文稿，会弹出"另存为"对话框，然后指定保存文稿的位置输入文件名称，单击"保存"按钮即可。如果是已经保存过的文稿，直接单击"保存"按钮，软件会自动保存到上一次保存文稿位置，如图 4-5 所示。

（2）选择"文件"选项卡→"另存为"命令，可直接保存到用户指定的文稿存储位置。

（3）单击"快速访问工具栏"中的"保存"按钮，实现文稿保存。

4. 关闭文档

单击 WPS 演示窗口的右上角"关闭"按钮即可关闭文档。

任务 1.3　文本框、艺术字、图片、形状、表格、智能图形的编辑

1. 插入文本框编辑文本

（1）单击"插入"选项卡→"新建幻灯片"→选择幻灯片版式，如图 4-6 所示

（2）选定幻灯片，单击"插入"选项卡→"文本框"按钮，在下拉菜单中弹出"横向文本框"和"竖向文本框"两种文本类型，选择相应命令，如图 4-7 所示。在幻灯片空白位置处按下鼠标左键，然后拖动鼠标绘制文本框，最后释放鼠标左键。

（3）设置文本格式。设置文本格式的方法如同 WPS 文字、WPS 表格的方法，单击"开始"选项卡下的"字体"和"段落"组里的功能，可以设置文本的字体、字形、字号、颜色、对齐方式等格式。

（4）放映演示文稿查看效果。单击视图显示设置栏上的"幻灯片放映"按钮，查看幻灯片的放映效果。

图 4-5　保存文档

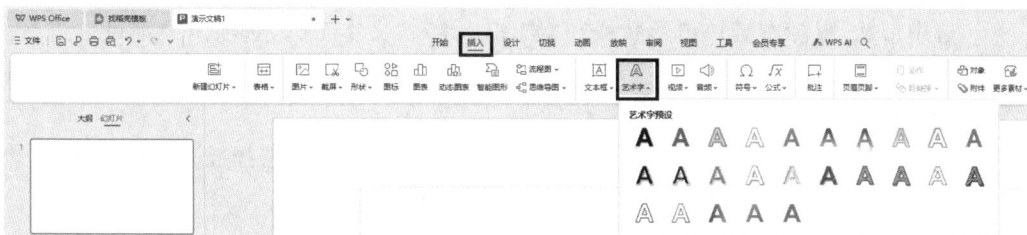

图 4-6　插入新幻灯片

图 4-7　插入文本框

2.插入艺术字

单击"插入"选项卡→"艺术字"按钮,在弹出的"艺术字预设样式"库中选择所需要的艺术字样式。

选中艺术字内容可在"绘图工具"、"文本工具"选项卡中进行相应设置,如图4-8所示。

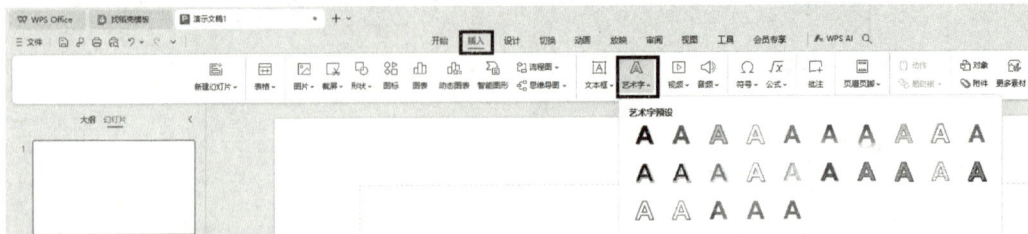

图4-8 插入艺术字

3.插入图片

单击"插入"选项卡→"图片"按钮,在列表中可选择"本地图片"、"分页插图"、"手机图片/拍照",如图4-9所示。

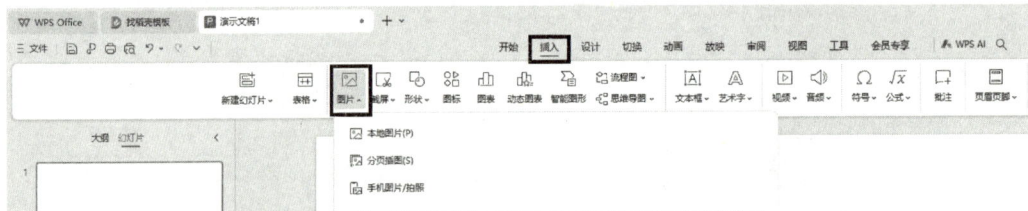

图4-9 插入图片

选中图片可在"图片工具"选项卡中进行相应设置。

4.插入形状

(1)如图4-10所示,单击"插入"选项卡→"形状"按钮,选择相应形状,在幻灯片上拖动鼠标绘制所需的形状。

(2)选中形状,鼠标右键单击形状或在"绘图工具"、"文本工具"选项卡中都可以进行相应设置。

5.插入表格

如图4-11所示,单击"插入"选项卡→"表格"按钮,在列表中可选择插入表格方式。

选中表格可在"表格工具"、"表格样式"选项卡中进行相应设置。

6.插入智能图形

如图4-12所示,单击"插入"选项卡→"智能图形"按钮,在列表中可选择插入图形。

选中智能图形可在"设计"、"格式"选项卡中进行相应设置。

实施与评价

(1)通过学习,学生应掌握如下能力。

①演示文稿操作技能:学生通过本任务的学习,应能够熟练掌握WPS演示工作界面的各项功能,包括菜单栏、工具栏的使用,以及演示文稿窗口的管理。学生应能够独立完成演示文稿的新建、保存、打开和关闭操作,确保在创建和管理演示文稿时能够准确、高效地执行这些基本步骤。此外,学生还应掌握文本框、艺术字、图片、形状、表格、智能图形的插入、编

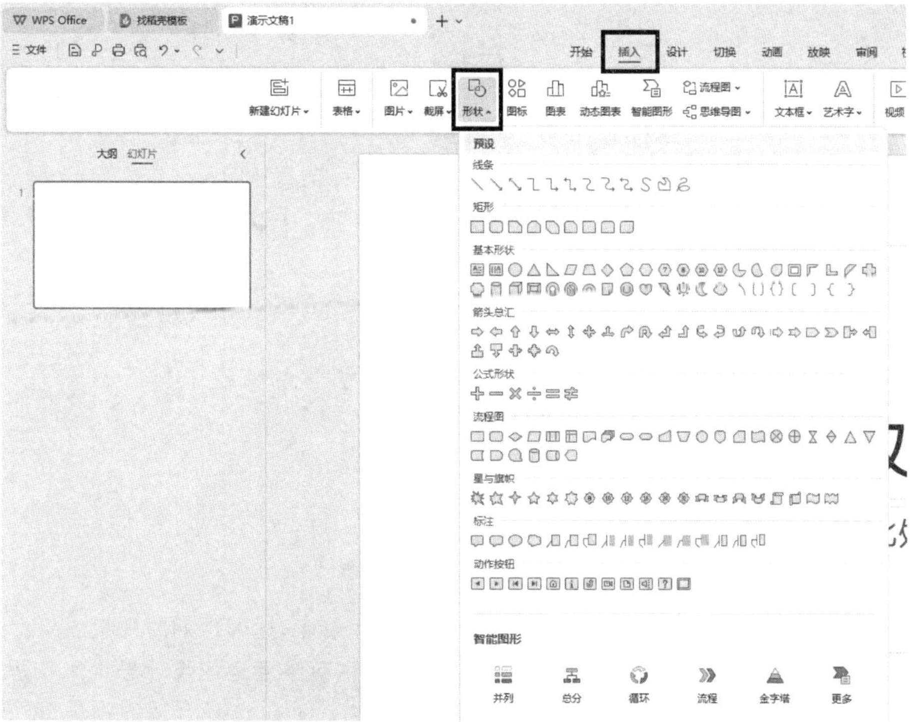

图 4-10　插入形状

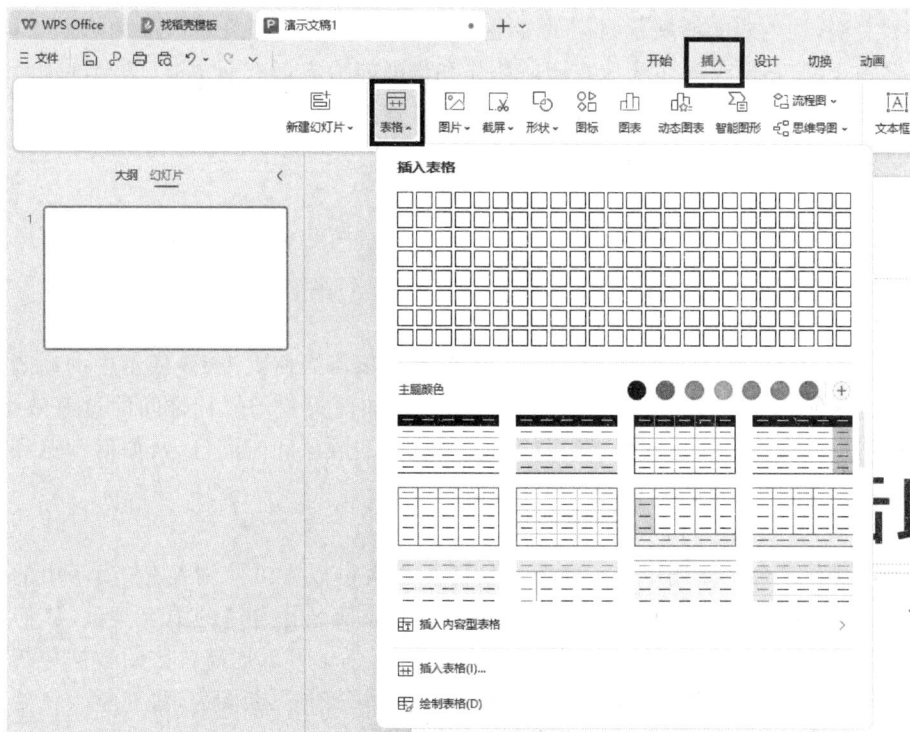

图 4-11　插入表格

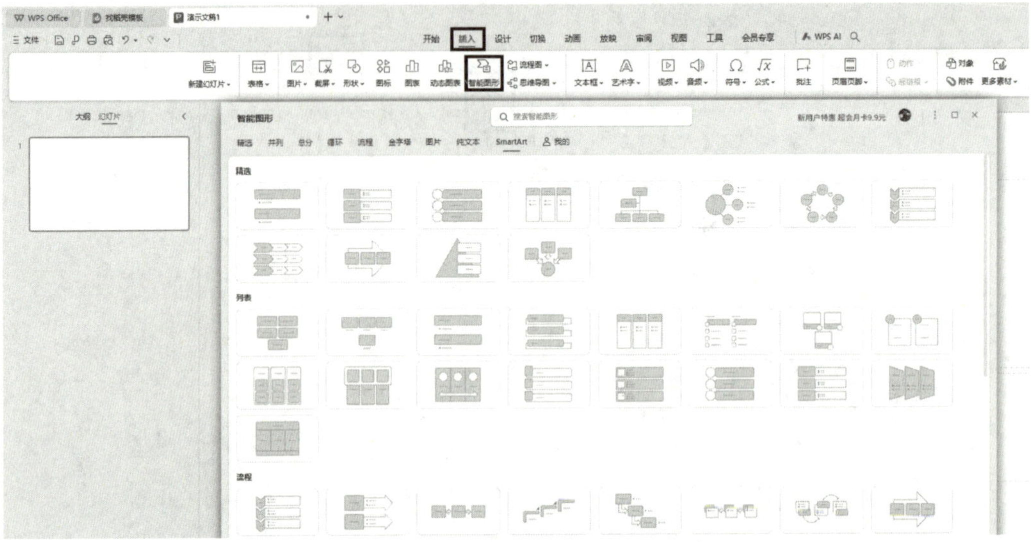

图 4-12　插入智能图形

辑和格式化操作,能够在设计演示文稿时灵活运用这些技能,达到预期的视觉效果。

②设计思维与创意表达:在完成任务的过程中,学生应学会运用设计思维来构思演示文稿的内容和布局,确保信息的清晰传达和视觉的吸引力。通过选择合适的字体、颜色、布局和多媒体元素,学生应能够提升演示文稿的专业性和吸引力,增强观众的注意力和理解力。

③职业素养的提升:本任务还旨在培养学生的职业形象和沟通能力。通过设计自我介绍的演示文稿,学生应能够展示自己的专业技能和个人特点,提升自我品牌形象。同时,通过与同学的交流与合作,学生还应在团队协作和沟通能力方面有所提升,学会在演示文稿设计中如何与他人高效协作,共同完成高质量的工作成果。

(2)按照"任务单 27"要求完成本任务。

拓展任务

1.探索 WPS 演示中的动画和过渡效果

在完成自我介绍演示文稿的基本创建后,学生可以深入研究 WPS 演示中的动画和过渡效果。了解如何为文本、图片和形状添加动画,以及如何设置幻灯片之间的过渡效果,可以使演示更加生动和吸引人。此外,学习如何调整动画的顺序和时间,以及如何预览和调整过渡效果,将进一步提升演示的专业性和互动性。

2.利用 WPS 演示进行数据可视化

数据可视化是现代职场中的一项重要技能。学生可以尝试使用 WPS 演示中的图表工具,将数据转换为图表、图形和智能图形。通过学习如何选择合适的图表类型,如何编辑和格式化图表,以及如何利用图表讲述数据背后的故事,学生可以提高自己的数据分析和表达能力。此外,探索如何将外部数据源导入 WPS 演示,并实时更新图表,将使学生在处理动态数据时更加得心应手。

3.研究 WPS 演示的云服务和移动应用

随着云计算和移动办公的普及,了解 WPS 演示的云服务和移动应用变得尤为重要。学生可以探索如何将演示文稿保存到 WPS 云端,实现跨设备访问和编辑。同时,学习如何在移动设备上使用 WPS 演示应用,进行演示文稿的查看和编辑,将使学生能够随时随地进行工作和展示。此外,了解云服务中的协作功能,如实时共享和评论,将帮助学生在团队合作中更加高效和便捷。

任务二　美化自我介绍演示文稿

任务描述

在学校中,一个精心设计的自我介绍演示文稿不仅能有效传达个人信息,还能展现个人的专业素养和创意能力。本次任务旨在通过美化自我介绍演示文稿,提升其视觉吸引力和专业度,从而在学生交流中脱颖而出。任务内容包括应用并设置幻灯片母版、版式、背景和主题,以确保演示文稿的一致性和美观性。在开始任务之前,请思考以下问题:

(1)你认为一个优秀的自我介绍演示文稿应具备哪些视觉元素?

(2)你希望通过哪些设计技巧来增强演示文稿的吸引力和专业性?

学习目标

知识目标

1.掌握 WPS 演示文稿中幻灯片母版、版式、背景和主题的应用与设置方法。

2.了解并熟练掌握如何通过母版统一演示文稿的风格和格式。

3.熟悉背景和主题的调整技巧,以增强演示文稿的视觉效果和专业性。

技能目标

1.能够准确操作 WPS 演示文稿的母版设置,确保演示文稿的一致性和专业性。

2.可以灵活运用不同的版式、背景和主题,根据内容需求定制演示文稿的外观。

3.能够高效地调整和优化演示文稿的视觉元素,提升演示的整体效果。

素养目标

1.能够正确理解并运用 WPS 演示文稿的设计原则,培养良好的演示文稿制作习惯。

2.培养创新思维和审美能力,提升在职场中制作高质量演示文稿的能力。

3.提升信息化办公的素养,能够独立完成演示文稿的美化工作,并适应现代职场的需求。

知识准备

在日常生活中,演示文稿已成为沟通和展示信息的重要工具。特别是在进行自我介绍时,一个精心设计的演示文稿不仅能有效传达个人信息,还能展现个人的专业素养和审美能力。WPS演示软件因其强大的功能和用户友好的界面,成了制作专业演示文稿的首选工具。

任务 2.1　幻灯片母版与版式

　　幻灯片母版是 WPS 演示中一个强大的功能,它允许用户定义整个演示文稿的统一风格和布局。通过设置幻灯片母版,用户可以一次性调整所有幻灯片的背景、字体、颜色等元素,提高了制作效率,如图 4-13 所示。

图 4-13　幻灯片母版

　　版式则是指幻灯片中内容的布局方式,包括标题、文本、图片等元素的位置和大小。合理使用版式可以使演示文稿更加清晰和专业。在实际操作中,了解如何应用和设置幻灯片母版和版式,是制作高质量演示文稿的基础,如图 4-14 所示。

图 4-14　幻灯片版式

任务 2.2　幻灯片背景与主题

　　幻灯片背景和主题是影响演示文稿视觉效果的关键因素。背景可以简单到单一颜色,也可以复杂到包含图案或图片，它为整个演示文稿提供了视觉基调，如图 4-15 所示。

图 4-15　幻灯片背景

主题则是一套预设的设计元素，包括颜色方案、字体样式和效果等，它们共同作用于幻灯片，使其呈现出统一的风格。在选择背景和主题时，需要考虑它们与内容的相关性和观众的审美习惯，以确保演示文稿既美观又实用，如图 4-16 所示。

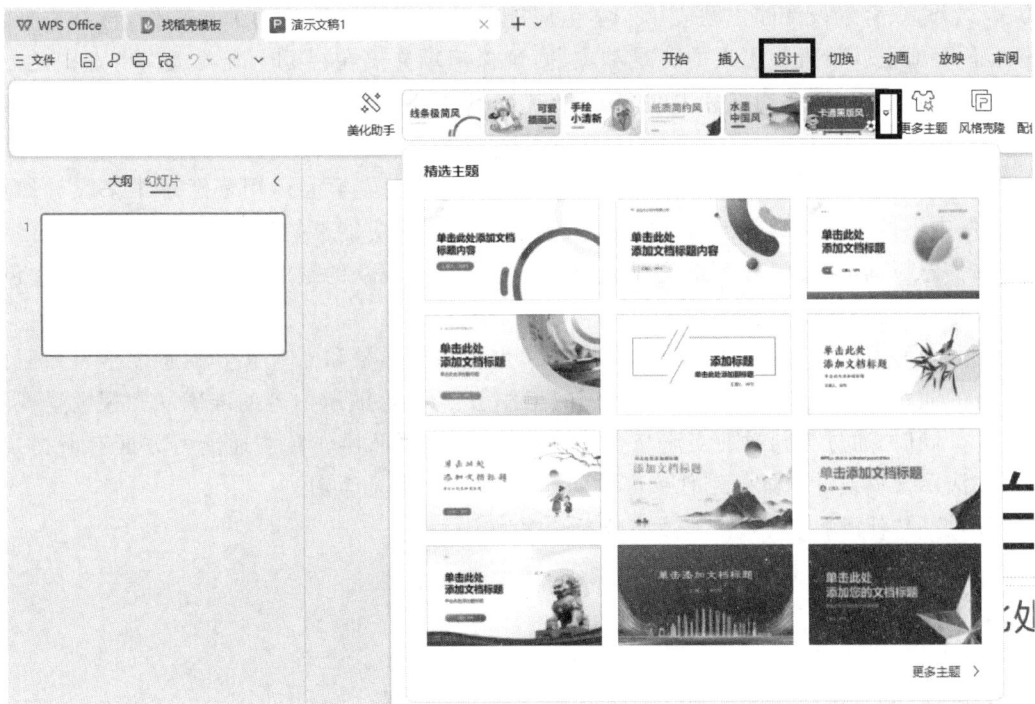

图 4-16　幻灯片主题

任务 2.3　应用并设置幻灯片母版、版式、背景、主题

在实际操作中,应用并设置幻灯片母版、版式、背景和主题是一个综合性的任务。首先,需要打开 WPS 演示软件,进入"视图"菜单选择"母版视图",在这里可以对母版进行编辑。接下来,根据需要调整版式,确保每个幻灯片的内容布局合理。然后,选择合适的背景和主题,这可以通过"设计"菜单中的选项来完成。在整个过程中,要注意保持整体风格的一致性,同时也要考虑到内容的可读性和观众的接受度。通过这些步骤,可以制作出一个既专业又吸引人的自我介绍演示文稿,如图 4-17 所示。

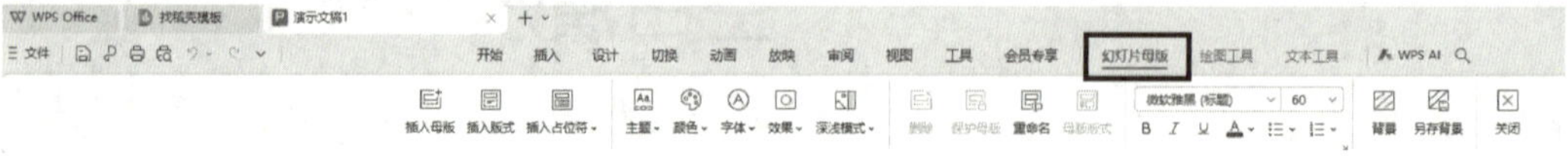

图 4-17　幻灯片母版选项卡

实施与评价

(1)通过学习,学生应掌握如下能力。

①幻灯片设计技能:学生通过本任务的学习,应能够熟练掌握 WPS 演示文稿的母版设置、版式调整、背景设计和主题应用。学生应能够独立完成幻灯片的美化工作,包括选择合适的母版和版式,设置吸引人的背景和主题,确保演示文稿在视觉上既美观又专业。此外,学生还应掌握如何调整幻灯片中的文本、图片和图表的布局,以及如何使用动画和过渡效果来增强演示的吸引力。

②创意表达与设计思维:在完成任务的过程中,学生应学会运用创意思维来设计幻灯片,确保内容既清晰又具有吸引力。通过反复练习,学生应能够提高设计能力,学会如何将复杂的信息以简洁、直观的方式呈现给观众。学会考虑观众的视觉体验,选择合适的颜色、字体和布局,这也是创意表达和设计思维的一部分。

③职业素养的提升:本任务还旨在培养学生的职业形象和专业素养。通过学习如何设计专业的演示文稿,学生应逐步形成严谨的工作态度,确保演示内容的准确性和视觉呈现的专业性。同时,通过与同学的交流与合作,学生还应在团队协作和沟通能力方面有所提升,学会在演示文稿设计中如何与他人高效协作,共同提升职业素养。

(2)按照"任务单 27"要求完成本任务。

拓展任务

1.探索 WPS 演示中的动画与过渡效果

在完成自我介绍演示文稿的美化后,学生可以进一步探索 WPS 演示中的动画和过渡效果。学习如何为幻灯片中的元素添加动画,以及如何设置幻灯片之间的过渡效果,可以使演示更加生动和吸引人。这些技能对于制作专业演示文稿至关重要,尤其是在需要吸引观众注意力的场合。

2.研究 WPS 演示的互动功能

随着技术的发展,演示文稿不仅仅是单向的信息传递工具,还可以成为互动的平台。学生可以研究如何在 WPS 演示中嵌入互动元素,如问卷调查、投票或小测验。这些互动功能可以提高演示的参与度和效果,使观众更加积极地参与到演示内容中来。

3.了解 WPS 演示的云服务与移动应用

在移动互联时代,云服务和移动应用变得越来越重要。学生可以探索 WPS 演示的云服务功能,了解如何将演示文稿存储在云端,实现跨设备的访问和编辑。同时,研究 WPS 演示的移动应用,掌握在手机或平板电脑上制作和展示演示文稿的技巧,这对十随时随地进行工作汇报和展示非常有帮助。

课程思政案例

YeeKit:让语言无国界,科技自主创新的力量

在全球化的时代背景下,随着信息流通的日益加快,跨语言沟通的需求迅速增长。无论是跨国企业的商业合作,还是国际学术界的交流合作,准确而高效的语言翻译工具成为连接不同文化与语言的重要桥梁。传统的翻译模式依赖于人工翻译,这种方式虽然精准,但效率较低,无法满足现代社会对大规模文本、实时信息处理的需求。因此,机器翻译技术应运而生,成为解决跨语言交流问题的重要手段。然而,全球领先的翻译技术长期被国际巨头掌控,尤其是谷歌、微软等公司主导了全球机器翻译市场。这些技术虽然强大,但在中文等复杂语言的处理上仍然存在一定的局限性。面对这些挑战,中国急需一套能够精准处理中文和其他语言的机器翻译系统,从而实现技术自主化,并在国际市场上占据一席之地。

在全球信息化时代,语言翻译不仅仅是文字转换的工具,更是一种能够促进文化交流、商业往来和技术合作的重要手段。特别是在国际贸易、跨国科研合作和多语言媒体传播中,准确的机器翻译技术变得不可或缺。对于中国来说,这一领域的技术自主尤为关键。长期以来,中文等东方语言的复杂性给国际翻译工具带来了极大的挑战,许多外部翻译工具在处理中文时,常常出现语义不准确、上下文理解不完整等问题。这不仅影响了中国用户的使用体验,也限制了中国在全球市场中的沟通效率。为了解决这一问题,中国需要研发自主的机器翻译技术,特别是在中文和其他语言的互译上,提供一种更高效、准确的解决方案。

正是在这种背景下,YeeKit 应运而生。这是一家致力于语言科技创新的中国企业,专注于机器翻译技术的研发与推广。YeeKit 的目标,是打破国际巨头在这一领域的垄断,提供一个更加符合中文语言特点的翻译工具。在机器翻译技术上,YeeKit 面临的最大挑战是如何解决中文的语法复杂性、上下文依赖性以及多义性问题。与其他语言相比,中文的语序、词性、语境等方面都存在较大的灵活性,如何通过人工智能准确处理这些细节,成为 YeeKit 技术团队的核心难题。

面对这一挑战,YeeKit 并没有直接套用现有的国际翻译框架,而是结合中文的独特性,采用了基于深度学习的翻译模型,通过大数据分析和自然语言处理技

术,逐步提高翻译的准确度。YeeKit的团队还对翻译引擎进行了大量的语料库训练,不断优化系统,使得它不仅能够准确翻译字面意思,还能够在更深层次上理解语义。与此同时,YeeKit也致力于开发一种多语言并行的翻译解决方案,通过技术创新,支持多种语言的高效互译,满足了国内外用户对实时翻译和大规模文本处理的需求。

YeeKit的突破,不仅表现在技术上的创新,也在市场推广上取得了显著的成绩。凭借其技术优势,YeeKit逐渐在国内外市场上站稳脚跟,成为许多企业、科研机构和政府部门进行跨语言沟通的重要工具。尤其是在处理中文与英语、日语、韩语等东亚语言的翻译上,YeeKit展现出了与众不同的精确度和流畅性。它的出现,帮助许多中国企业在国际化进程中克服了语言障碍,提升了商业合作的效率。同时,YeeKit的应用不仅局限于商业领域,还广泛用于国际会议、跨文化交流、学术研究等场景,极大地促进了全球化背景下的语言互通。

YeeKit的成功,标志着中国在机器翻译领域实现了自主创新。这不仅仅是技术上的突破,更是一种国家科技实力提升的象征。通过自主研发,YeeKit打破了外部技术对国内市场的垄断,提升了中国在国际科技市场中的话语权。它为国内外的语言服务提供了一种更加经济高效的选择,也让中国企业在国际化进程中拥有了更多的自主性。此外,YeeKit的成功研发,也为中国的信息安全和数据主权提供了保障,避免了在跨语言信息处理中依赖国外技术带来的潜在风险。

YeeKit的研发历程展示了中国科技创新的巨大潜力。通过持续的技术攻关和不断的产品优化,YeeKit为中国机器翻译领域的自主化树立了榜样。对于那些有志于投身人工智能、语言处理等领域的年轻人来说,YeeKit的成功故事无疑是一个激励。它让我们看到,通过不断的技术创新和自主研发,中国完全有能力在全球科技竞争中占据一席之地。未来,随着信息技术的不断进步,语言科技领域还将面临更多的挑战和机遇。而我们每一个有志于科技创新的工作者,都可以通过自己的努力,成为这场伟大变革的一部分,为国家的技术自主化贡献力量。

项目二　别具匠心——设置自我介绍演示文稿效果

项目描述

　　小明需要进一步修饰和设置自我介绍演示文稿,包括添加动画效果、设置超链接以及配乐,以便在自我介绍时更加生动和有趣。

　　本项目的设计紧密结合实际工作环境,通过模拟真实的工作场景,增强学生的参与感和实践能力。通过学习如何设计自我介绍演示文稿,学生不仅能够提升自己的技术技能,还能够培养良好的职业素养和创新能力,这些都是未来职场中不可或缺的重要素质。因此,本项目对于学生的职业发展具有深远的意义,能够帮助他们跟上行业发展的步伐,实现个人职业生涯的成功。

任务一　修饰自我介绍演示文稿

任务描述

　　通过 WPS 演示设计,我们可以制作出既专业又吸引人的自我介绍演示文稿,从而在面试、会议或团队交流中脱颖而出。本次任务将指导学生如何修饰自我介绍演示文稿,包括设置幻灯片中各对象的动画效果、插入超链接和动作按钮,以增强演示的互动性和视觉效果。在开始任务之前,请思考以下问题:

　　(1)你认为一个优秀的自我介绍演示文稿应具备哪些特点?

　　(2)你希望通过哪些具体的动画效果或互动元素来提升你的演示文稿的吸引力?

学习目标

知识目标

　　1.掌握在 WPS 演示中设置幻灯片中各对象的动画效果的方法,包括进入、强调和退出动画的添加与调整。

　　2.了解并熟练掌握在演示文稿中插入超链接的步骤,包括链接到网页、其他幻灯片或文件。

　　3.熟悉动作按钮的创建和设置,包括按钮的样式选择和响应动作的配置。

技能目标

1.能够准确地为幻灯片中的文本、图片等对象添加合适的动画效果,提升演示的视觉吸引力。

2.可以快速地在演示文稿中插入超链接,确保信息的有效传递和用户的便捷导航。

3.能够高效地创建和设置动作按钮,增强演示文稿的互动性和用户体验。

素养目标

1.能够正确运用WPS演示的动画和链接功能,提升演示文稿的专业性和吸引力。

2.培养创新和细致的演示设计思维,增强在职场中的沟通和表达能力。

3.提升信息化办公的素养,能够独立完成高质量的演示文稿设计,并适应现代职场的需求。

🔊 知识准备

演示文稿的设计与制作已成为提升个人和企业形象的重要手段。特别是在进行自我介绍时,一个精心设计的演示文稿能够有效地展示个人能力和专业素养,从而在职场中脱颖而出。WPS演示软件提供了丰富的功能,帮助用户创建具有吸引力和专业感的演示文稿。

设置演示文稿

任务1.1 设置幻灯片中各对象的动画效果

动画效果是提升演示文稿互动性和视觉吸引力的关键。通过WPS演示软件,用户可以为幻灯片中的文本、图片、图表等对象添加各种动画效果,如淡入、飞入、旋转等。这些动画效果不仅能够吸引观众的注意力,还能够帮助演

认识母版与
幻灯片动画

讲者更好地控制演示的节奏和流程。在设置动画效果时,需要注意动画的时机和顺序,确保它们能够增强演示内容的表现力,而不是分散观众的注意力。

1.WPS演示中的5种不同类型的动画效果

(1)"进入"效果表示对象进入幻灯片的方式。例如,可以使对象逐渐淡入焦点、从边缘飞入幻灯片或者跳入视图中。

(2)"强调"效果表示对象在幻灯片中突出显示的效果。例如,使对象缩小或放大、更改颜色或沿着其中心旋转。

(3)"退出"效果表示对象退出幻灯片的动画效果。例如,使对象飞出幻灯片、从视图中消失或者从幻灯片旋出。

(4)动作路径表示对象可以在幻灯片上按照某种路径舞动的动画效果。例如,使对象上下移动、左右移动或者沿着星形或者圆形图案移动。

(5)绘制自定义路径表示用户可根据需要为对象绘制所需路径的动画效果。例如,使对象按自由曲线移动。

2.单个动画效果

(1)选中相应幻灯片,选择幻灯片中的对象,单击"动画"选项卡,在"动画"组中单击"动画效果"列表框中的下拉列表图标,显示"动画效果"窗格,如图4-18所示。

(2)选择动画效果对象,单击"动画属性"下拉列表,从列表中可选择效果方向,如图4-19所示。

图 4-18 "动画效果"窗格

图 4-19 "动画属性"列表框

幻灯片内的对象添加动画效果后,系统自动在元素的左上角添加一个编号,此外,因为只用一个动画效果,所以系统会为此张幻灯片的所有元素添加一个"1"的编号。

3.多个动画效果

(1)添加多个动画效果。

①单击"动画"选项卡,在动画组中单击"动画效果"列表框中的下拉列表图标,显示"动画效果"窗格,选择所需动画效果。

②单击"动画窗格"中的"添加效果"按钮,从"添加效果"窗格中选择下一个所需动画效果。如图 4-20 所示。

(2)管理动画效果。

在幻灯片选中相应动画效果,在"动画窗格"中可以调整幻灯片动画效果顺序和设置效果"开始""方向""速度"参数,如图 4-21 所示。

4.预览动画效果

在 WPS 演示中对选择的对象应用动画方案后,用户可以单击"效果预览"按钮即可预览幻灯片动画效果。

5.删除动画效果

选中准备删除动画效果的对象,选择"动画"选项卡,在"动画效果"列表框中,选择动画效果"无"即可。

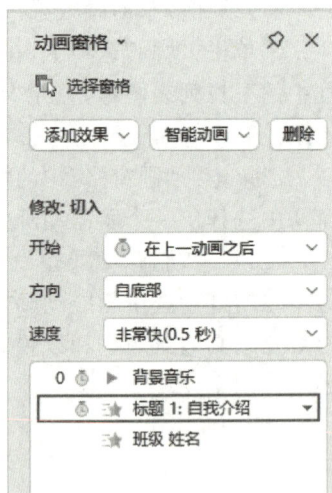

图 4-20　"添加效果"窗格

图 4-21　动画窗格

任务 1.2　插入超链接

超链接是连接演示文稿与外部资源的重要工具。在 WPS 演示中,用户可以为文本或图片添加超链接,链接到其他幻灯片、外部网页、文件或电子邮件地址。这不仅能够提供更多的信息来源,还能够增强演示文稿的互动性和实用性。在插入超链接时,应确保链接的目标与演示内容相关,并且易于访问,以便观众能够方便地获取更多信息,插入超链接操作步骤如下。

选中需要建立超链接的对象,选择相应文本内容,选择"插入"选项卡,单击"超链接"按钮,弹出"插入超链接"对话框,在列表框中选择相应位置,单击"确定"按钮即可完成超链接,如图4-22所示。

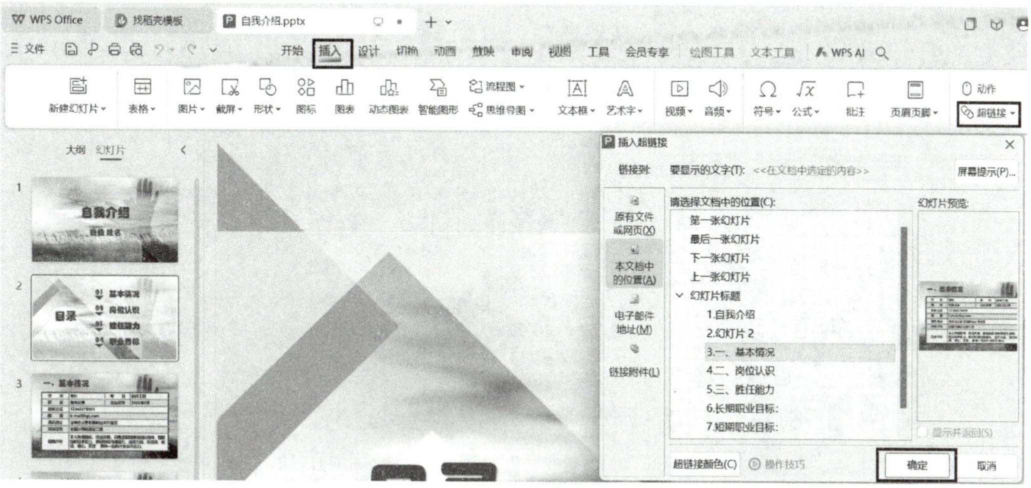

图 4-22 "插入超链接"对话框

任务 1.3 动作按钮

动作按钮是 WPS 演示中的一种特殊对象,可以用来触发特定的动作或导航到其他幻灯片。用户可以在演示文稿中添加动作按钮,设置它们链接到特定的幻灯片、外部文件或网页,或者执行特定的动画效果。动作按钮的使用可以增强演示文稿的导航性和互动性,使观众能够更主动地参与到演示中。在设计动作按钮时,应确保它们的样式和位置与整体设计风格协调,并且易于识别和操作,添加动作按钮操作步骤如下。

(1)选定幻灯片,选择"插入"选项卡,单击"形状"按钮,在弹出的列表中选择"动作按钮"类图标。如图4-23所示。

(2)绘制动作按钮。在幻灯片空白处绘制动作按钮,弹出"动作设置"对话框,动作设置完成后,单击"确定"按钮即可,如图4-24所示。

(3)设置动作连接选项。在"动作设置"对话框中切换至"单击鼠标"选项卡,可以设置单击鼠标时的动作,其中包括无动作、超链接到、运行程序、执行 VB 宏和对象动作。"超链接到"设置项表示超链接到演示文稿中的某张幻灯片。"运行程序"设置项表示执行指定的应用程序。"对象动作"表示执行对象本身拥有的动作,如视频对象拥有"播放"的动作。用户还可以设置动作执行时的声效。切换至"鼠标移过"选项卡,设置鼠标移过对象时发生的动作,设置方法同上所述。

设置好动作后,在幻灯片播放时,只要鼠标执行了单击或移过,那么幻灯片就会根据动作的设置执行命令。

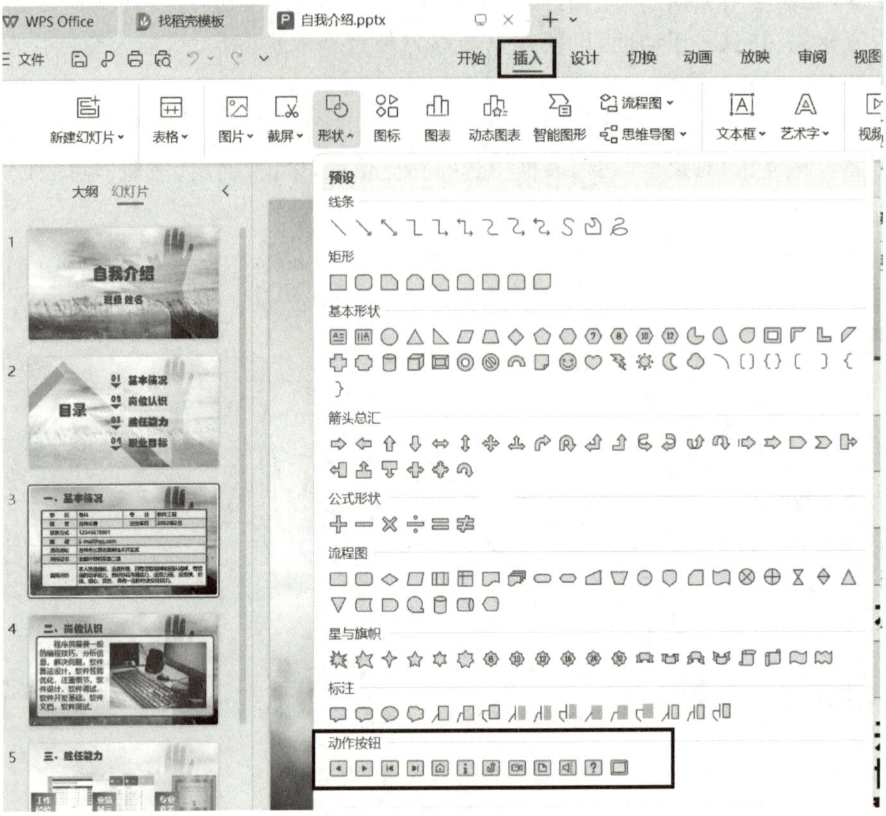

图 4-23　形状列表

图 4-24　动作设置对话框

实施与评价

（1）通过学习，学生应掌握如下能力

①动画与交互设计技能：学生通过本任务的学习，应能够熟练掌握 WPS 演示中设置动画效果的技巧，包括为幻灯片中的文本、图片和其他对象添加动画，并调整动画的顺序和时间。此外，学生还应学会插入超链接和动作按钮，使演示文稿更具互动性和导航性，提升演示的整体效果和观众的参与感。

②创意表达与设计思维：在完成任务的过程中，学生应学会运用创意和设计思维来修饰自我介绍演示文稿，通过选择合适的动画效果和交互元素，展现个性和专业性。学生应能够根据不同的演示目的和观众需求，设计出既美观又实用的演示文稿，提升个人的设计能力和审美观。

③沟通与展示能力：本任务还旨在培养学生的沟通和展示能力。通过精心设计演示文稿，学生应能够清晰、有效地传达自我介绍的信息，同时吸引观众的注意力。学生应学会在演示过程中如何与观众互动，通过动画和交互元素引导观众的视线和思考，增强演示的说服力和影响力。

（2）按照"任务单 29"要求完成本任务

拓展任务

1. 探索 WPS 演示中的交互式元素

在熟悉了 WPS 演示文稿的基本动画和链接设置后，学生可以尝试探索更高级的交互式元素。例如，学习如何在演示文稿中嵌入视频或音频文件，以及如何使用触发器来控制动画的播放。这些交互式元素可以使演示文稿更加生动和吸引人，提高观众的参与度。

2. 研究 WPS 演示与移动设备的兼容性

随着移动设备的普及，确保演示文稿在不同设备上的兼容性和可访问性变得越来越重要。学生可以研究如何在 WPS 演示中优化布局和设计，以便在手机或平板电脑上也能良好显示。此外，了解如何将演示文稿转换为适合移动设备观看的格式，如 PDF 或视频，也是一个值得探索的方向。

3. 探索 WPS 演示中的数据可视化工具

数据可视化是现代职场中的一项重要技能。学生可以探索 WPS 演示中内置的数据可视化工具，如图表和图形，学习如何有效地展示数据和趋势。此外，了解如何从外部数据源导入数据并自动生成图表，可以大大提高演示文稿的效率和专业性。

4. 研究 WPS 演示中的云服务和在线协作

随着云计算技术的发展，云服务和在线协作已成为职场中的常态。学生可以研究如何在 WPS 演示中使用云服务来存储和共享演示文稿，以及如何与团队成员进行实时协作编辑。了解这些功能不仅可以帮助学生更好地管理演示文稿，还可以提高团队协作的效率。

任务二 自我介绍演示文稿配乐

任务描述

一个精心设计的自我介绍演示文稿不仅能帮助你清晰地传达个人信息,还能通过适当的视觉效果和配乐增强观众的印象。配乐作为演示文稿的背景音乐,能够营造氛围,提升演示的整体效果。本次任务将指导学生如何在WPS演示中插入并设置配乐,使学生的自我介绍更加生动和吸引人。在开始任务之前,请思考以下问题:

(1)你认为在自我介绍中加入配乐有哪些潜在的好处?

(2)你通常在哪些场合下会使用到背景音乐来增强效果?

学习目标

知识目标

1.掌握在WPS演示文稿中插入媒体文件的基本方法,包括音频文件的插入和播放设置。

2.了解不同音频格式在演示文稿中的兼容性和应用场景。

3.熟悉音频文件的编辑功能,如音量调整、淡入淡出效果的设置。

技能目标

1.能够熟练地在自我介绍演示文稿中插入合适的背景音乐,增强演示的氛围感。

2.可以灵活调整音频文件的播放设置,确保音乐与演示内容的同步和协调。

3.能够运用音频编辑功能,优化音乐效果,提升演示文稿的整体质量。

素养目标

1.培养对多媒体元素在演示文稿中应用的敏感度和创新思维。

2.增强对职场演示文稿设计细节的关注,提升专业形象和沟通效果。

3.提升信息化办公的综合素养,能够在不同场合下运用多媒体技术,增强信息传递的效率和吸引力。

知识准备

在现代职场中,演示文稿不仅是展示个人或团队工作成果的重要工具,也是提升个人品牌和职业形象的关键手段。特别是在自我介绍的场合,一个精心设计的演示文稿能够有效地吸引观众的注意力,增强信息的传递效果。WPS演示软件提供了丰富的功能来帮助用户制作出专业且具有吸引力的演示文稿,其中插入媒体文件,如背景音乐,是提升演示文稿感染力的重要手段。

任务 2.1　媒体文件的插入与管理

在 WPS 演示中,插入媒体文件是一个相对简单的过程,但正确的操作和管理对于确保演示文稿的流畅性和专业性至关重要,在演示文稿中插入音频文件操作步骤如下。

选择"插入"选项卡,单击"音频"按钮,在弹出的菜单中选择插入音频方式,如图 4-25 所示。

图 4-25　"插入音频"列表

插入音频后,用户可以在"音频工具"选项卡中调整音频的播放设置,如自动播放、循环播放等,以适应不同的演示需求。此外,管理媒体文件,包括调整音频的播放时间、音量大小以及在演示中的位置,都是确保演示效果的关键步骤,如图 4-26 所示。

图 4-26　"音频工具"选项卡

任务 2.2　音频文件的选择与编辑

选择合适的音频文件是制作成功演示文稿的关键。音频文件不仅需要与演示内容相匹配,还要考虑到观众的感受和演示的环境。例如,在正式的商务场合,选择轻柔的背景音乐可能更为适宜,而在创意展示中,则可以选择更为活泼的音乐。WPS 演示提供了基本的音频编辑功能,如剪辑音频长度、调整音频质量等,这些功能可以帮助用户根据实际需要定制音频文件。此外,了解不同音频格式的特点和适用场景,也是选择和编辑音频文件时的重要知识。

任务 2.3　音频与演示文稿的整合

将音频文件与演示文稿的内容和设计风格有效整合,是提升整体演示效果的关键。这包括确保音频的播放与幻灯片的切换同步,以及音频的音量与演示现场的音响设备相匹配。在 WPS 演示中,用户可以通过设置音频的播放方式和时间点,来实现音频与幻灯片内容的紧密结合。此外,考虑到不同观众和不同场合的需求,用户还需要学会如何灵活调整音频的播放设置,以达到最佳的演示效果。通过这些操作,用户不仅能够制作出具有专业感的演示文稿,还能在职场中展现出自己的专业素养和细致的工作态度。

实施与评价

(1)通过学习,学生应掌握如下能力。

①媒体文件插入技能:学生通过本任务的学习,应能够熟练掌握在 WPS 演示文稿中插入音频文件的方法,包括从本地文件夹选择音频、调整音频播放设置以及管理音频文件的显示。学生应能够独立完成音频文件的插入和播放设置,确保在演示文稿中音频的流畅播放和适当的时间控制。

②创意表达与情感传递:在完成任务的过程中,学生应学会选择合适的背景音乐来增强自我介绍的氛围和情感表达。通过选择与内容相匹配的音乐,学生应能够提升演示文稿的整体效果,使观众在听觉上得到更好的体验。此外,学生还应理解音乐在演示中的作用,学会如何通过音乐来引导观众的情感反应。

③审美与专业素养的提升:本任务还旨在培养学生的审美能力和专业素养。通过学习如何选择和使用音乐,学生应逐步形成对美的感知和判断能力,确保音乐的选择与演示文稿的内容和风格相协调。同时,通过实践操作,学生还应在专业技能和审美素养方面有所提升,学会在演示设计中如何运用音乐来增强专业性和吸引力。

(2)按照"任务单 29"要求完成本任务。

拓展任务

1.探索 WPS 演示中的多媒体互动功能

在完成自我介绍演示文稿配乐的基础上,学生可以进一步探索 WPS 演示中的多媒体互动功能。例如,学习如何插入视频和音频文件,并设置它们的播放方式和触发条件。此外,了解如何使用动画和过渡效果来增强演示的互动性和吸引力。这些技能将帮助学生在未来的职场展示中更加生动和专业。

2.研究 WPS 演示与在线会议工具的集成

随着远程工作和在线会议的普及,了解如何将 WPS 演示文稿与在线会议工具(如 Zoom、Microsoft Teams 等)集成变得尤为重要。学生可以探索如何在 WPS 演示中设置共享屏幕,以及如何通过在线会议工具实时展示和控制演示文稿。这些技能将使学生在远程会议和网络研讨会中更加高效和专业。

3.探索 WPS 演示的移动应用和云服务

随着移动设备的普及,了解如何在移动设备上使用 WPS 演示以及如何利用云服务进行文件同步和备份变得非常重要。学生可以研究 WPS 演示的移动应用功能,学习如何在手机或平板电脑上创建、编辑和展示演示文稿。同时,了解如何使用 WPS 云服务来存储和共享文件,确保在任何设备上都能访问最新的演示文稿。这些技能将帮助学生在移动办公和跨设备协作中更加灵活和高效。

课程思政案例

AVS 标准：音视频技术中的中国声音

　　在数字时代，随着信息技术和多媒体应用的飞速发展，音视频编解码技术成为信息处理与传输中的关键环节。从高清电视、网络视频、视频会议到数字广播，音视频编码标准在这些领域扮演着至关重要的角色。世界范围内的音视频标准长期被少数国际组织和公司垄断，这些标准如 MPEG-2、H.264、H.265 等，控制着全球多媒体产业链的技术核心。这些标准技术成熟、推广广泛，但中国在早期面对音视频编码标准时，长期处于被动的状态，需要高额的专利授权费用。这不仅增加了中国企业的生产和服务成本，也使得国家信息安全在外来技术的控制下，存在一定的隐患。因此，建立自主的音视频标准，成了中国数字化发展战略中的一项重要任务。

　　音视频编解码技术，作为信息传播的核心技术之一，其作用不仅仅是提高音视频的质量与传输效率，更在于它能广泛应用于国防、广播电视、互联网以及移动通信等多个重要领域。国际标准的垄断，意味着中国必须依赖外部技术来推动这些产业的发展，这不仅在经济上带来了沉重的负担，更在技术自主性和信息安全上带来了诸多隐患。随着中国在数字化和信息化领域的不断进步，研发拥有自主知识产权的音视频编解码标准，成了中国打破技术垄断、掌握未来信息传播主导权的迫切需求。

　　在这样的背景下，中国提出了研发自主音视频标准的目标，并于 2002 年启动了 AVS（音视频编解码标准）的制定工作。由中国音视频产业联盟牵头，联合国内多家科研机构、高校和企业，集体攻关。在起步阶段，AVS 团队面临了巨大的困难：一方面，国际主流的编解码标准已经被广泛应用，技术壁垒高、竞争激烈；另一方面，国内在这一领域的基础研究和技术积累相对薄弱，要在短时间内开发出具有竞争力的标准，难度极大。

　　然而，AVS 团队并没有因此退缩，他们通过深入的技术分析与创新，决定从技术路径、应用场景和市场需求三方面入手，制定出既符合国际标准，又能满足中国市场实际需求的编解码技术。与国际标准相比，AVS 在技术上具有高效的压缩性能，同时大幅减少了专利许可费用问题，使得中国企业在推广 AVS 技术时能够极大降低成本。经过多年的努力，AVS 系列标准先后通过了国际标准化组织的认证，成功打破了国际音视频标准的垄断局面。

　　AVS 标准的推出，是中国自主技术创新的一个里程碑。通过这一标准，中国不仅在音视频编解码技术上取得了独立自主的突破，更为重要的是，降低了国内企业在相关领域的技术使用成本，使得中国的广电、网络视频和移动多媒体产业能够快速发展。在全球信息化发展的关键时期，AVS 标准的成功推广，提升了中国在国际音视频产业链中的话语权，推动了中国相关产业的国际竞争力。

　　更为关键的是，AVS 标准的成功不仅是一个技术的突破，更是一种文化自信和技术自主的象征。它让我们看到，中国有能力在高科技领域取得世界级的成就。在国际舞台上，AVS已经在数字电视、网络视频、视频会议等多个领域得到了广泛应用。它为中国赢得了技术创新的荣誉，同时也保护了国家的信息安全。更为重要的是，AVS标准为全球音视频编解码技术的发展提供了一种更加开放、公平的选择，尤其是在新兴市场和发展中国家，AVS成了一种高性价比的替代方案。

回顾AVS的研发历程，可以看到它并非一帆风顺。中国音视频产业联盟的成员们克服了巨大的技术障碍和市场压力，通过不断的技术创新和产业合作，最终为中国乃至全球贡献了一个具有自主知识产权的标准。这不仅是技术上的胜利，也是中国在全球科技竞争中实现战略自主的重要一步。

对于那些有志于投身技术创新和研发的年轻人来说，AVS的成功为我们提供了宝贵的经验和启示。今天，信息技术的发展依然充满着巨大的挑战与机遇，只有不断提高自身的技术创新能力，才能在全球竞争中占据主动地位。未来的世界，将由那些掌握核心技术、勇于创新突破的人引领。AVS的成功故事，正是告诉我们：中国能够在世界科技舞台上赢得自己的位置，而我们每一个有志向的科技工作者，都可以成为这场伟大变革中的一部分。

项目三 锦上添花——放映自我介绍演示文稿

项目描述

小明为了使自我介绍更具有吸引力和互动性,他决定制作一个可以自动播放的演示文稿,并通过设置幻灯片切换效果和排练计时,让演示文稿能够自动播放,最终输出为视频文件,以便更好地展示自己的风采和特点。

通过本项目的学习,学生不仅掌握技术技能,还能够培养出适应未来职场需求的综合素养,如创意思维、项目管理和团队协作能力。这些能力的培养将使学生在职业生涯中更具竞争力,更好地适应行业发展的新趋势。

任务一 自我介绍演示文稿的自动播放

任务描述

自我介绍是建立个人品牌和职业形象的重要环节。通过 WPS 演示设计,我们可以制作出专业且吸引人的自我介绍演示文稿,从而在面试或职业交流中脱颖而出。本次任务将指导学生如何设置幻灯片切换动画、幻灯片的放映、隐藏幻灯片以及排练计时,使学生的自我介绍演示文稿能够自动播放,提升展示的专业度和吸引力。

任务开展前,思考问题:

(1)你认为一个优秀的自我介绍演示文稿应该包含哪些关键元素?

(2)在实际的职场环境中,你如何利用自动播放的自我介绍演示文稿来增强你的职业形象?

学习目标

知识目标

1.掌握在 WPS 演示中设置幻灯片切换动画的方法,理解不同动画效果的应用场景。

2.了解幻灯片放映的基本操作,包括开始放映、暂停放映和结束放映的步骤。

3.熟悉隐藏幻灯片的功能及其在演示中的应用,以及排练计时的设置和使用。

技能目标

1.能够熟练设置幻灯片的切换动画,根据演示内容选择合适的动画效果。

2.可以准确操作幻灯片的放映,确保演示过程的流畅性和专业性。

3.能够有效使用隐藏幻灯片和排练计时功能,优化演示的组织和时间控制。

素养目标

1.培养在演示设计中运用动画和放映技巧的审美意识,提升演示的专业度。

2.增强时间管理和组织能力,通过排练计时确保演示的高效性和准确性。

3.提升在职场中运用 WPS 演示进行自我介绍的能力,展现个人专业素养和沟通技巧。

知识准备

演示文稿已成为沟通和展示个人或团队工作的重要工具。特别是在自我介绍的场合,一个精心设计的演示文稿能够有效地传达个人信息和职业背景,给观众留下深刻印象。WPS演示软件提供了丰富的功能,帮助用户制作出专业且吸引人的演示文稿。

放映演示文稿

任务 1.1 设置幻灯片切换动画

幻灯片切换动画是演示文稿中用于控制幻灯片之间过渡效果的功能。通过设置不同的切换动画,可以增加演示的流畅性和视觉效果,使观众更容易跟随演示者的思路。

演示放映类型
与输出格式

WPS演示中,用户可以选择多种预设的幻灯片切换动画。每一种切换动画都拥有切换选项,可设置动画切入的方向和形状等参数。用户还可以设置幻灯片切换的时间和幻灯片切入时的声音效果,同时可设置切换到下一张幻灯片时的换片方式。

选择"切换"选项卡,单击"切换动画"的下拉按钮,弹出"切换动画"窗格如图 4-27 所示。选择切换效果后可设置幻灯片切换动画,如图 4-28 所示。

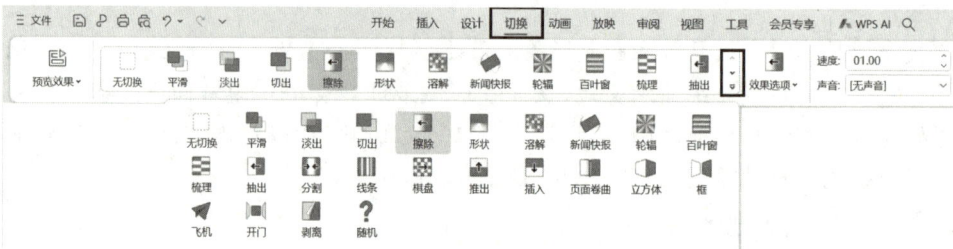

图 4-27 "切换动画"窗格

图 4-28 "切换"选项卡

任务 1.2 幻灯片的放映

幻灯片的放映是演示文稿展示的核心环节。在 WPS 演示中,用户可以通过多种方式启动放映,如从当前幻灯片开始、从第一张幻灯片开始或自定义放映范围。此外,还可以设置放映模式,如全屏模式、窗口模式或观众自行浏览模式。了解和掌握这些放映控制技巧,能够确保你的演示顺利进行,并根据实际情况灵活调整放映方式,如图 4-29 所示。

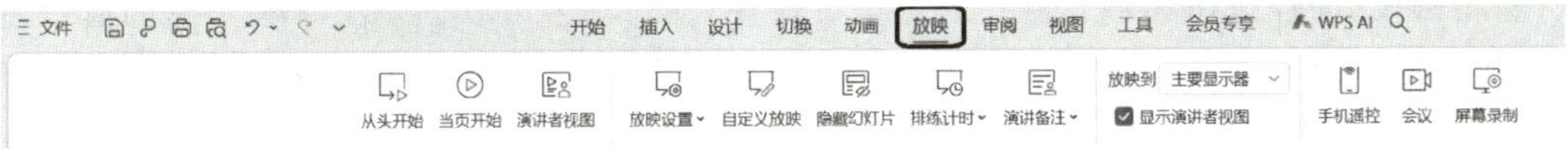

图 4-29 "放映"选项卡

任务 1.3 隐藏幻灯片和排练计时

隐藏幻灯片功能允许用户在放映时不显示某些特定幻灯片,这对于准备备用内容或不想在当前演示中展示的幻灯片非常有用。排练计时功能则帮助用户在正式演示前预先设定和调整每张幻灯片的展示时间,确保整个演示过程紧凑且符合预定时间。在 WPS 演示中,通过实践这些功能,可以提高演示的专业性和效率,使自我介绍更加精准和高效。

实施与评价

(1)通过学习,学生应掌握如下能力。

①幻灯片操作技能:学生通过本任务的学习,应能够熟练掌握 WPS 演示文稿的各项功能,包括幻灯片切换动画的设置、幻灯片的放映控制、隐藏幻灯片的操作以及排练计时的使用。学生应能够独立完成演示文稿的创建、编辑和放映,确保在展示自我介绍时能够流畅、专业地执行这些步骤。此外,学生还应掌握幻灯片内容的布局、动画效果的添加和调整,能够在设计演示文稿时灵活运用这些技能,达到预期的展示效果。

②自我展示与表达能力:在完成任务的过程中,学生应学会如何通过演示文稿有效地展示自己的个人信息和职业背景,提升自我表达的能力。通过精心设计幻灯片内容和动画效果,学生应能够吸引观众的注意力,清晰、有条理地传达自己的信息。这种能力不仅在职场中有重要价值,也是个人素养提升的一部分。

③工作素养的提升:本任务还旨在培养学生对演示文稿设计的专业性和创新性。通过学习如何设计具有吸引力和专业感的演示文稿,学生应逐步形成严谨的工作态度,确保演示内容的准确性和视觉效果的吸引力。同时,通过与同学的交流与合作,学生还应在团队协作和沟通能力方面有所提升,学会在演示文稿设计中如何与他人高效协作。

(2)按照"任务单 31"要求完成本任务。

拓展任务

1.探索 WPS 演示中的高级动画效果

在掌握了基本的幻灯片切换动画后,学生可以进一步探索 WPS 演示中的高级动画效果。例如,学习如何使用路径动画来创建复杂的动画路径,或者如何结合多个动画效果来制作更生动的演示内容。这些高级动画技巧可以显著提升演示文稿的吸引力和专业度,为未来的职场展示增添亮点。

2.研究 WPS 演示的互动元素

为了使演示文稿更加互动和吸引观众,学生可以研究如何在 WPS 演示中添加互动元素,如超链接、动作按钮和触发器。通过学习这些功能,学生可以创建更具参与感的演示,使观众能够通过点击或选择来控制演示的流程。这种互动性不仅能够提高观众的参与度,还能使信息传递更加有效。

3.了解 WPS 演示的云服务功能

随着云计算技术的发展,云服务在文档处理中的应用越来越广泛。学生可以探索 WPS 演示的云服务功能,如在线共享和协作编辑。通过学习如何在云端存储和分享演示文稿,学生可以实现远程协作和实时更新,这对于团队合作和远程工作尤为重要。此外,了解云服务的使用还可以提高文档的安全性和可访问性。

任务二 自我介绍演示文稿的输出

任务描述

本次任务将指导学生如何输出自我介绍的演示文稿,包括打印、制作视频和打包等操作,确保学生的作品在不同场合都能完美呈现。在开始任务之前,请思考以下问题:

(1)你通常在哪些场合需要使用演示文稿进行自我介绍?

(2)你认为一个优秀的自我介绍演示文稿应包含哪些关键元素?

学习目标

知识目标

1.掌握 WPS 演示文稿的打印设置,包括页面布局、打印范围和打印选项的配置。

2.了解并熟练掌握使用 WPS 演示制作视频的基本步骤,包括视频格式选择、导出设置等。

3.熟悉演示文稿的打包操作,包括文件压缩、路径设置和安全性选项。

技能目标

1.能够根据需求准确设置演示文稿的打印参数,确保打印输出的质量和格式符合要求。

2.可以独立完成演示文稿到视频的转换,熟练操作视频制作工具,优化视频内容和效果。

3.能够高效地执行演示文稿的打包操作,确保文件的安全传输和存储。

素养目标

1.培养对演示文稿输出质量的关注,提升在职场中的专业形象和沟通效率。

2.增强视频制作和多媒体应用的能力,适应现代职场对多媒体技能的需求。

3.提升文件管理和安全意识,能够在职场中独立处理文件的打包和传输问题。

🔊 知识准备

任务 2.1　打印演示文稿

在完成自我介绍演示文稿的设计后,打印输出是常见的展示方式之一。打印演示文稿包括设置打印选项、选择打印范围和调整页面布局,这些设置可以确保打印出的文稿既美观又专业,如图 4-30 所示。

图 4-30　"打印设置"窗格

任务 2.2　制作视频

随着数字媒体的发展,将演示文稿转化为视频格式已成为一种流行的分享方式。WPS 演示支持将文稿导出为视频文件,这一功能使得演示内容可以更方便地在各种设备上播放,扩大了其传播范围。制作视频时,需要注意选择合适的分辨率、添加过渡效果和背景音乐,以及确保视频的流畅性和专业性。单击"文件"→"另存为"→"输出为视频"按钮,弹出"另存为"对话框,输入文件名称即可将演示文稿输出为视频。

任务 2.3　打包演示文稿

为了确保演示文稿在不同设备上的兼容性和安全性,打包演示文稿是一个不可或缺的步骤。WPS 演示的打包功能可以将所有相关的文件,包括图片、视频和字体等,打包成一个可执行文件或压缩包,便于传输和存储。在进行打包操作时,应确保所有链接的媒体文件都被正确包含,并且设置好密码保护,以防未经授权的访问。单击"文件"→"文件打包"按钮,可选择"将演示文稿打包成文件"或"将演示文稿打包成压缩文件"。

通过掌握这些输出技巧,学生不仅能够有效地展示自我介绍演示文稿,还能展现出更高的专业素养和技术能力。

实施与评价

(1)通过学习,学生应掌握如下能力。

①演示文稿输出技能:学生通过本任务的学习,应能够熟练掌握WPS演示文稿的打印设置,包括页面布局、打印范围的选择以及打印预览的使用。学生应能够独立完成演示文稿的打印输出,确保在打印过程中能够准确、高效地执行这些步骤。此外,学生还应掌握制作演示文稿视频的技能,包括视频格式的选择、视频编辑和导出操作,能够在制作视频时灵活运用这些技能,达到预期的展示效果。

②项目管理与资源整合:在完成任务的过程中,学生应学会合理安排演示文稿的输出时间,确保在规定时间内高质量地完成任务。通过反复练习,学生应能够提高操作效率,减少因不熟悉操作而浪费的时间。学会定期保存和备份演示文稿,避免因意外情况导致的工作内容丢失,这也是项目管理和资源整合的一部分。

③职业素养的提升:本任务还旨在培养学生对演示文稿输出的专业性和创新性。通过学习如何准确操作演示文稿输出工具,学生应逐步形成严谨的工作态度,确保演示文稿输出的质量和效果。同时,通过与同学的交流与合作,学生还应在团队协作和沟通能力方面有所提升,学会在演示文稿输出中如何与他人高效协作,共同提升职业素养。

(2)按照"任务单31"要求完成本任务。

拓展任务

1. 探索WPS演示文稿的交互式功能

随着技术的发展,交互式演示文稿越来越受到欢迎。学生可以尝试在WPS演示中添加交互元素,如超链接、动作按钮和触发器,使演示文稿更加生动和互动。通过这种方式,不仅可以提高观众的参与度,还能在未来的职场展示中脱颖而出。

2. 研究WPS演示文稿的云服务应用

云服务为文档的存储和分享提供了极大的便利。学生可以研究如何利用WPS的云服务功能,实现演示文稿的在线存储、实时同步和远程访问。了解这些功能不仅有助于提高工作效率,还能在团队协作中发挥重要作用,尤其是在远程工作和多地点协作的场景下。

3. 制作个性化演示文稿模板

为了提高演示文稿的专业度和个性化,学生可以尝试制作自己的演示文稿模板。这包括设计独特的背景、选择合适的字体和颜色方案,以及创建统一的图标和图形元素。通过制作模板,学生不仅能够提升自己的设计能力,还能在未来的工作中快速制作出高质量的演示文稿。

4. 利用WPS演示文稿进行虚拟会议展示

随着远程工作的普及,虚拟会议成为职场沟通的重要方式。学生可以研究如何使用WPS演示文稿进行在线会议的展示,包括设置远程演示、共享屏幕和实时互动。掌握这些技能将有助于学生在未来的职场中更好地进行远程沟通和协作。

课程思政案例

多语言支持与文化输出：技术与文化的双向互动

在全球化的背景下，语言的桥梁作用显得愈发重要。信息的交流和文化的传播已不仅局限于单一语言体系，多语言支持逐渐成了国际交流中不可或缺的工具。尤其在信息技术领域，支持多语言不仅是技术发展的一个方向，更是全球合作、文化输出的重要渠道。然而，在信息技术崛起的初期，全球大多数科技产品和平台的语言支持仍然以英语为主，中文及其他非拉丁字母体系的语言在技术上的支持面临诸多挑战。这种情况在一定程度上阻碍了中国文化的全球传播和技术出口。因此，解决多语言支持问题成了中国技术发展的重要课题之一。

多语言技术的应用，涵盖了从软件界面到内容翻译、从语音识别到文本处理等各个方面。它是各类国际化软件、平台实现全球覆盖的关键所在。举例来说，全球知名的操作系统、办公软件、社交平台等，均需具备多语言支持，才能真正服务于不同文化背景的用户。这一技术的重要性不仅体现在技术的广泛适用性上，更是各国文化交流与理解的重要基础。多语言技术的优劣，直接影响到国家的文化输出力度和国际影响力。因此，掌握多语言技术，不仅关乎企业的国际化进程，更是国家软实力的重要组成部分。

中国作为一个文化悠久、人口众多的国家，其丰富的文化和强大的消费市场无疑需要全球信息技术领域的多语言支持。然而，由于中文的复杂性以及与西方语言体系的差异性，中国在信息技术全球化初期面临诸多语言障碍。尤其是在早期的互联网和计算机时代，中文字符集、编码格式等方面的标准尚未完全确立，中国用户在使用国际化软件时面临界面不友好、语言无法正确显示等困境。这种技术壁垒不仅制约了中国在全球技术领域的竞争力，也削弱了中国文化的国际传播力。

面对这些挑战，一些中国科技公司率先投入多语言技术的研究与开发，试图打破这一局面。作为行业先驱，百度、阿里巴巴等科技巨头在推动中文互联网环境的优化上取得了重要突破。以百度翻译为例，百度凭借其在自然语言处理（NLP）领域的技术优势，开发了支持多种语言的翻译系统。百度通过 AI 算法与大数据相结合，优化了中文与世界各大语言之间的翻译精度和速度，使得中文在全球化的信息交流中不再处于劣势。与此同时，阿里巴巴通过旗下的 YeeKit 等平台，进一步深化了跨语言的商务沟通解决方案，助力中国企业的国际化拓展。

这些企业在多语言技术开发中，面对的困难不仅是技术上的复杂性，更是文化理解与融合的挑战。在中文与其他语言的转换过程中，如何既保持语义的准确性，又能传递出深层的文化内涵，成为技术难题的一部分。尤其是在涉及一些专业术语和本土文化元素时，翻译的标准化和个性化需求如何平衡，是企业在技术研发中必须反复考量的问题。为了攻克这些难题，企业不但要在 AI 技术上不断创新，还要广泛调研全球不同语言用户的需求，进行持续优化。

　　百度和阿里巴巴通过技术创新和持续优化，不仅成功提升了中文信息处理的效率，还为中国文化的全球传播奠定了坚实基础。今天，通过这些技术，中国的文化内容、商品、信息可以通过互联网平台以不同语言展现在全球用户面前。与此同时，全球用户也能够通过多语言支持的技术平台，便捷地接触和理解中国文化、了解中国故事。这不仅提升了中国在全球信息化进程中的话语权，也促进了中国与世界其他国家的文化交流与理解。

　　对于中国来说，多语言支持的技术突破不仅是科技领域的成功，更是文化输出和国家软实力提升的重要一步。中国企业通过多语言技术，将自身的产品、文化与全球市场紧密连接，打破了过去语言障碍对文化传播的束缚，进一步提升了中国文化在国际舞台上的影响力。更为重要的是，这一技术突破向全球展示了中国在信息技术领域的自主创新能力，树立了中国作为全球数字化发展的重要参与者和推动者的形象。

　　未来，随着全球化的进一步加深，掌握和应用多语言支持技术的人才需求也将越来越大。对于有志于在技术和文化领域取得突破的年轻人来说，多语言技术的发展正为他们提供了广阔的舞台。无论是语言技术的研究、产品的开发，还是文化输出的创新，都为未来的科技人才提供了无限可能。通过不断探索和突破，他们将不仅推动技术进步，还将在跨文化的沟通与合作中为世界带来更多中国声音。

模块五
职场进阶——使用 WPS Office APP

项目一　惜时如金——制作会议通知

项目描述

在当今快节奏的工作环境中,高效的沟通与协作成了职场成功的关键。随着移动办公的普及和技术的不断进步,使用智能手机和平板电脑处理日常工作任务已成为常态。WPS Office APP 作为一款功能强大的移动办公软件,能够帮助用户随时随地进行文档编辑、演示制作和表格处理,极大地提高了工作效率。

本项目"惜时如金-制作会议通知"旨在教授学习者如何利用 WPS Office APP 快速准确地制作专业的会议通知。在当前的社会背景下,远程工作和分散式团队协作越来越普遍,有效的会议通知不仅能够确保信息的准确传达,还能提升团队的工作效率和协作精神。通过本项目的学习,学习者将掌握如何在移动设备上高效地完成文档编辑和格式调整,以及如何利用 WPS Office APP 的云服务功能实现文件的即时共享和协作编辑。

此外,本项目还强调了实际职业环境中的应用,使学习者能够将所学技能直接应用于日常工作中,跟上行业发展的步伐。通过模拟真实的职场场景,学习者不仅能够提升自己的技术能力,还能增强时间管理和项目协调的能力,这对于职业发展具有深远的意义。通过参与本项目,学习者将更加自信地应对职场挑战,增强职业竞争力。

任务一　编辑会议通知文件

任务描述

在现代职场中,时间管理是提升工作效率的关键。会议通知作为协调团队活动的重要工具,其制作和传达的效率直接影响会议的准备和执行。使用 WPS Office APP 进行会议通知的编辑,不仅可以提高文件制作的便捷性,还能确保信息的准确无误和及时传达。任务开展前,思考问题:

(1)在日常工作中,你通常如何制作和发送会议通知?

(2)你认为使用手机端 WPS 文字处理应用在编辑会议通知时有哪些优势?

学习目标

知识目标

1.掌握 WPS Office APP 中文字处理的基本功能,包括文本编辑、格式设置和页面布局。

2.了解并熟练掌握在手机端新建、编辑、保存和分享会议通知文档的操作流程。

3.熟悉会议通知文档中常用的文本格式设置,如字体、大小、颜色和对齐方式。

技能目标

1.能够准确操作 WPS Office APP 的文字处理功能,熟练执行新建、编辑、保存和分享会议通知文档等操作。

2.可以快速设置文本格式,确保会议通知内容的清晰和专业性。

3.能够高效地使用 WPS Office APP 进行文档的分享和协作,优化工作流程。

素养目标

1.能够正确理解并运用 WPS Office APP 的文字处理功能,养成高效的工作习惯。

2.培养细致、严谨的文档编辑态度,增强在职场中的沟通和协调能力。

3.提升移动办公的素养,能够适应多变的职场环境,独立完成会议通知的制作和分发任务。

知识准备

在现代职场中,高效地使用移动办公工具已成为提升工作效率的关键。特别是在快节奏的工作环境中,如制作会议通知这类任务,手机端 WPS Office APP 的应用显得尤为重要。它不仅提供了便捷的文档编辑功能,还能确保信息的及时传达和准确性。

任务 1.1　创建新文档

打开 WPS Office APP,找到主界面(通常称为“首页”),点击右下角的“＋”号圆形图标。在弹出的菜单中,选择“新建 office 文档”、“文字”,点击后选择“＋空白文档”,WPS Office 将为用户创建一个空白文档,此时即可开始文字处理,如图 5-1 所示。

任务 1.2　工作区布局

工具栏:通常位于屏幕底部,包含常用的编辑工具,如开始(包括字体类型、大小、颜色、对齐方式、缩进、行间距等)、文件(包括保存、另存为、输出为 PDF、分享等)、插入(如图片、图标、表格、文本框等)等功能。用户可以通过点击这些工具进行快速编辑和格式设置。

编辑区域:位于屏幕上方,是用户输入和编辑文字的主要区域。用户可以在此区域内输入文字、插入图片、表格等内容,并进行文字排版和格式调整。

工作区布局如图 5-2 所示。

任务 1.3　文档的保存与分享

手机端 WPS Office APP 提供了多种保存和分享方式,如通过邮件、云存储服务或直接分享到社交媒体等。这些功能的使用不仅方便了文档的管理,也确保了文件能够及时准确地传达给所有相关人员。熟练掌握这些操作,对于提升职场工作效率和确保信息传递的准确性至关重要。手机端 WPS 文档分享如图 5-3 所示。

图 5-1　WPS Office APP 创建新文档

图 5-2　WPS Office APP 工作区布局

图 5-3　WPS Office APP 文档保存与分享

实施与评价

(1)通过学习,学生应掌握如下能力。

①文档操作技能:学生通过本任务的学习,应能够熟练掌握 WPS 文档手机端工作界面的各项功能,包括菜单栏、工具栏的使用,以及文档窗口的管理。学生应能够独立完成文档的新建、保存、打开和关闭操作,确保在创建和管理文档时能够准确、高效地执行这些基本步骤。此外,学生还应掌握文本的选择、插入、删除、复制、剪切和粘贴操作,能够在编辑文档内容时灵活运用这些技能,达到预期的排版效果。

②时间管理与效率提升:在完成任务的过程中,学生应学会合理安排编辑文档的时间,确保在规定时间内高质量地完成任务。通过反复练习,学生应能够提高操作效率,减少因不熟悉操作而浪费的时间。学会定期保存文档内容,避免因意外情况导致的工作内容丢失,这也是时间管理和工作效率提升的一部分。

③工作素养的提升:本任务还旨在培养学生对细节的关注和对任务的责任心。通过学习如何准确操作文档界面和编辑工具,学生应逐步形成严谨的工作态度,确保文档内容的准确性和排版的规范性。同时,通过与同学的交流与合作,学生还应在团队协作和沟通能力方面有所提升,学会在文档编辑中如何与他人高效协作。

(2)按照"任务单 33"要求完成本任务。

拓展任务

1.探索 WPS Office APP 的云服务功能

在熟悉了手机端 WPS 文字处理的基本应用后,学生可以进一步探索 WPS Office APP 的云服务功能。例如,学习如何将文档保存到云端,实现跨设备同步和访问,以及如何利用云服务进行文档的备份和恢复。这些功能不仅提高了文档的可访问性和安全性,也为远程工作和多设备操作提供了便利。

2.研究移动端文档的实时共享与协作

随着移动办公的普及,实时共享和协作编辑在移动端也变得尤为重要。学生可以通过学习如何在 WPS Office APP 中发起文档共享,邀请他人实时编辑,以及如何查看和处理他人的编辑建议。这些技能在团队协作和远程会议中非常实用,能够提高工作效率和协作质量。

3.了解 WPS Office APP 的 AI 辅助功能

人工智能技术在办公软件中的应用日益广泛,WPS Office APP 也引入了多项 AI 辅助功能。学生可以探索如何利用 AI 功能进行文档的智能排版、内容校对和数据分析。例如,学习如何使用 AI 助手进行文档内容的自动摘要,或者如何利用 AI 进行文档中的错别字和语法错误的检测。这些先进技术的应用将极大提升文档处理的效率和质量。

课程思政案例

数字签名技术在文档中的应用：保障信息安全的关键利器

在数字化时代，随着信息的爆炸式增长和网络通信的日益普及，文档的电子化管理逐渐成为企业和机构的核心业务之一。然而，随之而来的信息泄露、篡改和伪造问题日益凸显。如何在网络环境中确保电子文档的真实性、完整性和不可否认性，成了信息安全的关键问题。数字签名技术应运而生，为文档的合法性和可靠性提供了技术保障。它不仅是网络安全的基石之一，还在保护文档安全性上扮演着不可替代的角色。

数字签名技术的核心在于通过加密算法生成文档的唯一标识，类似于传统的手写签名和印章，但在功能上更为强大。数字签名不仅能够验证签署人的身份，还可以确保文档在传输和存储过程中没有被篡改。随着电子商务、在线合同签署、政府文件电子化等业务的广泛开展，数字签名已经成了确保文档合法性的必备工具。尤其是在跨国文件流通和合同交易中，数字签名的有效性使得远程文档签署得以安全、便捷地进行。

尽管数字签名在全球范围内的应用已经取得了显著的成效，但中国在这一领域面临的挑战却不容忽视。与国际主流的加密算法体系相比，早期中国的数字签名技术更多依赖于国外标准，尤其是在高端加密算法和认证体系方面，国内相关领域的自主创新较为薄弱。这不仅带来了信息安全的潜在隐患，也限制了我国在国际数字签名标准上的话语权。正因为如此，如何建立自主可控的数字签名体系，成了中国信息安全领域亟待解决的问题。

面对这一挑战，中国的科研机构和企业迅速展开了行动。其中，国家密码管理局牵头制定了中国自主的数字签名标准，基于 SM 系列密码算法，推出了国家商用密码标准体系。该体系不仅在加密强度和安全性上达到了国际先进水平，还大大提高了国有数据的自主可控性。与此同时，国内的多家高科技企业也投入到数字签名技术的研发中，例如 360 安全、中科曙光等企业，突破了核心算法的技术壁垒，开发出了具备自主知识产权的数字签名平台和产品。

在这一过程中，技术团队不仅面临着复杂的算法设计难题，还要应对数字签名在实际应用中的普及问题。为了确保技术的广泛应用，这些企业与政府部门、金融机构和法律部门合作，逐步推广了数字签名技术在电子政务、电子商务、金融合同等领域的应用。尤其是在政府文件的电子化过程中，数字签名技术得到了大规模的推广和应用，有效保障了文件的安全性和合法性。

随着中国自主数字签名技术体系的建立与完善，数字签名已经在多个领域取得了广泛应用。以电子商务为例，越来越多的企业通过数字签名来确保在线合同签署的有效性和不可抵赖性。同时，金融机构也逐渐引入数字签名技术，用于客户身份验证和文件审核，降低了风险和操作成本。这些应用不仅提高了工作效率，还极大地增强了用户和企业对信息安全的信心。

　　数字签名技术的发展,标志着中国信息安全领域的一次重大突破。这不仅仅是技术上的进步,更是我国在全球信息安全领域提升话语权的体现。通过建立自主可控的数字签名体系,中国实现了对敏感信息的全面保护,减少了对国外技术的依赖,增强了国家安全的保障。未来,随着数字签名技术的不断成熟,它将在更多的行业中发挥重要作用,为国家的信息安全战略提供坚实的支撑。

　　对于有志于信息安全领域的年轻人来说,数字签名技术的发展历程是一个值得深入研究的典范。它不仅展示了技术创新的重要性,也强调了自主研发和突破核心技术的必要性。在这一过程中,无论是算法的设计、应用场景的拓展,还是与实际需求的结合,都为技术人才提供了广阔的探索空间。未来的挑战和机遇并存,期待更多的创新者能够在这个领域中脱颖而出,为国家的信息安全事业贡献自己的力量。

项目二 量体裁衣——制作招聘费用预算表

在当前快速变化的职场环境中,企业对于成本控制和效率提升的需求日益增长,特别是在人力资源管理领域,招聘费用的合理预算和管理成为企业关注的焦点。随着移动办公技术的普及,使用 WPS Office APP 进行招聘费用预算表的制作,不仅能够提高工作效率,还能确保数据的实时更新和准确性。

通过本项目的学习,学员将掌握如何利用 WPS Office APP 高效地制作和维护招聘费用预算表,这一技能直接对应职场中的实际需求,有助于学员在未来的职业生涯中更好地适应和应对企业的财务管理挑战。此外,项目还将培养学员的数据分析能力和成本意识,这些都是现代职场中不可或缺的核心竞争力。

本项目的设计紧密结合实际工作场景,通过模拟真实的招聘预算编制过程,使学员能够在实践中学习和应用知识,增强解决实际问题的能力。这种学习方式不仅能够提升学员的职业技能,还能够激发他们对未来职业发展的积极思考和规划,从而更好地跟上行业发展的步伐。

任务一 创建招聘费用预算表

任务描述

在现代职场中,无论是大型企业还是初创公司,招聘新员工都是一项重要的活动。招聘过程中涉及的费用管理尤为关键,它不仅关系到成本控制,还直接影响招聘效率和质量。使用 WPS Office APP 中的表格处理功能,可以高效地创建和管理招聘费用预算表,确保每一笔费用的合理性和透明度。在开始创建招聘费用预算表之前,请思考以下问题:

(1)在以往的招聘活动中,你是如何记录和管理招聘费用的?

(2)你认为使用手机端 WPS 表格处理功能,能如何优化你的招聘费用管理流程?

学习目标

知识目标

1.掌握 WPS Office APP 中表格处理的基本功能,包括单元格编辑、格式设置、公式应用等。

2.了解并熟练掌握在手机端创建、编辑和保存表格文件的操作流程。

3.熟悉手机端 WPS 表格的分享和协作,优化工作流程基本操作。

技能目标

1.能够准确操作 WPS Office APP 中的表格功能,熟练执行新建、编辑、保存和分享表格等操作。

2.可以快速输入数据、应用公式进行计算,确保表格数据的准确性和完整性。

3.能够高效地使用手机端 WPS 表格进行表格的分享和协作,优化工作流程。

素养目标

1.能够正确理解并运用 WPS Office APP 中的表格处理功能,养成规范化的数据管理习惯。

2.培养细致、严谨的数据处理态度,增强在职场中的数据分析能力。

3.提升信息化办公的素养,能够独立完成常见的表格制作任务,并适应现代办公需求。

知识准备

在现代职场中,熟练掌握移动办公工具已成为提升工作效率的关键技能。特别是在人力资源管理领域,招聘费用预算表的制作是确保招聘活动顺利进行的重要环节。WPS Office APP 作为一款功能强大的移动办公软件,其在手机端表格处理的应用尤为重要。通过 WPS Office APP,用户可以随时随地创建、编辑和管理招聘费用预算表,极大地提高了工作的灵活性和效率。

任务 1.1　打开 WPS 并创建表格

点击首页的"＋"图标,选择"新建 office 文档"、"表格",点击"＋空白表格",即可开始创建新的表格,如图 5-4 所示。如果需要打开已有的表格,可以在首页或云文档界面中找到并打开。

任务 1.2　表格处理的基本功能

输入文字和数字:点击单元格即可开始输入文字或数字,输入完成后,可以通过点击其他单元格或保存按钮来确认输入。

设置字体样式和颜色:选中需要设置样式的单元格或文本,点击编辑界面下方的工具栏,选择字体样式(如加粗、斜体)、字体颜色等选项进行设置,如图 5-5 所示。

合并单元格:选中需要合并的单元格区域。点击工具栏中的"合并单元格"按钮,即可将选中的单元格合并为一个。

设置边框和填充颜色:选中需要设置边框或填充颜色的单元格或区域,点击工具栏中的"边框"或"填充颜色"按钮,选择合适的边框样式或填充颜色进行设置,如图 5-6 所示。

调整行高和列宽:通过拖动行号或列标右侧的边框线,可以调整行高或列宽,也可以点击工具栏中的"调整大小"按钮,输入具体的数值进行调整。

插入公式或函数:选中需要插入公式或函数的单元格,点击工具栏中的"插入"菜单,选择合适的函数进行插入,选择需要的函数,输入所需的参数,确认后即可得到计算结果,如图 5-7 所示。常用的公式和函数包括 SUM 函数:用于计算一列或一行数字的总和;AVERAGE 函数:用于计算一组数字的平均值;MAX 和 MIN 函数:分别用于找出最大值和最小值。

图 5-4　WPS Office APP 创建表格

图 5-5　WPS Office APP 设置字体样式

图 5-6　WPS Office APP 设置边框

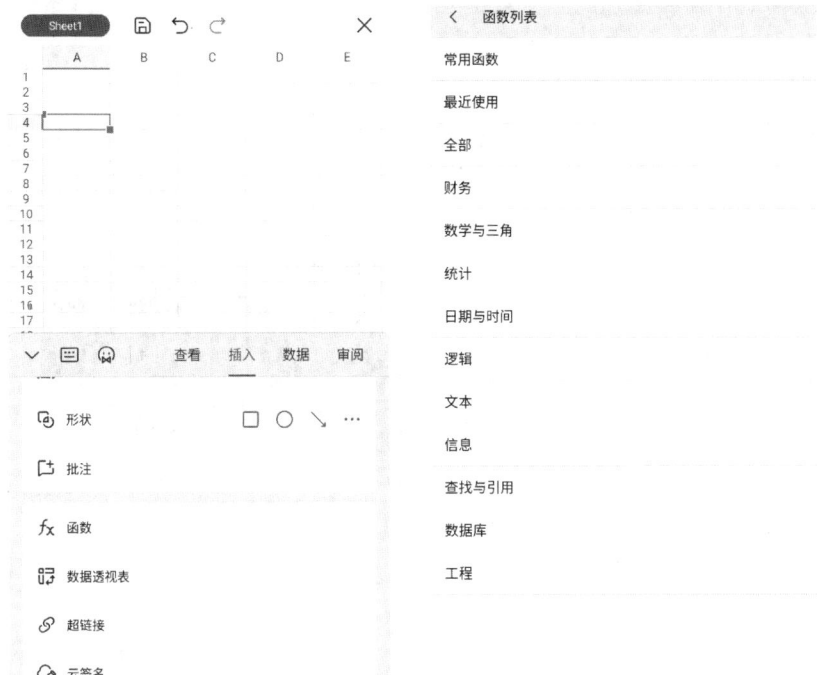

图 5-7　WPS Office APP 插入函数

排序功能：选中需要排序的列或行。点击工具栏中的"数据"菜单，选择合适的排序方式（如升序、降序）进行排序，如图 5-8 所示。

图 5-8　WPS Office APP 排序与筛选

筛选功能:选中需要筛选的列。点击工具栏中的"筛选"按钮,设置筛选条件进行筛选。

任务1.3 数据的保存与分享

编辑完成后,点击工具栏中的"文件"按钮,选择"另存为",可将表格保存到手机本地或云端。另外,点击工具栏中的"分享"按钮,选择分享方式(如邮件、云存储等),可将表格分享给家人或同事,如图5-9所示。

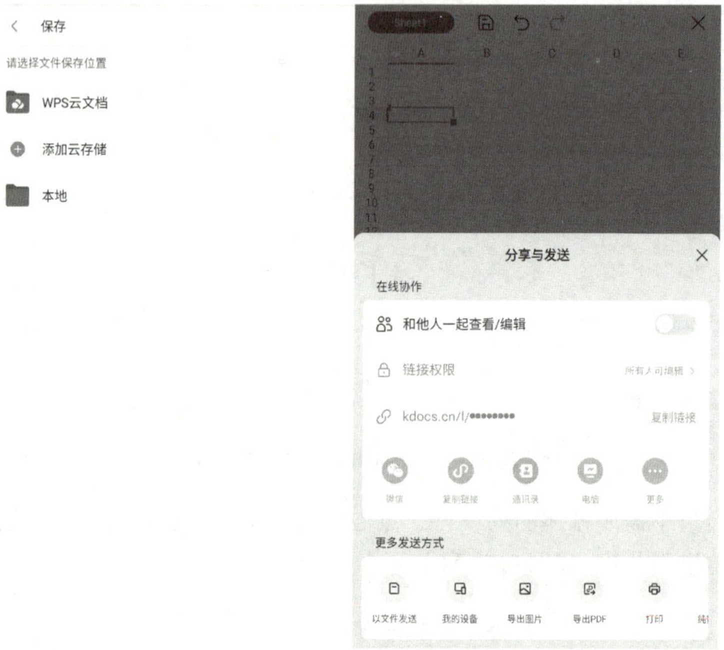

图5-9 WPS Office APP 保存与分享文件

通过以上三个子任务的学习,用户不仅能够掌握 WPS Office APP 在手机端表格处理的基本应用,还能够高效地创建和管理招聘费用预算表,为职场进阶打下坚实的基础。

实施与评价

(1)通过学习,学生应掌握如下能力。

①表格处理技能:学生通过本任务的学习,应能够熟练掌握 WPS 表格在手机端的基本操作,包括单元格的选择、编辑、格式设置以及数据输入。学生应能够独立完成招聘费用预算表的创建和编辑,确保在处理数据时能够准确、高效地执行这些基本步骤。此外,学生还应掌握公式的使用、数据排序和筛选等高级功能,能够在预算表中灵活运用这些技能,达到预期的数据分析效果。

②财务意识与预算管理:在完成任务的过程中,学生应学会如何根据实际招聘需求合理编制预算,确保预算的合理性和实用性。通过反复练习,学生应能够提高对财务数据的敏感度,减少因预算编制不当而导致的资源浪费。学会定期审查和调整预算表,避免因市场变化或内部调整导致预算失效,这也是财务管理和预算控制的一部分。

③职业素养的提升:本任务还旨在培养学生对财务数据的严谨态度和对预算编制的责任心。通过学习如何准确处理表格数据和编制预算,学生应逐步形成严谨的职业态度,确保预算表的准确性和实用性。同时,通过与同学的交流与合作,学生还应在团队协作和沟通能力方面有所提升,学会在预算编制中如何与他人高效协作,共同完成招聘费用预算的编制工作。

(2)按照"任务单34"要求完成本任务。

拓展任务

1.探索 WPS 表格的移动端高级功能

在熟悉了 WPS 表格的基本操作之后,学生可以尝试探索移动端 WPS 表格的高级功能。例如,学习如何使用"数据透视表"来分析和汇总大量数据,或者如何利用"条件格式"来突出显示关键数据。这些高级功能将帮助学生更有效地处理和分析数据,为职场中的数据管理提供更多可能性。

2.研究移动端 WPS 表格的云同步与协作

随着移动办公的普及,云同步和协作功能变得越来越重要。学生可以研究如何在移动端 WPS 表格中实现文档的云同步,确保在不同设备间无缝切换工作。同时,了解如何邀请他人协作编辑表格,并实时查看他人的编辑内容。这些技能在团队合作和远程工作中尤为实用,能够提高工作效率和团队协作的灵活性。

3.探索 WPS 表格与人工智能的结合应用

人工智能技术的发展为办公软件带来了新的可能性。学生可以探索 WPS 表格如何结合人工智能技术,例如学习如何使用 AI 助手来辅助数据分析,或者如何利用机器学习算法来预测数据趋势。这些新颖的应用将帮助学生了解先进技术在办公软件中的实际应用,为未来的职场发展提供新的视角和工具。

课程思政案例

远程教育与智能办公的融合:开启教育与办公的新纪元

在信息化与数字化迅速发展的背景下,教育和办公的方式正在经历深刻变革。远程教育作为打破时间和空间限制的教育模式,自互联网普及以来便展现出巨大的潜力,而智能办公的出现则进一步推动了工作方式的变革。将这两种技术进行深度融合,不仅能够提高学习效率,还可以提升办公生产力,为现代社会提供了更灵活、更高效的工作与学习方式。然而,技术的发展并非一帆风顺,尤其是对中国这样的发展中大国而言,在这一领域的突破与应用面临诸多挑战。

远程教育的重要性愈发明显,它让偏远地区的学生能够接触到优质的教育资源,弥合了教育鸿沟。在全球范围内,远程教育为无数无法到校学习的学生提供了学习机会,而智能办公则通过数字化工具让企业在全球化背景下打破了地理障碍,员工可以跨地域协作,灵活处理工作任务。这两者的融合,可以说是未来工作和学习方式的关键一环。它不仅赋予了学习与办公更多的便捷性和灵活性,还让资源的共享与管理更为高效。然而,推动这一融合的过程中,中国曾面对技术和应用的双重挑战。

首先是远程教育与智能办公的基础设施建设问题。尽管中国的互联网基础设施已经有了显著改善,但在很多偏远地区,网络信号覆盖仍不够完善,智能办公设备普及率较低,导致远程教育和智能办公的推广受到限制。此外,远程教育平台与智能办公系统的协同运作也存在一定技术难题,数据传输速度、资源共享的便利性,以及用户操作体验等问题亟待优化。中国企业需要在这一领域持续投入研发和技术攻关,以实现更流畅、更智能的教育和办公体验。

在这一背景下,诸多中国企业和技术团队开始积极探索解决方案。其中,华为在"云＋AI"技术的支持下,为远程教育与智能办公的融合提供了有力支持。华为推出了基于云计算的"智慧教育"解决方案,通过云端储存与实时数据同步功能,让教育资源可以在各类终端设备上实现无缝对接。学生不仅可以通过华为云课堂参与远程课程,还可以使用智能办公平台进行作业提交、文档协作和课后讨论。而这一系统的高效性体现在它能够与办公环境无缝对接,教师、学生和学校管理人员可以通过智能平台进行远程协作,实时跟进教育进度。这一平台的推出,使得教育与办公的深度融合成为现实,推动了教育形式和办公模式的革新。

华为面临的另一个挑战来自数据安全与隐私保护。随着远程教育与智能办公数据量的增加,平台的安全性成为不可忽视的问题。针对这一挑战,华为引入了自研的安全技术和数据加密手段,确保用户数据在传输和存储过程中的安全性,解决了远程办公与教育中的隐私保护问题。同时,基于AI的智能办公系统能够实现资源的智能调配和管理,减轻用户的学习和工作负担,大大提高了效率。

通过技术突破和平台优化,华为成功为中国乃至全球用户提供了稳定、安全且高效的远程教育与智能办公解决方案。这一成就不仅表现在技术层面,更为中国的教育和办公生态带来了质的提升。疫情期间,远程教育和智能办公系统成了社会正常运作的重要支撑,华为的创新让大量学校和企业得以迅速应对突发挑战,维持正常的运作秩序。这一创新举措不仅提升了华为在全球科技企业中的地位,也为中国在全球教育与办公领域树立了新的标杆。

远程教育与智能办公的融合,为国家在多个领域带来了深远影响。首先,它有效弥合了区域发展的差距,使得优质资源能够更加公平地分配,促进了社会的和谐发展。其次,智能办公技术的引入,为企业带来了更高效的管理模式和更灵活的工作安排,推动了中国企业的全球化进程。更为重要的是,这一技术突破展示了中国在信息化和智能化领域的自主创新能力,为中国在全球数字经济中的崛起奠定了坚实基础。

面对这样的技术机遇和挑战,年轻人无疑是这一创新潮流中的重要力量。未来的教育与办公方式将依赖于科技的不断进步,推动更多智慧化解决方案的落地。对于那些有志投身于科技创新的年轻人来说,远程教育与智能办公的融合不仅是一个值得探索的领域,更是通过技术改变社会、改善生活的机会。借助自己的努力和智慧,他们可以成为这一领域的推动者,为国家的科技进步贡献力量,也为自己开创一个充满创新和挑战的未来。

项目三　与有荣焉——制作公司宣传演示文稿

项目描述

在当今数字化快速发展的时代,企业宣传已成为企业形象塑造和市场竞争的关键环节。随着移动互联网的普及,使用 WPS Office APP 制作公司宣传演示文稿不仅成了一种趋势,也是职场人士必备的技能之一。该项目旨在教授学习者如何利用 WPS Office APP 高效地制作具有吸引力和专业性的演示文稿,以适应现代职场的需求。

通过本项目的学习,学习者将掌握如何结合最新的设计理念和技术工具,制作出能够有效传达公司文化和业务优势的演示文稿。这不仅能够提升个人在职场中的竞争力,还能够帮助企业更好地在市场中展示自己的品牌形象,抓住潜在的商业机会。

此外,项目强调实际操作和案例分析,使学习者能够在模拟的职业环境中实践所学知识,增强解决实际问题的能力。这种与实际职业环境紧密结合的学习方式,将极大地增强学习者的参与感和动力,帮助他们更好地跟上行业发展的步伐,为未来的职业发展打下坚实的基础。

任务一　创建公司宣传演示文稿

任务描述

在现代职场中,公司宣传演示文稿是展示企业形象、产品和服务的重要工具。通过手机端 WPS 演示设计,员工可以随时随地创建和编辑演示文稿,确保信息的及时传达和专业呈现。本次任务将引导你使用 WPS Office APP 在手机上创建一份公司宣传演示文稿,展示公司的核心价值和市场优势。任务开展前,思考问题:

(1)你认为一个优秀的公司宣传演示文稿应包含哪些关键元素?

(2)在手机端使用 WPS Office APP 制作演示文稿时,你可能会遇到哪些挑战?

学 习 目 标

知识目标

1.掌握 WPS Office APP 中演示文稿的创建流程,包括模板选择、页面布局和元素添加。

2.了解并熟练掌握演示文稿的文本编辑、图片插入、动画效果和过渡效果的应用。

3.熟悉演示文稿的保存、分享和演示模式的切换操作。

技能目标

1.能够准确使用 WPS Office APP 创建具有专业外观的公司宣传演示文稿。

2.可以熟练地进行文本格式设置、图片优化和动画效果的调整,提升演示文稿的视觉吸引力。

3.能够高效地保存和分享演示文稿,并能够在不同设备上进行演示。

素养目标

1.能够正确运用 WPS Office APP 的功能,制作出符合公司形象和宣传需求的演示文稿。

2.培养创新思维和审美能力,提升在职场中的演示文稿设计和展示能力。

3.提升信息化办公的素养,能够适应移动办公的需求,增强职场竞争力。

📢 知识准备

在现代职场中,熟练掌握移动办公工具已成为各类职业的必备技能,尤其是在企业宣传领域,公司宣传演示文稿作为展示公司形象和传达信息的关键工具,其制作水平直接影响到公司在公众和客户心中的形象。为了制作出高质量的宣传演示文稿,WPS Office APP 成了不可或缺的工具。

任务 1.1 打开 WPS 并创建演示文稿

打开 WPS Office APP,登录后,进入 WPS 的主界面。如图 5-10 所示在主界面上,点击右下角的"+"号,选择"演示",然后点击"+空白演示",完成演示文稿的创建。

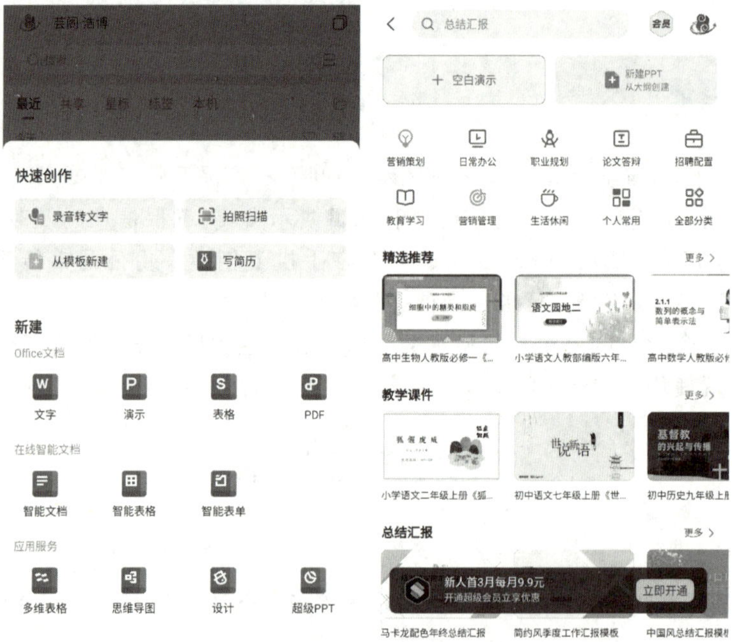

图 5-10 WPS Office APP 新建演示文稿

任务 1.2 对演示文稿进行编辑

在制作界面中,点击底部菜单栏的"插入"按钮,可插入"文本框",输入所需的文字。双击文本框,可以修改文字的对齐方式、加粗、斜体等效果,使文字更加醒目,同时,也可以在字体设置中选择不同的字体样式和大小,如图 5-11 所示。

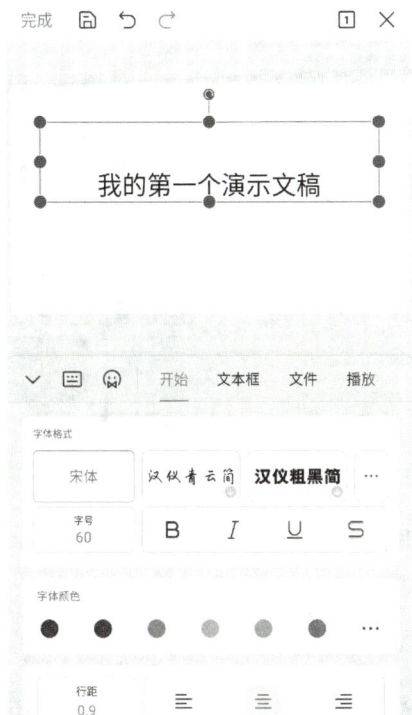

图 5-11 WPS Office APP 文本框字体样式设置

点击底部菜单栏的"插入"按钮,选择"图片",然后可以从手机相册中选择图片或直接拍摄照片插入到幻灯片中,保持图片处于选中状态,还可以对图片进行更换、删除、剪裁、创意剪裁以及将图片设置为背景等操作,如图 5-12 所示。

WPS Office APP 还支持插入表格、图表等元素,点击工具栏上的"插入"按钮,选择需要插入的元素类型,并进行相应的编辑和调整,如图 5-13 所示。

选中要添加切换效果的幻灯片,点击"切换"菜单下,可设置幻灯片的切换效果,如图5-14 所示。

任务 1.3 幻灯片的播放与保存

演示文稿编辑完成后,点击工具栏上的"播放"按钮来查看演示文稿的播放效果,如果满意演示文稿的效果,可以点击"文件"中的"保存",将演示文稿保存到手机本地或云端,如图5-15 所示。同时,也可以选择以文件、图片、视频或 PDF 等形式分享给他人。

图 5-12　WPS Office APP 插入图片设置

图 5-13　WPS Office APP 插入其他元素

图 5-14　WPS Office APP 幻灯片切换

图 5-15　WPS Office APP 保存

实施与评价

（1）通过学习，学生应掌握如下能力。

①演示文稿设计技能：学生通过本任务的学习，应能够熟练掌握手机端 WPS 演示设计的各项功能，包括主题选择、幻灯片布局、文本框和图像的插入与编辑等。学生应能够独立完成公司宣传演示文稿的创建，确保在设计和制作演示文稿时能够准确、高效地执行这些基本步骤。此外，学生还应掌握动画效果和过渡效果的应用，能够在制作演示文稿时灵活运用这些技能，达到预期的展示效果。

②创意表达与内容整合：在完成任务的过程中，学生应学会如何将公司的核心价值和宣传信息通过演示文稿有效地传达给观众。通过选择合适的视觉元素和布局，学生应能够提升演示文稿的吸引力和说服力。同时，学生应学会整合和优化内容，确保演示文稿的信息清晰、逻辑性强，能够准确传达公司的宣传目的。

③职业素养与沟通能力：本任务还旨在培养学生的职业素养和沟通能力。通过学习如何设计专业的演示文稿，学生应逐步形成严谨的工作态度，确保演示文稿的专业性和规范性。同时，通过与同学的交流与合作，学生还应在团队协作和沟通能力方面有所提升，学会在演示文稿制作中如何与他人高效协作，共同完成高质量的宣传材料。

（2）按照"任务单 35"要求完成本任务。

拓展任务

1.探索WPS演示切换效果和播放方式

在完成公司宣传演示文稿的创建后,学生可以深入研究WPS演示中切换效果。了解如何为幻灯片设置切换效果,可以使演示文稿更加生动和吸引人。此外,学生还可以学习幻灯片的播放方式,选择合适的放映方式来增强演示的信息传达效果。

2.实践移动端WPS的云服务功能

随着移动办公的普及,WPS Office APP提供了丰富的云服务功能。学生可以探索如何使用WPS的云存储服务来同步和备份演示文稿,确保在不同设备间无缝切换工作。同时,了解如何通过云服务与团队成员共享文件,并进行实时协作编辑,这对于提高工作效率和团队协作能力具有重要意义。

3.研究WPS演示的多种元素

为了使演示文稿更具可观性,学生可以研究如何在WPS演示中添加多种元素,如3D模型、思维导图和多媒体内容。通过学习这些高级功能,学生可以创建出更具吸引力的演示文稿,从而更好地与观众进行沟通和互动。这些技能在现代职场中越来越受到重视,尤其是在市场营销和产品展示等领域。

课程思政案例

智能语音输入技术:让沟通与效率齐飞的自主创新

在信息技术不断革新的今天,人机交互方式已从传统的键盘和鼠标逐渐向更加自然的语音交互转变。语音输入技术,作为人工智能领域的重要分支,正不断推动人与机器之间的沟通变得更加便捷和高效。从最初的简单语音识别,到如今能够精确识别、理解并执行复杂指令的智能语音输入系统,这一技术的演进不仅改变了人们的日常工作与生活,还为未来的智能办公、智能家居、医疗护理等领域提供了无限可能。

语音输入技术的重要性不言而喻。它的核心在于打破人与机器之间的语言壁垒,使得人类可以通过自然的语言与设备进行交互。这种交互方式不仅极大地提高了信息输入的速度和效率,还有效解决了某些情境下手动输入不便的局限。例如,语音输入在车载系统中可以极大减少驾驶员的手部操作,使其专注于驾驶;在医疗行业,医生通过语音记录病历,可以节省大量时间并减少手动输入带来的错误。在智能办公环境下,语音输入技术也被广泛应用于文档编辑、电子邮件撰写、数据查询等方面,提升了办公自动化的效率。

然而,尽管语音输入技术在国际上已经取得了一定的进展,尤其是以美国的谷歌、苹果等巨头推出的语音助手为代表,中国在这一领域的自主发展依然面临诸多挑战。首先,中文语音识别的复杂性显著高于英语等语言。汉语不仅有多音字、同音字等问题,而且其语法结构、语调、方言等差异也给语音识别带来了巨大的技术难度。其次,早期的语音输入系统大多依赖国外技术和产品,缺乏对本土化需求的深度适配。这使得中国在语音技术上的自主性受到限制,特别是在关乎国家安全的场景中,依赖国外的技术可能会引发潜在的隐患。

在这一背景下,以科大讯飞为代表的中国企业,肩负起了自主研发智能语音输入技术的重任。科大讯飞自成立以来,便专注于中文语音识别与合成技术的研究与开发,逐步建立起完整的智能语音技术体系。在面对中文语音识别的高复杂性时,科大讯飞通过多年累积的语言学研究以及大数据分析,解决了汉语方言、口音、复杂句式等问题的识别难题。同时,公司结合机器学习、深度学习等前沿技术,对语音输入的准确率和响应速度进行了持续优化。

研发过程中的困难可想而知。初期,科大讯飞在与国际巨头竞争时,面临着技术壁垒、资金短缺等多方面的挑战。然而,凭借其坚持不懈的创新精神和对本土化需求的深刻理解,科大讯飞一步步突破技术瓶颈。如今,科大讯飞的智能语音输入技术已经在诸多领域取得了广泛应用,从智能手机的语音输入法,到智能家居系统的语音控制,再到政府部门的语音录入系统,科大讯飞的产品覆盖了全国,甚至走向了国际市场。

科大讯飞的成功不仅仅是技术上的胜利,更重要的是打破了中国在智能语音技术领域长期依赖国外技术的局面。语音输入作为信息交互的重要手段,不仅提升了各行各业的工作效率,还在某些特定领域,特别是涉及数据隐私和安全的场合中,提供了更加安全、可靠的解决方案。这一自主创新的成果对于国家的信息安全、科技自主以及产业升级都有着深远的意义。

从科大讯飞的成功经验可以看出,智能语音输入技术的突破不仅依赖于技术本身,更依赖于对国家需求和市场的深刻理解。在全球竞争日益激烈的今天,中国需要更多像科大讯飞这样的企业,敢于面对技术挑战,勇于突破国际技术壁垒,为国家在核心技术领域取得自主化成果贡献力量。

对有志于投身科技创新的年轻一代而言,智能语音输入技术的发展展示了中国科技自立自强的可行路径。当前,语音输入技术正处于快速发展的风口,其应用前景广阔。未来的智能社会将需要更多依靠语音进行交互的场景,无论是智能城市、智慧医疗,还是智能办公,语音输入都将发挥不可替代的作用。因此,年轻的科技人才应抓住这一机遇,积极投入到智能语音技术的研究和应用中去。通过不断的探索和创新,我们有理由相信,未来的中国将在全球智能语音领域占据更加重要的地位,为世界贡献更多创新成果。

项目四　精诚合作——WPS 云办公应用

项目描述

在当今快速发展的数字经济时代，移动办公已成为职场不可或缺的一部分。随着云计算和移动技术的融合，WPS 云办公应用项目应运而生，旨在帮助职场人士随时随地高效协作和处理工作任务。该项目不仅顺应了远程工作和灵活办公的趋势，还为学习者提供了紧跟行业发展的关键技能。

WPS 云办公应用项目通过提供一系列云服务功能，如文档同步、实时编辑和团队协作，使学习者能够在任何设备上无缝工作，极大地提高了工作效率和灵活性。此外，该项目强调实际应用，通过模拟真实的职场环境，让学习者在实践中掌握技能，增强了解决实际问题的能力。

通过参与该项目，学习者不仅能够提升个人的技术能力，还能增强团队协作和沟通能力，这些都是现代职场中极为重要的素养。项目的设计紧密结合职场需求，确保学习者能够快速适应不断变化的工作环境，为未来的职业发展打下坚实的基础。

因此，WPS 云办公应用项目不仅是一个技术学习的机会，更是一个职业成长的平台，它帮助学习者把握行业脉动，提升个人竞争力，为在信息化时代的职场中脱颖而出提供了有力支持。

任务一　编辑使用云文档

任务描述

在现代职场中，随着移动办公的普及，WPS Office APP 成了许多职场人士不可或缺的工具。通过 WPS 云办公功能，用户可以随时随地访问和编辑文档，极大地提高了工作效率和协作能力。本次任务将重点介绍如何编辑使用云文档，探索"三端"云文档使用的便捷性和高效性。

任务开展前，思考问题：

(1)你在日常工作中是否已经使用过 WPS 云文档？如果有，请分享一次使用经历。

(2)你认为云文档在团队协作中有哪些优势？

学习目标

知识目标

1.掌握 WPS Office 云文档的编辑界面布局与新建、删除、星标、共享等基本操作。

2.了解云文档的基本概念与历史发展。

3.熟悉云文档的创建、同步、协同编辑。

技能目标

1.能够准确操作 WPS Office APP 的云文档界面功能,熟练执行新建、删除、星标、共享等基本操作。

2.能够高效管理云文档使用空间,学会多人一起使用协同编辑操作。

素养目标

1.能够正确理解并运用 WPS Office APP 中云文档的基础操作,养成规范化的文档管理习惯。

2.培养细致、严谨的文档编辑态度,增强在职场中的云文档处理能力。

3.提升信息化办公的素养,能够独立完成常见的云文档编辑任务,并适应现代办公需求。

知识准备

在现代职场中,随着移动办公的普及,WPS Office APP 成了职场人士不可或缺的工具。特别是在云办公的应用上,WPS 云文档提供了一个高效、便捷的协作平台,使得团队成员可以随时随地进行文档的编辑和共享。了解和掌握 WPS 云文档的使用,对于提升职场协作效率和文档管理能力具有重要意义。

任务 1.1 云文档的基本概念与历史发展

云文档是指存储在云服务器上的文档,用户可以通过互联网在任何设备上访问和编辑这些文档。WPS 云文档作为 WPS Office APP 的一个重要功能,它允许用户在不同设备间同步文档,实现无缝协作。云文档的概念起源于云计算技术的发展,随着移动互联网的普及,云文档服务逐渐成为办公软件的标准配置。WPS 云文档的发展历程中,不断优化用户体验,增强文档的安全性和协作功能,使其成为职场人士的首选工具。

任务 1.2 云文档的创建与同步

在 WPS Office APP 的首页中,点击右下角的"+"按钮。在弹出的新建页面中,选择需要创建的文档类型(如文档、表格、演示文稿等),如图 5-16 所示。

打开需要编辑的文档,进入编辑页面,使用 WPS 提供的各种编辑工具对文档进行编辑和格式化,如字体、颜色、格式等基本设置,以及插入图片、表格、公式等元素。

在编辑页面,点击页面上方的"保存"按钮或点击工具栏上的"文件"菜单,选择"保存",在弹出的保存页面中,输入文档名称(如果需要更改)并选择保存位置(如"我的文档"),确认保存设置后，点击"保存"按钮，等待文档保存完成，如图 5-17 所示。

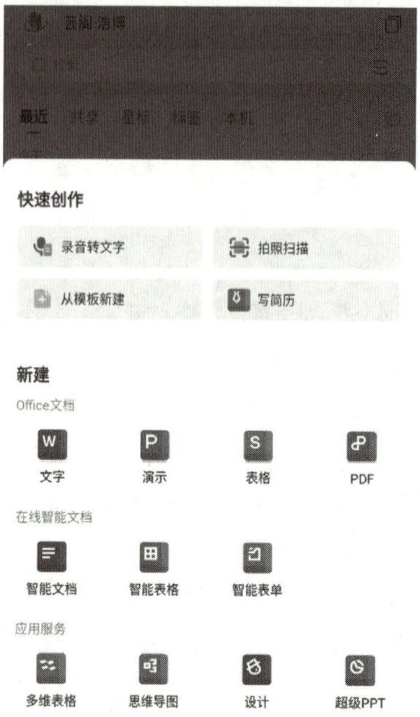

图 5-16　WPS Office APP 新建文档

图 5-17　WPS Office APP 保存文档

在 WPS 的首页或文档列表中，找到并点击需要上传的文档。点击文档右侧的菜单按钮（通常是一个三点图标或更多选项图标），在弹出的菜单中选择"保存在 WPS 云文档"按钮，等待文档上传完成，如图 5-18 所示。

在文档列表中，找到需要分享的文档，点击文档右侧的菜单按钮（通常是一个三点图标或更多选项图标），在弹出的菜单中选择"分享"。在弹出的分享页面中，可以设置文档的分享权限和分享方式，确认分享设置后，点击"分享"按钮，将文档分享给其他人，如图 5-19 所示。

实施与评价

（1）通过学习，学生应掌握如下能力。

①云文档操作技能：学生通过本任务的学习，应能够熟练掌握 WPS 云文档的各项功能，包括云端文档的创建、编辑、保存和分享。学生应能够独立完成云文档的新建、同步、打开和关闭操作，确保在云端环境下能够准确、高效地执行这些基本步骤。此外，学生还应掌握云文档的版本管理、权限设置和协作编辑功能，能够在团队合作中灵活运用这些技能，达到预期的协作效果。

②信息安全与隐私保护：在编辑云文档的过程中，学生应学会如何设置文档的访问权限，确保文档内容的安全性和隐私性。通过学习如何使用加密和密码保护功能，学生应能够提高对敏感信息的保护意识，减少因信息泄露而带来的风险。学会定期备份云文档内容，避免因云端故障导致的工作内容丢失，这也是信息安全和隐私保护的一部分。

图 5-18　WPS Office APP 上传云文档

图 5-19　WPS Office APP 分享文档

③团队协作与沟通能力：本任务还旨在培养学生在团队合作中的协作与沟通能力。通过学习如何与团队成员共享和编辑云文档，学生应逐步形成良好的团队协作习惯，确保文档内容的准确性和一致性。同时，通过与团队成员的实时沟通和反馈，学生还应在解决冲突和协调工作方面有所提升，学会在云文档编辑中如何与他人高效协作。

（2）按照"任务单 36"要求完成本任务。

拓展任务

1. 探索 WPS 云文档的移动端应用优化

随着移动办公的普及，WPS Office APP 在移动设备上的表现尤为重要。学生可以研究 WPS 云文档在不同移动操作系统（如 iOS 和 Android）上的使用体验，比较其功能与桌面版本的异同，并探索如何通过移动端更高效地进行文档编辑和共享。此外，学生还可以关注 WPS 云文档在移动端的性能优化，如加载速度、界面布局适应性等，以提升移动办公的便捷性。

2. 研究 WPS 云文档的安全性措施

在云服务日益普及的今天，数据安全成为用户关注的焦点。学生可以深入了解 WPS 云文档的安全特性，包括数据加密、访问控制、备份与恢复机制等。通过比较 WPS 云文档与其他云服务提供商的安全措施，学生可以评估 WPS 在保护用户数据方面的优势和潜在风险，并思考如何在日常使用中加强个人和团队的数据安全。

3. 探索 WPS 云文档的 AI 辅助功能

人工智能技术在办公软件中的应用越来越广泛。学生可以探索 WPS 云文档中集成的

AI功能,如智能排版、语法检查、内容推荐等。通过实际操作和案例分析,学生可以了解 AI 如何辅助文档编辑,提高工作效率,并思考未来 AI 技术在办公自动化领域的应用前景。此外,学生还可以研究如何利用 AI 功能进行创新性的文档编辑和内容创作,以适应不断变化的职场需求。

课程思政案例

云办公生态的崛起:数字时代的高效工作新范式

随着信息化浪潮的不断推进,全球的工作模式正在经历一场深刻的变革。传统的办公形式逐渐向数字化转型,而云办公生态的崛起成了这一变革的核心驱动力。在过去,办公需要依赖固定的场所、设备和时间限制,然而,随着云计算、大数据以及 5G 等技术的普及,现代办公逐步摆脱了时间和空间的束缚,进入了一个更加灵活和高效的新时代。

云办公生态的核心在于,员工可以通过云端随时随地进行协作、共享资源和管理任务。这种工作方式不仅提高了企业的运作效率,还为团队协作、远程办公提供了强有力的支持。尤其是在全球化日益深入的今天,跨国企业、分散式工作团队对于云办公的需求愈加迫切。通过云平台,企业内部的沟通、项目进展、文档共享都能够实时同步,极大地提升了决策速度和执行效率。

然而,尽管云办公模式已经在全球范围内得到广泛应用,中国在这一领域曾面临着严峻的挑战。最早的云办公系统大多源自国外技术,不仅在本地化需求上难以满足中国企业的特殊需求,还存在数据安全、隐私保护等方面的隐忧。随着国家对信息安全的要求不断提高,国内的企业意识到,依赖国外平台在云办公领域可能带来一定的风险,尤其是在涉及敏感数据的情况下,掌握自主创新的核心技术成为中国企业迫切需要解决的问题。

在这一背景下,企业如金山办公(WPS Office 的母公司)成了云办公领域中的重要技术创新者。金山办公通过开发自己的云办公平台,打破了对国外技术的依赖,为中国企业提供了更符合本地需求的办公解决方案。其自主研发的 WPS+云办公平台,涵盖了文档管理、在线协作、数据存储和智能化办公助手等多项功能,帮助企业实现高效的工作流程管理和远程办公支持。金山办公不仅面对国际巨头的竞争压力,还要在技术上追赶国外同类产品,通过长期的研发投入和技术积累,逐渐在这一领域站稳了脚跟。

开发 WPS+云平台并非一帆风顺。首先是技术壁垒的突破,尤其是在云端协作和数据同步方面,金山办公需要确保系统的高效性与稳定性。此外,云办公平台还必须面对数据安全的挑战,为此,金山办公在开发过程中专注于增强平台的安全性,确保用户的敏感数据不会被泄露或滥用。通过引入多重数据加密机制、加强网络安全防护,金山办公为用户提供了一个安全可靠的云办公环境。

金山办公的成功不仅仅是企业自身发展的一个重要里程碑,它也为中国在信息化和数字化转型过程中奠定了坚实的基础。WPS+云办公平台的广泛应用,帮助成千上万的中国企业实现了从传统办公模式到数字化办公的转型,尤其是在抗击疫情期间,远程办公需求激增,WPS+为企业的日常运营提供了重要支撑,保障了在特殊时期的业务连续性。

这一自主创新成果不仅彰显了中国在信息技术领域的快速进步,也表明中国具备了与国际巨头竞争的技术实力。在全球范围内,金山办公作为中国企业的代表,在云办公生态领域扮演了重要角色,为国内外用户提供了强大的技术支持和便捷的办公体验。

对于有志于投身信息技术和云办公领域的年轻一代来说,云办公生态的崛起为他们提供了一个广阔的舞台。在未来,随着人工智能、物联网和5G技术的进一步发展,云办公平台将迎来更多的创新机遇。通过掌握核心技术,推动中国在全球云办公生态中的领先地位,年轻人将能够在这个充满挑战和机遇的领域中找到自己的方向,并为中国的数字化转型贡献力量。

模块六
职场巅峰——信息素养与社会责任

项目一　扩而充之——信息检索

项目描述

在当今的 21 世纪,信息爆炸与数字化转型已成为社会发展的主旋律。随着互联网技术的飞速进步,信息检索能力成了职场人士不可或缺的核心竞争力。本项目旨在通过系统化的学习和实践,帮助学习者掌握高效的信息检索技巧,以应对日益增长的信息需求和快速变化的职场环境。

项目通过模拟真实的职业场景,让学习者体验从海量数据中精准提取有用信息的过程,这不仅能够提升他们的工作效率,还能够增强决策的科学性和准确性。此外,项目还强调信息素养的培养,使学习者能够在信息泛滥的时代中保持清晰的判断力和批判性思维,这对于职业发展具有深远的意义。

通过本项目的学习,学习者将能够紧跟行业发展的步伐,不断更新自己的知识库,适应新技术的挑战。同时,项目还注重培养学习者的社会责任感,使其在利用信息的同时,也能够意识到保护个人隐私和数据安全的重要性,从而在职业道路上走得更远、更稳。

任务一　使用百度高级搜索检索航天信息

任务描述

在信息爆炸的时代,高效准确地检索信息成为职场人士必备的技能。航天信息作为科技前沿的重要组成部分,其检索不仅能够帮助我们了解最新的科技动态,还能提升我们的信息素养。本次任务将引导你使用百度高级搜索功能,针对航天信息进行精准检索。通过这一过程,你将学会如何运用搜索引擎的高级功能,提高信息检索的效率和准确性。任务开展前,思考问题:

(1)在日常生活中,你通常在哪些场景下需要进行信息检索?

(2)你认为使用高级搜索功能与普通搜索相比,有哪些优势?

学习目标

知识目标

1.了解信息检索的定义、分类和基本流程。

2.熟悉搜索引擎的定义及分类。

3.掌握百度搜索引擎的使用方法。

技能目标

1.能够运用百度高级搜索功能,精确检索与航天相关的信息。

2.掌握筛选和评估检索结果的技能,确保获取信息的准确性和可靠性。

3.能够有效地整理和利用检索到的信息,支持职场决策和问题解决。

素养目标

1.培养良好的信息检索习惯,提高信息获取的效率和质量。

2.强化信息道德意识,尊重知识产权,合理使用网络资源。

3.提升个人在信息时代的竞争力,增强社会责任感和职业素养。

📢 知识准备

　　搜索引擎作为信息检索的主要工具,其使用技巧直接影响到信息检索的效率和准确性。百度作为中国最大的搜索引擎,其高级搜索功能为用户提供了更为精准的检索选项,帮助用户在海量信息中快速找到所需内容。

信息检索

任务 1.1　信息检索的定义、分类和基本流程

1.信息检索的定义和分类

　　信息检索(Information Retrieval)是用户进行信息查询和获取的主要方式,包括狭义和广义两种定义。狭义的信息检索仅指信息查询过程,即用户根据需要,采用一定的方法,借助检索工具从信息集合中找出所需信息的查找过程。广义的信息检索则包括信息的存储与检索,即将信息按一定方式组织、存储并根据用户需求找出相关信息的过程。

　　2.信息检索的基本流程

　　(1)分析检索需求。

　　明确检索目的,确定是用于学术研究、撰写报告、了解新闻动态还是其他用途。比如为撰写历史论文检索资料,目的是找到可靠的史实记载和学术观点。剖析主题内容,将检索主题分解为具体的概念和要点。如果检索主题是"唐代经济发展对文化的影响",可以分解为"唐代经济发展的表现""唐代文化的特征""经济与文化的相互关系"等要点。

　　(2)选择检索工具。

　　根据需求选择合适的检索工具。对于学术文献,可选择知网、万方等数据库;找一般性知识或新闻,用百度、谷歌等搜索引擎;查找专业的行业报告可能要用到艾瑞咨询等专业数据平台。了解检索工具的范围、资源类型、更新频率等特点。例如,有的数据库侧重于理工科文献,有的侧重于人文社科。

　　(3)确定检索词和检索式。

　　提炼检索词,考虑其同义词、近义词、上位词和下位词。比如检索"新能源汽车",还可以考虑"电动汽车""混合动力汽车"(下位词),"环保汽车"(近义词)等。运用布尔逻辑运算符(如"与""或""非")构建检索式。如果想查找关于"人工智能在医疗领域的应用且排除军事用途"的内容,检索式可以是"人工智能 AND 医疗应用 NOT 军事应用"。

　　(4)执行检索并筛选结果。

输入检索式进行检索操作,查看检索结果列表。按照相关性、日期、权威性等因素筛选。比如先看权威学术期刊发表的文献,再看发布日期较新的内容,剔除无关或质量不高的信息。

(5)整理和评价检索结果。

对筛选后的结果进行整理,可以分类、做笔记等。评价结果是否真正满足检索需求,如信息是否准确、完整、新颖。如果不满足,需要调整检索策略重新检索。

任务 1.2　搜索引擎概述

搜索引擎是根据用户需求与一定算法,运用特定策略从互联网检索出指定信息反馈给用户的一门检索技术。搜索引擎依托于多种技术,如网络爬虫技术、检索排序技术、网页处理技术、大数据处理技术、自然语言处理技术等,为信息检索用户提供快速、高相关性的信息服务。搜索引擎技术的核心模块一般包括爬虫、索引、检索和排序等,同时可添加其他一系列辅助模块,以为用户创造更好的网络使用环境。

1.搜索引擎分类

搜索方式是搜索引擎的一个关键环节,大致可分为四种:全文搜索引擎、元搜索引擎、垂直搜索引擎和目录搜索引擎,它们各有特点并适用于不同的搜索环境。所以,灵活选用搜索方式是提高搜索引擎性能的重要途径。

(1)全文搜索引擎一般网络用户适用于全文搜索引擎。这种搜索方式方便、简捷,并容易获得所有相关信息。但搜索到的信息过于庞杂,因此用户需要逐一浏览并甄别出所需信息。尤其在用户没有明确检索意图情况下,这种搜索方式非常有效。

(2)元搜索引擎元搜索引擎适用于广泛、准确地收集信息。不同的全文搜索引擎由于其性能和信息反馈能力差异,导致其各有利弊。元搜索引擎的出现恰恰解决了这个问题,有利于各基本搜索引擎间的优势互补。而且本搜索方式有利于对基本搜索方式进行全局控制,引导全文搜索引擎的持续改善。

(3)垂直搜索引擎垂直搜索引擎适用于有明确搜索意图情况下进行检索。例如,用户购买机票、火车票、汽车票时,或想要浏览网络视频资源时,都可以直接选用行业内专用搜索引擎,以准确、迅速获得相关信息。

(4)目录搜索引擎目录搜索引擎是网站内部常用的检索方式。本搜索方式指在对网站内信息整合处理并分目录呈现给用户,但其缺点在于用户需预先了解本网站的内容,并熟悉其主要模块构成。总而观之,目录搜索方式的适应范围非常有限,且需要较高的人工成本来支持维护。

2.常用搜索引擎

在上述的 4 种搜索引擎中,全文搜索引擎因操作门槛低、搜索范围广、搜索结果丰富等优点广受欢迎,成为如今搜索引擎的代名词。因此,这里所说的常用的搜索引擎就是指全文搜索引擎。目前国内外较为知名的搜索引擎包括百度(https://www.baidu.com)、360 搜索(https://www.so.com)、搜狗搜索(https://www.sogou.com)、Google(https://www.google.com)、Microsoft Bing(https://www.bing.com)等。

任务 1.3　百度搜索引擎

百度搜索引擎是由百度公司于 2000 年 1 月 1 日推出的,是全球最大的中文搜索引擎之一,该引擎有以下主要特点。

搜索功能强大:能处理海量中文信息,索引网页数量庞大,可精准理解中文语义,搜索结果相关性高,还支持多种检索方式,如简单查询、精确查询、布尔逻辑检索等,帮助用户快速准确找到信息。

资源丰富:涵盖网页、新闻、图片、视频、地图、学术文献、百科知识等多类型资源,如百度百科是全球最大中文百科全书,百度学术提供大量中文学术文献。

人工智能应用广泛:2010 年开始投入人工智能领域,利用技术优化搜索结果、提供智能联想和推荐,2023 年简单搜索升级为 AI 互动式搜索引擎,可直接生成答案并提供多种优质内容。

用户体验好:界面简洁,操作方便,搜索速度快,还根据用户搜索历史和偏好提供个性化搜索结果和服务。

百度首页如图 6-1 所示。

图 6-1　百度首页

首页中包含新闻、地图、贴吧、视频、图片、网盘、文库等众多版块,使用者可根据自身需求进行切换。在搜索框中输入搜索关键字,单击"百度一下"进行查找,在搜索页面中单击"搜索工具"可以进行高级搜索,图 6-2、图 6-3 所示。

图 6-2　选择"搜索工具"检索

图 6-3　设置时间等条件进行检索

实施与评价

(1)通过学习,学生应掌握如下能力。

①信息检索技能:学生通过本任务的学习,应能够熟练掌握百度高级搜索的使用方法,包括关键词的选择、搜索条件的设置以及搜索结果的筛选。学生应能够独立完成针对航天信息的检索任务,确保在获取和筛选信息时能够准确、高效地执行这些步骤。此外,学生还应掌握如何评估搜索结果的相关性和可靠性,能够在处理信息时灵活运用这些技能,达到预期的信息获取效果。

②信息素养的提升:在完成任务的过程中,学生应学会如何识别和评估信息的来源,确保在获取信息时能够辨别信息的真伪和价值。通过反复练习,学生应能够提高对信息质量的判断能力,减少因信息不准确或不全面而导致的决策失误。学会如何整合和分析检索到的信息,这也是信息素养提升的一部分。

③社会责任感的培养:本任务还旨在培养学生对信息使用的道德意识和社会责任感。通过学习如何合理使用和分享信息,学生应逐步形成尊重知识产权和保护个人隐私的意识,确保在信息使用过程中遵守相关法律法规和社会伦理。同时,通过与同学的交流与合作,学生还应在信息共享和传播方面有所提升,学会在信息处理中如何与他人共同维护良好的网络环境。

(2)按照"任务单38"要求完成本任务。

拓展任务

1.探索人工智能在信息检索中的应用

随着人工智能技术的快速发展,其在信息检索领域的应用也越来越广泛。学生可以探索如何利用人工智能技术,如自然语言处理和机器学习,来提高信息检索的效率和准确性。例如,研究智能搜索引擎如何理解用户的查询意图,以及如何通过算法优化搜索结果的排序。这些探索将帮助学生了解前沿技术如何改变传统的信息检索方式。

2.研究隐私保护与信息检索的平衡

在信息检索的过程中,用户的隐私保护是一个不容忽视的问题。学生可以研究如何在保证信息检索效率的同时,保护用户的隐私安全。例如,探讨搜索引擎如何处理用户的搜索历史,以及如何通过技术手段如匿名化处理来保护用户的个人信息。这些研究将有助于学生理解在信息时代中,隐私保护与信息检索之间的复杂关系。

3.探索跨语言信息检索技术

随着全球化的发展,跨语言信息检索变得越来越重要。学生可以研究如何利用翻译技术和语义分析来实现不同语言之间的信息检索。例如,了解如何通过机器翻译技术将用户的查询翻译成多种语言,以及如何处理不同语言之间的语义差异。这些探索将帮助学生掌握处理多语言信息的能力,为国际化的工作环境做好准备。

任务二　使用中国知网检索计算机文献

任务描述

在当今信息化社会,计算机和网络技术已经成为获取和处理信息的重要工具。特别是在学术研究领域,高效准确地检索相关文献资料对于提升研究质量和效率至关重要。中国知网作为国内权威的学术资源平台,提供了丰富的计算机科学及相关领域的文献资源,是研究人员不可或缺的工具。本次任务将指导你如何使用中国知网进行计算机文献的检索。

任务开展前,思考问题:

(1)你在进行学术研究时,通常使用哪些工具或平台来查找相关文献?

(2)你认为使用中国知网进行文献检索有哪些优势和可能的挑战?

学习目标

知识目标

1.了解常用的信息检索专用平台,中国知网的基本功能和使用界面。

2.掌握在中国知网中进行关键词检索、作者检索的基本方法。

3.熟悉计算机领域文献的检索技巧,包括关键词的选择。

技能目标

1.能够熟练操作中国知网的检索界面,快速定位并检索到所需的计算机文献。

2.可以运用高级检索功能,提高检索的准确性和效率。

3.能够根据检索结果评估文献的相关性和可靠性,选择合适的文献进行阅读和引用。

素养目标

1.培养良好的信息检索习惯,提高信息素养,能够在职场中快速获取和利用专业信息。

2.增强对信息资源的鉴别能力,能够在众多文献中筛选出高质量的参考资料。

3.提升社会责任意识,合理使用和引用文献,遵守学术规范和版权法规,树立正确的职业理念,履行网络社会责任。

知识准备

在当今信息爆炸的时代,信息检索已成为职场人士必备的核心能力之一。信息检索不仅能够帮助研究人员快速、全面地获取相关文献,了解学科前沿动态,还支持学生在写论文、做课题时,检索到合适的参考资料,加深对知识的理解。在众多学术检索工具中,中国知网因其丰富的学术资源和专业的检索系统,成了学术研究和职业发展中不可或缺的工具。

任务 2.1 常用的信息检索专用平台

1. 中国知网

国家知识基础设施（National Knowledge Infrastructure，NKI）的概念，由世界银行于 1998 年提出。CNKI 工程是以实现全社会知识资源传播共享与增值利用为目标的信息化建设项目，由清华大学、同方股份有限公司发起，始建于 1999 年 6 月。在各部门的大力支持和社会各界的密切配合下，CNKI 工程集团经过多年努力，采用自主开发并具有国际领先水平的数字图书馆技术，建成了世界上全文信息量规模最大的"CNKI 数字图书馆"，并正式启动建设《中国知识资源总库》及 CNKI 网格资源共享平台，通过产业化运作，为全社会知识资源高效共享提供最丰富的知识信息资源和最有效的知识传播与数字化学习平台，知网首页如图 6-4 所示。

图 6-4　中国知网首页

2. 万方数据知识服务平台

万方数据知识服务平台集高品质信息资源、先进检索算法技术、多元化增值服务、人性化设计等特色于一身，是国内一流的品质信息资源出版、增值服务平台。万方数据知识服务平台整合数亿条全球优质知识资源，集成期刊、学位、会议、科技报告、专利、标准、科技成果、法规、地方志、视频等十余种知识资源类型，覆盖自然科学、工程技术、医药卫生、农业科学、哲学政法、社会科学、科教文艺等全学科领域，实现海量学术文献统一发现及分析，支持多维度组合检索，适合不同用户群研究。

与另外两大文献数据库相比，万方具有法规、地方志、视频等特色资源，且在资源收集上注重高校、研究机构出版的文献。在文献检索方面，万方的检索功能更加智能化，其具有全文深度检索功能有利于发掘文献内部的隐含知识，万方首页如图 6-5 所示。

3. 维普网

维普网，原名"维普资讯网"，是重庆维普资讯有限公司所建立的网站，该公司是中文期

图 6-5　万方首页

刊数据库建设事业的奠基人。从 1989 年开始，一直致力于对海量的报刊数据进行科学严谨的研究、分析，采集、加工等深层次开发和推广应用。除期刊检索服务外，维普网还对外提供数据库出版发行、知识网络传播、期刊分销、电子期刊制作发行、网络广告、文献资料数字化工程以及基于电子信息资源的多种个性化服务，维普网首页如图 6-6 所示。

图 6-6　维普网首页

任务 2.2　使用专用平台检索信息的方法

一般来说，各专用平台均会提供一些检索工具以帮助用户更方便、更精准地检索所需信息，用户掌握这些检索工具的使用方法，可有效提高信息检索效率。下面着重介绍使用专用平台的几种常用检索工具，并分别以具体场景下信息检索为例进行说明。

1.检索字段

各专用平台为方便用户检索文献，会根据文献的内在内容和外在成分对文献进行标签化处理，这些标签就统称为检索字段。检索字段可作为用户在数据库中检索信息时的限定条件，可使检索结果更加准确。

例如，某用户想查阅历年来有关中国人工智能在医疗领域发展状况的学术论文，他在知网上直接输入检索词"智能医疗"后，出现了1383条检索结果，且很多检索结果的主题不符合检索要求。为使检索结果更加准确，该用户进行了重新检索，选择了"篇名"检索字段，其检索词也随之变为"篇名：智能医疗"，此次检索结果为507条。

2.二次检索

二次检索即在第一次检索结果的基础上，通过再次输入关键词、添加筛选条件等方式再次检索。二次检索可类比于布尔逻辑检索中的逻辑"与"，即二次检索后的检索结果同时满足两次检索条件。这样，通过二次检索，用户就实现了缩小检索范围，精准检索文献的目的。

例如，某学生想要查阅与大数据技术相关的期刊论文，在知网上输入检索词"大数据"后，检索结果包含的文献数高达40.43万篇。为缩小检索范围，该学生进行了二次检索，将"篇名"作为检索字段，在"大数据"基础上又添加了"信息安全技术"检索词，并添加了出版日期为"2024"的筛选条件，二次检索结果仅包含33篇期刊论文，如图6-7所示。

图 6-7　二次检索结果

3.高级检索

高级检索是指各大专用平台基于布尔逻辑检索、截词检索、位置检索等信息检索方法提供的精准化检索工具，可使用户无需在检索界面上输入逻辑算符、截词算符等符号，而只需在其提供的高级检索界面中选择或填入检索限制条件，即可执行检索。

例如,某用户想要查询华为公司自 2020 年以来在通信领域申请 6G 的专利有哪些,可以登录万方首页,单击检索框右上方的"高级检索"链接文字,进入高级检索界面,并分别设置了限制条件最终检索出 35 条相关专利,如图 6-8 所示。

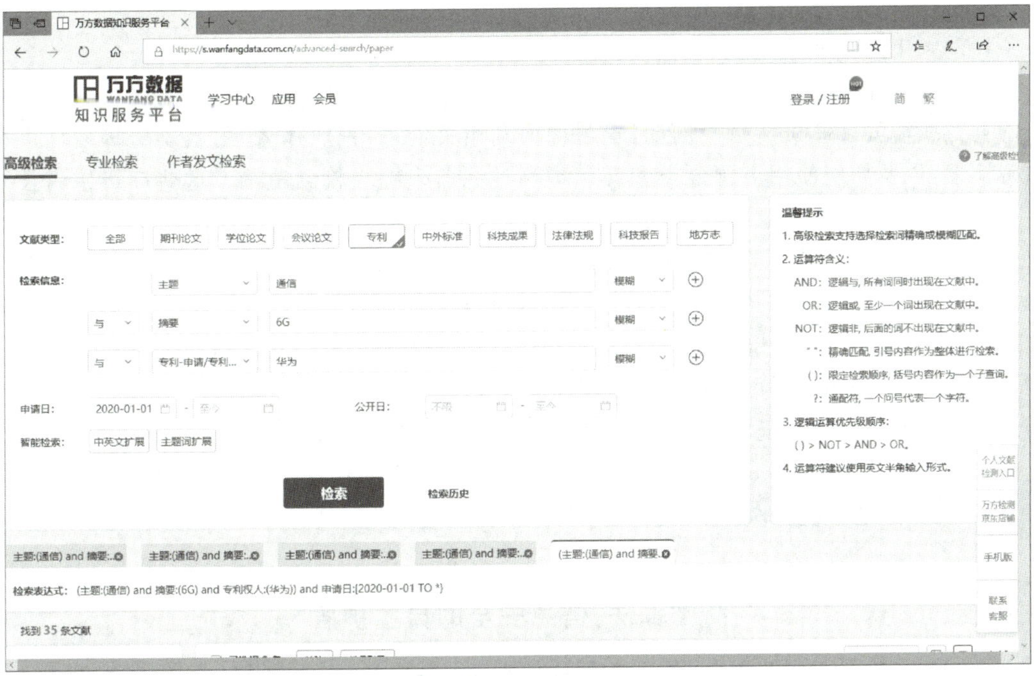

图 6-8　高级检索结果

实施与评价

(1)通过学习,学生应掌握如下能力。

①信息检索技能:学生通过本任务的学习,应能够熟练掌握中国知网的使用方法,包括关键词的选择、检索条件的设置以及检索结果的筛选和排序。学生应能够独立完成计算机领域文献的检索,确保在获取所需信息时能够准确、高效地执行这些步骤。此外,学生还应掌握文献的下载、保存和引用操作,能够在处理检索到的文献时灵活运用这些技能,达到预期的研究效果。

②批判性思维与信息评估:在完成任务的过程中,学生应学会对检索到的信息进行批判性分析,判断信息的可靠性、相关性和时效性。通过反复练习,学生应能够提高对信息的评估能力,减少因信息不准确或过时而导致的决策失误。学会区分不同来源的信息质量,避免盲目接受未经证实的信息,这也是信息素养提升的一部分。

③社会责任感与伦理意识:本任务还旨在培养学生对信息使用的伦理意识和社会责任感。通过学习如何合法合规地使用检索到的信息,学生应逐步形成尊重知识产权和遵守信息使用规则的态度,确保在信息获取和使用过程中不侵犯他人权益。同时,通过与同学的交流与合作,学生还应在团队协作和沟通能力方面有所提升,学会在信息检索和使用中如何与他人共享和交流资源。

(2)按照"任务单39"要求完成本任务。

拓展任务

1.探索中国知网的高级检索功能

在熟悉了中国知网的基本检索方法后,学生可以进一步学习如何使用高级检索功能来精确查找所需的计算机文献。例如,学习如何利用关键词组合、作者、出版年份等条件进行精确检索,以及如何使用主题分类和文献类型过滤器来缩小检索范围。这些高级检索技巧将帮助学生更有效地获取所需信息,提高学术研究的效率。

2.研究信息素养在人工智能时代的应用

随着人工智能技术的快速发展,信息素养的内涵和应用也在不断扩展。学生可以探索信息素养在人工智能领域的具体应用,例如,如何利用人工智能工具进行数据分析和信息处理,以及如何评估和选择可靠的人工智能产品和服务。通过这些研究,学生可以更好地理解信息素养在现代科技环境中的重要性,并为未来的职业发展做好准备。

课程思政案例

商密算法:信息安全的自主护盾

在全球信息化浪潮中,信息安全问题日益成为国家、企业和个人共同关注的焦点。随着互联网的普及和数字技术的广泛应用,数据成为最重要的资源之一。然而,随着网络攻击、数据泄露和恶意软件的增多,保障信息安全变得尤为重要。在这种背景下,加密技术成为信息安全领域的核心支撑。然而,长久以来,全球加密技术的主导权一直掌握在西方国家手中,尤其是美国主导的 AES、RSA 等国际标准,广泛应用于全球各个领域。而中国在信息安全技术领域长期依赖这些国外的标准,面临着极大的信息安全隐患。这种局面要求中国必须发展自主可控的加密技术,以应对潜在的威胁。

加密算法作为信息安全的基石,广泛应用于网络通信、数据存储、金融交易等多个领域。它能够确保数据在传输和存储过程中的机密性、完整性和不可抵赖性,防止信息在网络中被截取、篡改或伪造。可以说,在当今数字化、网络化的世界里,没有有效的加密技术,信息安全无从谈起。然而,依赖国外的加密标准和技术意味着一旦发生冲突或制裁,国家关键领域的信息安全将受到极大的威胁。特别是在金融、通信、能源等涉及国家安全的敏感行业,信息安全问题变得更加严峻。面对这样的挑战,如何实现加密技术的自主可控,成了中国信息安全领域亟待解决的问题。

为解决这一挑战,中国在 2004 年推出了自主研发的"商用密码算法"(简称商密算法,SM 系列),其中包括 SM1、SM2、SM3、SM4 等多种算法。这一算法系列由中国国家密码管理局牵头研发,旨在替代国外标准,保障中国的国家信息安全。SM 系列加密算法的研发和推广,不仅使得中国在信息安全技术上具备了独立自主的能力,还打破了国外加密技术垄断的局面。SM 算法在对称加密、非对称加密、哈希函数等多个领域,提供了与国际主流加密标准相媲美的技术方案。其中,SM4 作为对称加密算法,被广泛应用于无线局域网、金融支付等领域,SM2 则在非对称加密算法方面展现出极高的安全性和计算效率,逐步被应用于电子政务、智能卡、数字签名等场景。

SM 系列算法的研发并非一帆风顺。在加密算法设计和研发的过程中,中国的密码学家和工程师们面临了诸多技术难题。首先,国际加密标准的制定和推行已经有多年历史,如何在不影响现有系统安全性的情况下,进行加密技术的自主创新,成了一大挑战。其次,SM 系列算法不仅要具备国际标准的高安全性和高效率,还必须适应中国广泛的应用场景和复杂的网络环境。为了克服这些困难,研发团队通过大量的数学研究和工程验证,确保了 SM 系列算法的安全性和可靠性。此外,推广自主加密算法的过程中,也遇到了如何与现有国际标准兼容、如何推动行业接受和应用等现实问题。通过技术攻关和政策推动,SM 系列算法最终逐步被广泛应用于中国的各个领域,成为中国信息安全自主可控的重要基石。

SM 系列算法的成功推出,不仅为中国的网络安全、数据保护提供了强有力的技术保障,也具有重大的战略意义。它标志着中国在信息安全领域实现了从依赖国外标准到自主创新的重要转变,增强了国家在信息领域的自主权和话语权。SM 系列算法的应用覆盖了从金融、通信、电子政务到能源、交通等多个国家关键领域,有效防范了潜在的网络安全风险,确保了国家信息安全的独立性和可靠性。更重要的是,SM 算法的推出为中国的信息技术产业提供了新的发展机遇。随着算法的推广和应用,越来越多的中国企业和科研机构加入到了信息安全技术的研发和创新中,推动了中国信息安全产业的快速发展。

SM 系列商密算法的成功不仅展示了中国在信息安全领域的技术实力,也启示我们,面对国际技术垄断和挑战,自主创新是唯一的出路。通过不断提升自主研发能力,中国可以在信息安全领域取得更大的突破,确保国家在全球信息化时代的安全与稳定。对于有志于信息安全领域的年轻一代,SM 算法的研发历程展现了密码学研究的挑战与机遇。它鼓励我们深入研究信息技术,参与到关乎国家安全和社会发展的核心技术研发中,通过不懈努力,为国家信息安全建设贡献自己的力量。未来,随着全球网络安全形势的日益复杂,我们期待更多的人投身于这一关键领域,共同推动中国信息技术的自主创新,实现更大的技术突破和安全保障。

项目二　安不忘危——360 安全卫士使用

项目描述

在当今信息化飞速发展的时代,网络安全已成为全球关注的焦点。随着网络攻击手段的不断升级和数据泄露事件的频发,企业和个人对于网络安全的重视程度达到了前所未有的高度。360 安全卫士作为一款综合性的网络安全工具,不仅能够提供实时监控、病毒查杀、系统优化等功能,还能有效防御各种网络威胁,保护用户的数据安全。

学习使用 360 安全卫士,对于职场人士而言,不仅能够提升个人电脑的安全防护能力,更是提升职业竞争力的重要途径。在实际工作中,掌握高效的网络安全工具使用技能,能够帮助职场人士更好地保护公司数据,防止信息泄露,确保业务的连续性和安全性。此外,随着网络安全法规的日益严格,具备相关技能的人才将在职场中占据优势,为个人的职业发展打开更广阔的空间。

通过本项目的学习,学习者将深入了解网络安全的重要性,掌握 360 安全卫士的核心功能和操作技巧,从而在实际工作中能够迅速应对各种网络安全挑战,确保信息资产的安全。这不仅有助于提升个人的职业技能,也为跟上行业发展步伐提供了坚实的基础,增强了在职场中的竞争力和适应性。

任务一　360 安全卫士使用

任务描述

在当今数字化时代,计算机和网络已经成为我们日常生活和工作中不可或缺的工具。然而,随着信息技术的广泛应用,信息安全问题也日益凸显。恶意软件、病毒攻击、网络诈骗等威胁不断涌现,对个人和组织的财产安全、隐私保护构成了严重挑战。因此,掌握有效的信息安全防护工具和方法,成了每个职场人士必备的技能。

本次任务将引导你了解并使用 360 安全卫士这一信息安全防护工具,通过实际操作学习如何保护计算机免受病毒和恶意软件的侵害,提升个人和组织的信息安全水平。在开始任务之前,请思考以下问题:

(1)你或你的同事在日常工作中遇到过哪些信息安全问题?

(2)你认为使用 360 安全卫士能帮助你解决哪些具体的信息安全问题?

学习目标

知识目标

1.了解信息空间安全的基本概念,包括网络安全、数据安全和系统安全的重要性。

2.掌握计算机病毒的定义、传播途径和常见防护措施。

3.理解信息伦理的基本原则和职业行为自律的重要性。

技能目标

1.能够熟练安装和配置 360 安全卫士,进行系统安全检测和优化。

2.掌握使用 360 安全卫士进行病毒查杀、木马清理和系统修复的操作流程。

3.能够识别和处理常见的网络安全威胁,如钓鱼网站、恶意软件等。

素养目标

1.培养对信息安全的敏感性和责任感,形成良好的网络安全防护习惯。

2.提升信息伦理意识,遵守职业道德,保护个人和企业的信息资产。

3.增强社会责任感和自我保护能力,为构建和谐的网络环境做出贡献。

知识准备

在当今信息化时代,信息安全已成为职场中不可忽视的重要议题。随着网络技术的飞速发展,计算机病毒、网络攻击等安全威胁层出不穷,对个人和企业的信息安全构成了严重挑战。因此,掌握信息安全的基本知识和技能,使用专业的安全软件进行防护,已成为职场人士必备的素养之一。

360 安全卫士使用

任务 1.1 信息空间安全概述

信息空间安全是指保护信息系统免受未经授权的访问、使用、披露、破坏、修改、检查或破坏的过程。这包括保护信息的机密性、完整性和可用性。随着互联网的普及和信息技术的广泛应用,信息安全的重要性日益凸显。了解信息安全的基本概念和原则,是进行有效防护的前提。

任务 1.2 计算机病毒及防护

计算机病毒是一种能够自我复制并传播的恶意软件,它可以通过多种途径感染计算机系统,如电子邮件附件、下载的文件、移动存储设备等。病毒的种类繁多,有的会导致系统崩溃,有的会窃取用户信息,有的则会进行广告弹窗等骚扰行为。为了防止病毒的侵害,我们需要安装并定期更新杀毒软件,不随意下载不明来源的文件,定期备份重要数据,以及保持操作系统和应用程序的更新。

任务 1.3 信息伦理与职业行为自律

信息伦理是指在信息活动中应遵循的道德规范和行为准则,它涉及信息的获取、处理、传播和使用等方面。在职场中,信息伦理尤为重要,因为它关系到个人和企业的声誉和利益。职业行为自律则是指在职业活动中,个人应自觉遵守职业道德和行业规范,如保护客户隐私、不泄露商业机密、不进行不正当竞争等。通过培养良好的信息伦理和职业行为自律,我们不仅能够保护自己的职业形象,还能为构建和谐的职场环境做出贡献。

在进行本任务之前,思考一下:你是否曾经在工作中遇到过因信息安全问题而导致的损失? 或者在处理敏感信息时,是否严格遵守了信息伦理和职业行为自律的原则? 这些问题看似小,却常常影响到我们的职业发展和个人信誉。在本次任务中,你将通过学习信息空间安全概述、计算机病毒及防护、信息伦理与职业行为自律等知识,掌握 360 安全卫士的使用方法,从而在职场中更好地保护自己和企业的信息安全。360 安全卫士工作界面如图 6-9 所示。

图 6-9　360 安全卫士工作界面

实施与评价

(1)通过学习,学生应掌握如下能力。

①信息安全防护技能:学生通过本任务的学习,应能够熟练掌握 360 安全卫士的基本功能和操作界面,包括实时监控、病毒查杀、系统修复等核心功能的使用。学生应能够独立完成计算机的安全检查和维护,确保在面对潜在的网络安全威胁时能够及时发现并采取有效措施进行防护。此外,学生还应掌握如何更新病毒库和软件版本,以保持防护工具的最新状态,提高防护效果。

②信息伦理与职业行为自律:在完成任务的过程中,学生应学会识别和遵守信息伦理的基本原则,如尊重他人隐私、不传播恶意软件等。通过案例分析和实际操作,学生应能够理解并内化这些原则,形成良好的职业行为自律。同时,学生还应学会在网络环境中保护自己

的个人信息,避免因不当行为而遭受损失。

③问题解决与应急处理能力:本任务还旨在培养学生在面对网络安全问题时的应急处理能力。通过学习如何使用360安全卫士进行问题排查和修复,学生应逐步形成快速响应和有效解决问题的能力。同时,通过模拟实战演练,学生还应在团队协作和沟通能力方面有所提升,学会在网络安全事件中如何与他人高效协作,共同应对挑战。

(2)按照"任务单40"要求完成本任务。

拓展任务

1.探索360安全卫士的高级防护功能

在熟悉了360安全卫士的基本使用后,学生可以深入研究其高级防护功能。例如,学习如何启用和配置"木马查杀"、"系统修复"以及"网络防护"等高级选项。这些功能能够提供更全面的安全保护,帮助用户抵御更复杂的网络威胁。

2.研究信息伦理与职业行为自律在网络安全中的应用

信息伦理和职业行为自律在网络安全领域扮演着重要角色。学生可以探讨在日常工作和生活中如何遵守信息伦理,比如保护个人隐私、尊重知识产权等。同时,研究如何在网络安全事件中保持职业行为自律,如不传播病毒信息、不参与网络攻击等。这些研究将有助于提升学生的信息素养和社会责任感。

3.了解最新网络安全技术和趋势

网络安全技术不断发展,新的威胁和防护措施层出不穷。学生可以通过阅读专业文章、参加在线研讨会等方式,了解最新的网络安全技术和趋势,如人工智能在网络安全中的应用、区块链技术如何增强数据安全等,这些知识将帮助学生保持对网络安全领域的敏感性和前瞻性。

课程思政案例

区块链赋能文档存储:构建信息安全新防线

随着信息化的迅猛发展,数据的管理和存储已成为现代社会的核心问题之一。尤其在办公领域,文档的存储和流转不再局限于本地电脑或局域网,而是逐渐转向云端化和远程化。在这个背景下,数据的安全性、完整性和可追溯性问题变得日益突出。传统的文档存储系统虽然在便捷性上取得了长足进步,但仍面临着诸如数据篡改、丢失和不可追溯等问题。尤其在需要确保文档机密性和权威性的领域,传统存储方式显得捉襟见肘。区块链技术的出现,正好为这些问题提供了一条新的解决路径。

区块链,作为一种分布式账本技术,以其去中心化、不可篡改和可追溯的特性,在诸多领域迅速崭露头角。在金融、供应链、医疗等行业,区块链已经展现出强大的应用潜力。而在文档存储领域,区块链的引入也为安全存储、版权保护和信息真实性提供了全新的解决方案。通过将区块链技术与文档存储系统相结合,每一份文件在被创建、修改甚至是被访问时，都会生成独一无二的记录，确保文件的每一个版本都有迹可循。这种机制不仅杜绝了数据被篡改的风险，还为文件的历史追溯提供了完美的解决途径。尤其是在企业机密文档、政府文件或法律文件的存储中，区块链技术具有不可替代的作用。

然而，虽然区块链技术的优势显著，中国在文档存储领域的技术自主性仍面临着诸多挑战。国际市场上，已有不少区块链文档存储解决方案，如 IPFS 等，但这些技术的核心控制权并不在中国手中。这意味着，一旦企业或个人依赖于这些国际技术，中国的数据安全就可能面临外部控制和威胁。此外，区块链本身的高复杂度以及文档存储系统与区块链结合所带来的技术瓶颈，也让中国在这一领域的自主创新面临诸多困难。

为了应对这些挑战，中国的科研机构和企业积极投入，致力于研发适合中国本土需求的区块链文档存储系统。其中，迅雷旗下的"链克云"成了这一领域的重要突破者。作为国内领先的区块链技术应用企业，迅雷通过深度挖掘区块链的技术潜力，推出了适用于个人和企业的文档存储方案。"链克云"利用区块链的分布式存储和加密技术，不仅解决了文档数据篡改和丢失的问题，还通过去中心化的存储网络，实现了高效且安全的文档共享。更为关键的是，"链克云"通过自主研发的区块链底层技术，确保了数据的自主可控性，从根本上摆脱了对国外技术的依赖。

在这一过程中，迅雷面临着技术整合和性能优化的双重挑战。区块链技术的分布式特点虽然在安全性上具有明显优势，但其也带来了存储和访问速度的瓶颈。迅雷的研发团队经过数年的攻关，通过对链条结构的优化和分布式存储节点的布局，最终实现了高效与安全的平衡，推出了既具备高安全性又符合用户体验的区块链存储系统。这一系统的推出，不仅填补了国内在这一领域的技术空白，也为中国的文档存储技术迈向全球竞争舞台提供了坚实的基础。

区块链技术在文档存储中的应用，不仅仅是对传统存储方式的一次革新，更是中国信息安全自主化进程中的一次重要突破。随着更多企业和机构的加入，区块链文档存储技术的完善将极大地推动我国信息化水平的提升，也为政府、企业以及个人提供了一种更为可靠的文档管理方式。这不仅有助于提升我国在全球信息技术领域的竞争力，也为维护国家信息安全、保护数据主权奠定了坚实的技术基础。

回顾这一技术发展历程，可以看到，技术突破从来不是一朝一夕的事情，背后离不开无数科研人员和企业的不懈努力。面对国际竞争和技术封锁，中国的区块链技术不仅要立足于本土需求，还要具备全球竞争力。正是这种自主研发精神，推动了区块链技术在文档存储中的成功应用。对于今天的青年科技工作者而言，这既是一次机遇，也是一次挑战。技术的不断进步需要新鲜血液的注入，希望更多有志向的年轻人能勇敢投身于此类技术突破的征程，推动中国信息技术领域不断迈向新的高峰。

模块七
职场转型——认识新一代信息技术

项目一 科技先导——体验智能家居

项目描述

在当今快速发展的科技时代,智能家居作为新一代信息技术的重要组成部分,正逐渐改变我们的生活方式和工作环境。随着物联网、人工智能和大数据技术的不断进步,智能家居系统能够实现家庭设备的互联互通,提高生活效率,增强安全性和舒适度。这一趋势不仅为消费者带来便利,也为相关行业提供了巨大的市场机遇。

本项目旨在通过体验智能家居技术,帮助学习者深入理解并掌握这一领域的核心知识和技能。通过实际操作和案例分析,学习者将能够了解智能家居系统的设计原理、集成技术和应用场景,从而在未来的职业生涯中更好地适应行业发展的需求。此外,项目还将强调实际职业环境中的应用,通过模拟真实的工作场景,增强学习者的实践能力和问题解决能力,激发他们对新技术的兴趣和探索欲。

通过参与本项目,学习者不仅能够跟上行业发展的步伐,还能够为未来的职业转型和技能提升打下坚实的基础。智能家居技术的广泛应用预示着相关职业领域的持续增长,具备相关技能的人才将更受市场欢迎。因此,本项目不仅是对现有技术的学习和应用,更是对未来职业发展的一次重要投资。

任务一 体验智能家居

任务描述

在现代家庭中,智能家居技术的应用越来越广泛,从智能灯光控制到自动温控系统,再到安全监控和家庭娱乐系统,这些技术正在逐步改变我们的日常生活。通过体验智能家居,我们不仅能够感受到科技带来的便捷和舒适,还能深入理解物联网技术在家庭环境中的实际应用。任务开展前,思考问题:

(1)你家中是否已经采用了某些智能家居设备?它们是如何提升你的生活质量的?

(2)如果你有机会选择一项新的智能家居技术,你最希望它解决生活中的哪个问题?

学习目标

知识目标

1.理解物联网的基本概念,包括其定义、发展历程和核心技术。

2.掌握物联网的体系结构,包括感知层、网络层和应用层的组成及功能。

3.了解物联网在智能家居领域的应用场景,如智能照明、智能安防和智能家电等。

技能目标

1.能够识别和描述物联网在智能家居中的具体应用,如通过智能设备控制家居环境。

2.能够操作智能家居系统,进行基本的设备连接、配置和控制。

3.能够分析和解决智能家居系统中常见的操作问题,如设备连接失败或控制失灵。

素养目标

1.培养对新一代信息技术的兴趣和探索精神,增强科技适应能力。

2.提升对智能家居系统的安全意识,了解并遵守相关的隐私保护规定。

3.增强团队合作能力,能够在团队中分享和交流智能家居的使用经验和技巧。

知识准备

在现代职场中,随着科技的不断进步,智能家居已成为新一代信息技术的重要应用之一。智能家居通过物联网技术,将家中的各种设备连接到一起,实现智能化管理和控制,极大地提升了生活的便捷性和舒适度。为了更好地理解和应用这一技术,我们需要对其背后的原理和应用场景有一个全面的了解。

体验智能家居

任务 1.1 物联网是什么

物联网(Internet of Things,IoT)是指通过各种信息传感器、射频识别技术、全球定位系统、红外感应器、激光扫描器等各种装置与技术,实时采集任何需要监控、连接、互动的物体或过程,采集其声、光、热、电、力学、化学、生物、位置等各种需要的信息,通过各类可能的网络接入,实现物与物、物与人的泛在连接,实现对物品和过程的智能化感知、识别和管理。物联网是一个基于互联网、传统电信网等的信息承载体,它让所有能够被独立寻址的普通物理对象形成互联互通的网络。

任务 1.2 物联网的体系结构

物联网的体系结构通常可以分为三个层次:感知层、网络层和应用层。感知层主要负责信息的采集和设备的控制,包括各种传感器和执行器。网络层则负责信息的传输,通过各种通信网络将感知层采集到的信息传输到应用层。应用层是物联网的最上层,负责信息的处理和应用,为用户提供具体的服务和功能。这三个层次相互配合,共同构成了物联网的完整体系。

任务 1.3 物联网的应用场景

物联网的应用场景非常广泛,涵盖了智能家居、智慧城市、智能交通、智能医疗等多个领域。在智能家居中,物联网技术可以实现对家中灯光、温度、安防等设备的远程控制和智能化管理,提高生活的便捷性和舒适度。在智慧城市中,物联网技术可以用于交通管理、环境监测、公共安全等方面,提升城市的管理效率和服务水平。在智能交通中,物联网技术可以实现车辆的智能导航、交通流量监控等功能,提高交通系统的运行效率和安全性。在智能医疗中,物联网技术可以用于患者的健康监测、医疗设备的远程管理等,提升医疗服务的质量和效率。

通过对物联网的基本概念、体系结构和应用场景的了解,我们可以更好地理解智能家居的工作原理和应用方式,为后续的实践操作打下坚实的基础。

实施与评价

(1)通过学习,学生应掌握如下能力。

①物联网基础知识:学生通过本任务的学习,应能够理解物联网的基本概念,包括其定义、体系结构以及在智能家居中的应用。学生应能够识别物联网中的关键组件,如传感器、网络通信和数据处理系统,并理解它们在智能家居环境中的作用。

②智能家居操作技能:学生应能够实际操作智能家居设备,如智能灯泡、智能插座和智能安防系统。通过这些操作,学生应能够掌握如何通过智能手机或语音助手控制家居设备,理解设备间的互联互通原理,以及如何设置和调整设备的工作模式。

③创新思维与问题解决:在体验智能家居的过程中,学生应培养创新思维,思考如何通过物联网技术改善日常生活。同时,学生应学会识别和解决在操作智能家居设备时可能遇到的问题,如设备连接失败、响应延迟等,通过实际操作和问题解决,提升自己的技术应用能力和应变能力。

④安全意识与隐私保护:学生应意识到物联网设备在提供便利的同时,也存在安全风险和隐私泄露的可能。通过本任务的学习,学生应了解如何设置安全措施,如使用强密码、定期更新软件等,以保护个人和家庭的安全与隐私。

⑤环境适应与持续学习:随着技术的快速发展,学生应具备适应新技术的能力,并保持持续学习的态度。通过体验智能家居,学生应认识到学习新技术的重要性,并培养自主学习的能力,以便在未来能够适应更多新兴的信息技术。

(2)按照"任务单 41"要求完成本任务。

拓展任务

1.探索物联网在智慧城市中的应用

在了解物联网的基本概念和体系结构后,学生可以进一步探索物联网在智慧城市中的应用。例如,研究物联网如何实现城市交通系统的智能化管理,包括智能交通信号灯、智能停车系统等。此外,可以探讨物联网在环境监测、能源管理、公共安全等方面的应用,以及这些应用如何提高城市运行效率和居民生活质量。

2.研究智能家居中的隐私与安全问题

随着智能家居设备的普及,隐私和安全问题日益受到关注。学生可以研究智能家居系统中可能存在的隐私泄露风险,如数据收集、存储和传输过程中的安全隐患。同时,探讨如何通过技术手段和管理措施来保护用户的隐私和数据安全,例如使用加密技术、访问控制和用户权限管理等。

3.探索物联网与人工智能的结合

物联网与人工智能的结合为智能家居带来了更多可能性。学生可以研究如何通过人工智能技术提升智能家居的智能化水平,例如利用机器学习算法来优化家居设备的能源消耗,或者通过自然语言处理技术实现更智能的语音交互。此外,可以探讨物联网与人工智能在智能家居中的其他创新应用,如智能安防系统、智能健康监测等。

4.研究物联网设备的互操作性问题

物联网设备的互操作性是实现智能家居系统集成和协同工作的关键。学生可以研究不同品牌和类型的物联网设备之间的互操作性问题,探讨如何通过标准化协议和接口来实现设备间的无缝连接和数据共享。此外,可以探讨在智能家居系统中实现设备互操作性的技术和方法,如使用统一的物联网平台和开放的 API 接口。

项目二 智慧赋能——体验智慧教育

项目描述

在当今快速发展的信息技术时代,智慧教育作为新一代信息技术的重要应用领域,正面临着前所未有的挑战与机遇。随着人工智能、大数据、云计算等技术的不断进步,智慧教育不仅改变了传统的教学模式,还为教育行业带来了个性化学习和高效管理的新可能。

通过参与本项目,学习者将深入了解智慧教育的最新发展动态和实际应用案例,掌握如何运用这些技术提升教学质量和学习效率。项目内容紧密结合当前教育行业的实际需求,旨在帮助学习者适应教育技术的快速变革,增强其在职场中的竞争力。

本项目特别强调理论与实践的结合,通过模拟真实的教育环境,让学习者在动手操作中体验智慧教育的实际应用,从而更好地理解技术如何赋能教育,以及如何在未来的教育工作中应用这些技术。此外,项目还鼓励学习者探索智慧教育在不同场景下的创新应用,激发其创新思维和解决问题的能力。

通过本项目的学习,学习者不仅能够跟上行业发展的步伐,还能够在未来的职业生涯中,利用所学知识解决实际问题,实现个人职业发展的跃升。这不仅增强了学习者的职业技能,也提升了其对未来工作的适应性和前瞻性,为个人的长远发展打下坚实的基础。

任务一 使用智慧教育云平台

任务描述

在当今的教育领域,智慧教育云平台正逐渐成为教学和学习的重要工具。通过这一平台,教师可以实现课程内容的数字化管理,学生则能够享受到个性化和互动性更强的学习体验。智慧教育云平台集成了人工智能、云计算等先进技术,使得教育资源的分配更加高效,教学方法更加多样化。在任务开始之前,我们不妨思考以下问题:

(1)在你的学习或教学经历中,是否曾使用过类似的教育技术平台? 如果有,请举例说明其使用场景和感受。

(2)你认为智慧教育云平台在哪些方面能够显著提升教学或学习的效果?

 学习目标

知识目标

1. 理解人工智能的基本概念,包括其定义、发展历程和核心原理。

2. 掌握人工智能的关键技术,如机器学习、深度学习、自然语言处理等。

3. 了解人工智能在教育领域的应用场景,包括个性化学习、智能辅导、教育资源管理等。

4. 熟悉云计算在人工智能领域的应用,包括云服务的类型、优势及其在教育中的具体应用。

技能目标

1. 能够注册并登录智慧教育云平台,熟悉平台的用户界面和基本操作。

2. 可以利用智慧教育云平台进行课程管理、资源上传和下载,以及参与在线学习活动。

3. 能够分析和评估智慧教育云平台的功能和性能,提出改进建议。

4. 掌握在智慧教育云平台上使用人工智能和云计算工具的基本技能。

素养目标

1. 培养对新一代信息技术的兴趣和探索精神,提升信息素养。

2. 增强在数字化教育环境中的适应能力和创新能力,促进个人职业发展。

3. 培养团队合作和沟通能力,能够在团队中有效利用智慧教育云平台进行协作学习。

4. 强化网络安全意识,确保在使用智慧教育云平台时的个人信息安全。

 知识准备

体验智慧校园

在现代职场中,随着信息技术的快速发展,智慧教育云平台已成为教育领域的重要工具。这种平台利用人工智能和云计算技术,为教育工作者和学生提供了全新的教学和学习方式。通过智慧教育云平台,教师可以更有效地管理课程内容,学生则可以获得个性化的学习体验。

任务 1.1 人工智能的基本概念

人工智能(AI)是指由人制造出来的机器所表现出来的智能。它涵盖了多个领域,包括机器学习、自然语言处理、计算机视觉等。人工智能的关键技术包括深度学习、神经网络和数据挖掘等。这些技术使得机器能够模拟人类的思维过程,执行复杂的任务,如语音识别、图像分析和决策支持。

任务 1.2 人工智能的应用场景

人工智能在教育领域的应用非常广泛。例如,智能辅导系统可以根据学生的学习进度和理解能力提供个性化的教学内容。此外,AI还可以用于评估学生的作业和考试,提供即时的反馈和分析。在智慧教育云平台中,人工智能技术被用来优化学习资源,提高教学效率,以及增强学生的学习体验。

任务 1.3　云计算在人工智能领域的应用

云计算为人工智能提供了强大的计算能力和存储资源。通过云平台,教育机构可以轻松访问和处理大量的教育数据,实现资源的共享和优化。云计算还支持实时数据分析,帮助教师和学生即时了解学习进度和效果。在智慧教育云平台中,云计算技术确保了数据的安全存储和高效处理,为人工智能的应用提供了坚实的基础。

通过这些子任务的学习,你将能够全面了解智慧教育云平台的知识背景和技术支持,为后续的实践操作打下坚实的基础。这些知识不仅有助于你在职场中更好地应用智慧教育云平台,还能提升你对新一代信息技术的理解和应用能力。

实施与评价

(1)通过学习,学生应掌握如下能力。

①智慧教育云平台的操作技能:学生通过本任务的学习,应能够熟练掌握智慧教育云平台的基本操作,包括用户登录、课程选择、资源浏览和下载等。学生应能够独立完成在线学习环境的设置,确保在利用平台进行学习时能够准确、高效地执行这些基本步骤。此外,学生还应掌握如何参与在线讨论、提交作业和查看成绩,能够在使用平台时灵活运用这些技能,达到预期的学习效果。

②信息技术应用能力:在完成任务的过程中,学生应学会如何利用人工智能和云计算技术来辅助学习,理解这些技术在教育领域的应用。通过实践,学生应能够提高对新技术的适应性和应用能力,减少因技术不熟悉而影响学习效率的情况。学会利用平台提供的工具和资源,如智能推荐系统、虚拟实验室等,来优化学习过程,提升学习效果。

③创新思维与问题解决能力:本任务还旨在培养学生的创新思维和问题解决能力。通过学习如何利用智慧教育云平台进行个性化学习,学生应逐步形成独立思考和解决问题的能力,确保在学习过程中能够主动探索和尝试新的学习方法。同时,通过参与平台上的项目和活动,学生还应在团队合作和创新实践方面有所提升,学会在复杂的学习环境中如何与他人协作,共同解决问题。

(2)按照"任务单42"要求完成本任务。

拓展任务

1.探索人工智能在教育领域的创新应用

在体验了智慧教育云平台后,学生可以进一步探索人工智能在教育领域的其他创新应用。例如,研究个性化学习系统如何利用人工智能技术来分析学生的学习习惯和能力,从而提供定制化的学习内容和路径。此外,可以关注智能辅导系统如何通过自然语言处理和机器学习技术,为学生提供即时的学习反馈和指导。这些探索将帮助学生了解人工智能如何推动教育方式的变革,并为未来的教育技术发展趋势提供洞察。

2.研究云计算在智慧教育中的作用

学生可以深入研究云计算技术在智慧教育中的具体应用和作用。例如,探讨云平台如何支持大规模的在线课程和学习资源的存储与共享,以及如何通过云服务实现教育数据的实时分析和处理。此外,可以研究云安全技术如何保障教育数据的安全性和隐私保护。通过这些研究,学生将能够理解云计算在构建高效、灵活和安全的智慧教育环境中的关键作用,并为未来在教育技术领域的实践和研究打下坚实的基础。

项目三　因势利导——大数据在电商平台中的应用

项目描述

在当今的数字化浪潮中,大数据已成为推动各行各业创新发展的关键力量。特别是在电商平台领域,大数据技术的应用不仅改变了传统的商业模式,更为企业提供了前所未有的市场洞察和消费者行为分析能力。本项目旨在深入探讨大数据在电商平台中的应用,帮助学习者理解如何利用数据分析工具和方法,优化产品推荐、库存管理、客户服务等关键业务流程,从而提升企业的竞争力和市场份额。

面对日益激烈的市场竞争和消费者需求的多样化,掌握大数据分析技能已成为职场人士必备的能力之一。通过本项目的学习,学习者将能够紧跟行业发展的最新趋势,提升自身的数据处理和分析能力,为未来的职业发展奠定坚实的基础。此外,本项目还将通过实际案例分析和模拟操作,增强学习者的实践能力和问题解决能力,使其能够在真实的职业环境中灵活运用所学知识,实现个人价值的最大化。

通过本项目的学习,学习者不仅能够获得宝贵的行业知识和技能,还能够培养对数据敏感性和创新思维,这些都是未来职场竞争中不可或缺的素养。因此,本项目对于激发学习者的职业潜能,推动其职业生涯的持续发展具有重要的意义。

任务一　体验大数据在电商平台中的应用

任务描述

在当今的电商平台上,大数据技术的应用已经成为提升用户体验和优化运营效率的关键。通过分析海量的用户行为数据,电商平台能够精准地推荐商品、预测市场趋势,并据此调整库存和营销策略。本次任务将引导你深入体验大数据在电商平台中的具体应用,了解其背后的技术原理和实际效果。任务开展前,思考问题:

(1)你能举例说明大数据技术在电商平台中有哪些具体的应用场景吗?

(2)你认为大数据技术如何帮助电商平台更好地服务消费者和优化运营?

学习目标

知识目标

1. 理解大数据的基本概念,包括其定义、特征和重要性。

2. 掌握大数据的主要技术,如数据采集、存储、处理和分析技术。

3. 了解大数据在电商平台中的应用场景,包括用户行为分析、个性化推荐和库存管理等。

技能目标

1. 能够识别和描述大数据在电商平台中的具体应用实例。

2. 掌握使用大数据技术分析电商平台数据的基本方法。

3. 能够运用大数据分析结果优化电商平台的运营策略。

素养目标

1. 培养对大数据技术的兴趣和探索精神,提升信息技术的应用能力。

2. 增强数据安全和隐私保护意识,确保在应用大数据技术时遵守相关法律法规。

3. 提升跨学科思维能力,能够将大数据技术与电商运营相结合,创新业务模式。

知识准备

在现代职场中,随着信息技术的飞速发展,大数据已成为推动各行各业创新和转型的关键力量。特别是在电商平台中,大数据的应用不仅改变了传统的商业模式,还极大地提升了用户体验和运营效率。为了深入理解大数据在电商平台中的应用,我们需要从其基本概念、主要技术以及具体应用场景三个方面进行系统的学习。

大数据在电商
平台中的应用

任务 1.1　大数据是什么

大数据是指那些传统数据处理软件无法在合理时间内处理的数据集。这些数据集通常具有四个主要特征:体量巨大(Volume)、种类繁多(Variety)、速度快(Velocity)和价值密度低(Veracity)。随着互联网和物联网的普及,大数据的来源也日益广泛,包括社交媒体、电子商务、传感器数据等。在电商平台中,大数据可以帮助企业分析用户行为、预测市场趋势、优化库存管理等,从而实现精准营销和提高运营效率。

任务 1.2　大数据的主要技术

大数据技术主要包括数据采集、存储、处理和分析四个方面。数据采集技术如网络爬虫、传感器技术等,负责从各种数据源收集数据。存储技术则涉及分布式文件系统、NoSQL数据库等,用于高效存储和管理大量数据。数据处理技术如 MapReduce、Spark 等,能够对大数据进行并行处理,提高处理速度。最后,数据分析技术如机器学习、数据挖掘等,帮助我们从大数据中提取有价值的信息和知识。在电商平台中,这些技术共同作用,使得企业能够快速响应市场变化,优化决策过程。

任务 1.3　大数据的应用场景

大数据在电商平台中的应用场景非常广泛。例如,通过分析用户的浏览、购买历史和社交行为,电商平台可以为用户提供个性化的商品推荐,提高用户满意度和购买转化率。此外,大数据还可以用于市场趋势预测,帮助企业提前调整库存和营销策略。在供应链管理中,大数据分析可以帮助企业优化物流配送,减少成本和时间。总的来说,大数据的应用使得电商平台能够更加精准地满足用户需求,提升整体运营效率。

通过这三个子任务的学习,我们将对大数据在电商平台中的应用有一个全面的认识,为后续的实践操作打下坚实的基础。

实施与评价

(1)通过学习,学生应掌握如下能力。

①大数据技术理解与应用:学生通过本任务的学习,应能够理解大数据的基本概念、主要技术和应用场景。学生应能够识别大数据在电商平台中的具体应用,如用户行为分析、个性化推荐系统等,并能够解释这些技术如何帮助电商平台提升用户体验和销售效率。

②数据分析与决策支持:在体验大数据应用的过程中,学生应学会如何从大量数据中提取有价值的信息,并利用这些信息进行商业决策。学生应能够运用数据可视化工具,如WPS表格中的图表功能,来直观展示数据分析结果,帮助理解数据背后的趋势和模式。

③创新思维与问题解决:本任务还旨在培养学生的创新思维和问题解决能力。通过分析大数据在电商平台的应用案例,学生应学会如何发现问题并提出创新的解决方案。这种能力不仅限于技术层面,还包括对商业模式和市场策略的理解和创新。

④职业素养与团队合作:在完成任务的过程中,学生应展现出良好的职业素养,包括对数据的敏感性、对工作的责任心以及对团队合作的重视。学生应能够在团队中有效沟通和协作,共同完成数据分析和报告编写等任务,提升团队整体的工作效率和成果质量。

(2)按照"任务单43"要求完成本任务。

拓展任务

1. 探索大数据分析工具的使用

在了解了大数据的基本概念和技术后,学生可以尝试探索一些流行的大数据分析工具,如 Apache Hadoop、Apache Spark 或 Tableau。通过实际操作这些工具,学生可以更深入地理解大数据处理和分析的流程,以及如何从海量数据中提取有价值的信息。这些技能对于未来在数据驱动的行业中工作至关重要。

2. 研究电商平台中的个性化推荐系统

个性化推荐系统是电商平台中大数据应用的一个重要方面。学生可以研究不同电商平台如何利用大数据技术来分析用户行为,从而提供个性化的商品推荐。通过分析推荐算法的工作原理,学生可以了解如何提高用户体验和增加销售转化率。此外,学生还可以探讨个性化推荐系统可能带来的隐私问题和伦理挑战。

3.调查大数据在供应链管理中的应用

大数据技术不仅在电商平台的前端展示中发挥作用,也在后端的供应链管理中扮演重要角色。学生可以调查大数据如何帮助电商平台优化库存管理、预测需求和降低成本。通过研究具体的案例,如亚马逊如何利用大数据优化其全球供应链,学生可以理解大数据在提高运营效率和响应市场变化中的关键作用。

项目四　风驰电掣——5G 网络测速

项目描述

在当今高速发展的信息技术时代,5G 网络作为新一代通信技术的代表,正迅速改变着我们的生活和工作方式。随着 5G 技术的普及,网络速度的大幅提升不仅意味着更快的数据传输和更低的延迟,还预示着物联网、智能城市、自动驾驶等领域的革命性进步。对于职场人士而言,掌握 5G 网络测速的技能,不仅是跟上技术发展步伐的关键,也是提升个人竞争力的重要途径。

通过本项目,学习者将深入了解 5G 网络的基本原理和性能特点,学习如何进行有效的网络测速,以及如何分析和优化网络性能。这不仅有助于学习者在技术层面保持领先,还能在实际工作中应用这些技能,提高工作效率和服务质量。此外,随着 5G 技术的广泛应用,相关技能的需求将持续增长,掌握这些技能将为学习者的职业发展打开新的机遇之门。

本项目的设计紧密结合实际职业环境,旨在通过实际操作和案例分析,增强学习者的实践能力和问题解决能力。通过参与本项目,学习者不仅能够获得宝贵的技术知识,还能增强对未来技术趋势的洞察力,从而在激烈的职场竞争中保持优势。

任务一　5G 网络测速

任务描述

随着信息技术的飞速发展,第五代移动通信技术(5G)已经成为推动社会进步和职场转型的重要力量。5G 网络以其高速率、低延迟和大连接数的特点,正在改变我们的工作方式和生活习惯。本次任务旨在通过实际操作,体验 5G 网络的速度和效率,了解其在不同应用场景中的实际表现。

在开始 5G 网络测速之前,我们首先需要思考以下问题:

(1)你认为 5G 网络相比当前使用的 4G 网络有哪些显著优势?

(2)在你的日常生活中,有哪些场景你认为会因为 5G 网络的普及而发生根本性的变化?

通过这些问题,我们将更好地理解 5G 技术的核心价值和潜在影响,为接下来的实践操作打下坚实的基础。

 学习目标

知识目标

1.理解第五代移动通信技术(5G)的基本概念和特点,包括其高速度、低延迟和大连接数等特性。

2.掌握5G的关键技术,如毫米波、小基站、大规模 MIMO、波束成形和网络切片等。

3.了解5G在不同应用场景中的实际应用,包括智能交通、远程医疗、工业自动化和虚拟现实等。

技能目标

1.能够使用专业的网络测速工具进行5G网络的速度测试,并准确解读测试结果。

2.能够根据5G网络的特性,优化网络配置和应用部署,提高网络性能和用户体验。

3.能够在实际工作中应用5G技术,解决相关的网络问题,提升工作效率。

素养目标

1.培养对新一代信息技术的敏感性和前瞻性,能够及时掌握和应用新技术。

2.增强团队合作和沟通能力,能够在跨学科团队中有效协作,共同推进项目进展。

3.提升创新意识和解决问题的能力,能够在面对复杂问题时,提出创新的解决方案。

 知识准备

在现代职场中,随着信息技术的不断发展,5G网络技术已成为推动社会进步和职场转型的重要力量。5G网络以其高速率、低延迟和大连接数的特点,正在逐步改变我们的工作方式和生活习惯。为了更好地适应这一变化,掌握5G网络测速技术成为了职场人士必备的技能之一。

5G 网络测速

任务 1.1　第五代移动通信技术概述

第五代移动通信技术,简称5G,是继4G之后的最新一代移动通信技术。5G技术不仅提供了比4G更快的数据传输速度,还显著降低了网络延迟,并支持更多的设备同时连接。这些特点使得5G技术在智能交通、远程医疗、工业自动化等多个领域有着广泛的应用前景。了解5G的基本概念和技术特点,是进行网络测速的前提。

任务 1.2　5G 关键技术解析

5G网络的实现依赖于多项关键技术,包括大规模 MIMO(多输入多输出)、毫米波通信、网络切片和边缘计算等。大规模 MIMO 技术通过使用更多的天线来提高频谱效率和网络容量;毫米波通信利用高频段的大带宽来实现高速数据传输;网络切片技术允许网络资源被灵活地分配给不同的服务和应用;边缘计算则通过在网络边缘处理数据来减少延迟。深入理解这些关键技术,有助于我们更准确地进行5G网络测速。

任务 1.3　5G 的应用场景探索

5G 技术的应用场景非常广泛,从增强型移动宽带(eMBB)到超可靠低延迟通信(URLLC),再到大规模机器类型通信(mMTC),每种应用场景都对网络性能有着不同的要求。例如,在智能交通系统中,5G 的低延迟特性可以确保车辆间的实时通信,提高交通安全;在远程医疗中,5G 的高速率可以支持高清视频的实时传输,实现远程诊断和手术指导。了解这些应用场景,可以帮助我们更好地理解 5G 网络测速的实际意义和应用价值。

通过对 5G 技术的全面了解,我们可以更有效地进行网络测速,从而在职场中更好地利用 5G 技术带来的便利,提升工作效率和质量。

实施与评价

(1)通过学习,学生应掌握如下能力。

①5G 网络测速技能:学生通过本任务的学习,应能够熟练掌握 5G 网络测速的基本方法和工具的使用。学生应能够独立完成 5G 网络的测速操作,理解测速结果的含义,并能够根据测速结果进行网络性能的初步分析。此外,学生还应掌握如何选择合适的测速工具和方法,以确保测速的准确性和可靠性。

②技术理解与应用能力:在完成任务的过程中,学生应深入理解第五代移动通信技术的基本原理和关键技术,如高频段通信、大规模 MIMO、网络切片等。学生应能够将这些理论知识应用于实际的网络测速中,通过实践加深对 5G 技术的理解。

③创新思维与问题解决能力:本任务还旨在培养学生的创新思维和问题解决能力。通过学习 5G 网络的应用场景,学生应能够思考如何利用 5G 技术解决实际问题,如提升远程医疗的效率、优化智能交通系统等。学生应学会在面对复杂的技术问题时,如何运用创新的方法和策略来寻找解决方案。

④职业素养与团队协作能力:在完成任务的过程中,学生应展现出良好的职业素养,包括对新技术的敏感性、对工作的责任心以及对团队合作的重视。学生应学会在团队中发挥自己的作用,与同伴有效沟通,共同推进任务的完成。通过团队协作,学生还应提升自己的领导力和组织协调能力,为未来的职场转型打下坚实的基础。

(2)按照"任务单 44"要求完成本任务。

拓展任务

1.探索 5G 网络在智能交通系统中的应用

在理解了 5G 网络测速的基本原理和关键技术后,学生可以进一步探索 5G 网络在智能交通系统中的应用。例如,研究 5G 如何支持车辆之间的实时通信(V2V),以及车辆与基础设施之间的通信(V2I),从而提高道路安全和交通效率。学生可以通过查阅相关文献或访问专业网站,了解当前智能交通系统的发展现状和未来趋势。

2.研究 5G 网络在远程医疗中的应用

另一个值得探索的领域是 5G 网络在远程医疗中的应用。学生可以研究 5G 技术如何实现高清视频通话,支持远程手术指导,以及如何通过高速数据传输来实时监测病人的健康状况。这些应用不仅提高了医疗服务的可及性,还可能在紧急情况下挽救生命。学生可以通过案例分析或实地考察,了解5G在远程医疗中的实际应用效果和面临的挑战。

3.比较5G与6G网络技术的初步概念

随着5G网络的逐步普及,6G网络技术的研究也已经开始。学生可以对比5G和6G网络的关键技术,如6G可能采用的太赫兹通信、人工智能优化网络等。通过比较,学生可以了解新一代网络技术的发展方向和潜在优势。此外,学生还可以关注国际上关于6G技术的最新研究和标准制定进展,以拓宽视野并保持对前沿技术的敏感性。

项目五　科技创新——食品药品溯源

项目描述

在当今社会,食品药品安全问题日益受到公众的关注,科技创新在食品药品溯源领域扮演着至关重要的角色。随着区块链、物联网等新一代信息技术的快速发展,食品药品溯源系统正变得更加透明、高效和安全。这一项目不仅应对了当前食品药品安全监管的挑战,也为学习者提供了跟上行业发展步伐的宝贵机会。

通过参与该项目,学习者将深入了解如何运用先进的技术手段确保食品药品从生产到消费的每一个环节都可追溯,从而增强消费者对产品的信任。此外,该项目还强调了实际职业环境中的应用,使学习者能够在未来的工作中直接运用所学知识,提升职业竞争力。

该项目不仅有助于学习者掌握最新的技术工具和方法,还能够培养其在食品药品溯源领域的专业素养和创新能力。通过实践与评价环节,学习者将能够在真实的案例中应用所学,从而更好地理解和掌握相关技能。拓展任务则进一步提供了深入探索和实践的机会,帮助学习者在未来职业生涯中保持领先地位。

总之,该项目通过紧密结合当前的技术发展趋势和社会需求,为学习者提供了一个全面提升自身技能和素养的平台,使其能够在快速变化的职场环境中保持竞争力。

任务一　用支付宝进行食品药品溯源

任务描述

在现代社会,食品药品安全问题日益受到公众的关注。为了确保食品药品的安全性和可追溯性,利用支付宝等移动支付平台进行食品药品溯源成为一种新兴的解决方案。通过这种方式,消费者可以轻松地查询到产品的生产、加工、运输等全过程信息,从而增强对产品的信任。任务开展前,思考问题:

(1)你能想到哪些场景下,食品药品溯源技术可以发挥重要作用?

(2)你认为通过支付宝进行食品药品溯源,有哪些潜在的优势和挑战?

学习目标

知识目标

1.理解区块链技术的基本概念,包括其去中心化、不可篡改和透明性等特点。

2.掌握区块链技术在食品药品溯源中的应用原理,了解其如何确保信息的真实性和可追溯性。

3.熟悉支付宝平台上的食品药品溯源功能,包括其操作界面和使用流程。

技能目标

1.能够独立使用支付宝进行食品药品的溯源查询,熟练操作相关功能。

2.能够分析和解释通过区块链技术溯源得到的食品药品信息,确保信息的准确性。

3.能够在实际操作中识别和解决常见的溯源问题,提高操作效率和准确性。

素养目标

1.培养对区块链技术及其在食品药品溯源中应用的正确认识,增强科技素养。

2.提升对食品药品安全的关注和责任感,形成良好的消费者行为习惯。

3.增强信息安全意识,理解并遵守相关的法律法规,保护个人和公众的利益。

📢 知识准备

食品药品溯源

在现代职场中,随着科技的不断进步,新一代信息技术的应用已经成为各行各业转型升级的关键。特别是在食品药品行业,溯源技术的应用不仅关系到公众的健康安全,也是企业提升品牌信誉和市场竞争力的重要手段。支付宝作为国内领先的移动支付平台,其食品药品溯源功能利用了区块链技术,为用户提供了一个便捷、透明的查询系统。

任务 1.1　区块链技术的基础知识

区块链技术是一种分布式数据库技术,它通过加密算法保证数据的安全性和不可篡改性。每个数据块都包含了一定数量的交易记录,并通过密码学方法与前一个数据块连接,形成一个链式结构。这种技术的核心优势在于其去中心化的特性,即不依赖于任何单一的中心管理机构,而是由网络中的多个节点共同维护和验证数据。区块链技术的应用领域非常广泛,从金融交易到供应链管理,再到食品药品溯源,都展现出了其巨大的潜力和价值。

任务 1.2　区块链技术在食品药品溯源中的应用

在食品药品溯源中,区块链技术的主要作用是确保数据的透明性和可追溯性。每一笔食品药品的交易信息都会被记录在区块链上,从生产、加工、运输到销售的每一个环节都可以被追踪和验证。这种技术的应用,不仅提高了食品药品的安全性,也为消费者提供了一个可靠的查询平台。通过支付宝的食品药品溯源功能,用户可以轻松查询到所购买产品的详细信息,包括生产日期、生产地点、流通路径等,从而更加放心地进行消费。

任务 1.3　支付宝食品药品溯源功能的操作流程

支付宝的食品药品溯源功能操作简单,用户只需通过支付宝 APP 扫描产品上的二维码,即可进入溯源页面。在这个页面上,用户可以看到产品的详细信息,包括生产信息、检验报告、流通记录等。此外,用户还可以通过这个平台对产品的质量进行评价和反馈,形成一个消费者与生产者之间的互动机制。这种透明化的信息展示和互动方式,不仅增强了消费者的信任感,也促进了食品药品行业的健康发展。

通过以上三个子任务的学习,我们可以更深入地理解区块链技术在食品药品溯源中的应用,以及如何利用支付宝这一平台进行实际操作。这些知识不仅有助于我们在职场中更好地理解和应用新一代信息技术,也为我们提供了保障食品安全的新思路和新方法。

实施与评价

(1)通过学习,学生应掌握如下能力。

①区块链技术应用能力:学生通过本任务的学习,应能够理解区块链技术的基本原理及其在食品药品溯源中的应用。学生应能够熟练使用支付宝等移动支付平台进行食品药品的溯源操作,包括扫描二维码、查看产品信息、验证产品真伪等。通过实际操作,学生应能够独立完成食品药品的溯源流程,确保在日常生活中能够准确、高效地使用这些技术。

②信息安全意识提升:在完成任务的过程中,学生应学会保护个人隐私和信息安全,确保在使用移动支付平台进行食品药品溯源时,个人信息不被泄露。学生应了解并遵守相关的网络安全法规,提高对网络诈骗和信息泄露的防范意识。通过实际操作,学生应能够识别和避免潜在的网络安全风险,确保个人信息的安全。

③社会责任感和公民素养:本任务还旨在培养学生的社会责任感和公民素养。通过学习如何使用区块链技术进行食品药品溯源,学生应认识到自己在食品安全和公共健康中的角色和责任。学生应能够积极参与到食品药品的监督和管理中,通过自己的实际行动,促进食品药品行业的透明度和诚信度。同时,通过与同学的交流与合作,学生还应在团队协作和公共参与能力方面有所提升,学会在食品药品溯源中如何与他人高效协作。

(2)按照"任务单45"要求完成本任务。

拓展任务

1.探索区块链技术在食品药品溯源中的应用案例

学生可以深入研究区块链技术在食品药品行业中的具体应用案例。例如,了解如何通过区块链技术确保食品从农场到餐桌的每一个环节都能被追踪和验证,以及这种技术如何帮助消费者获取产品的真实信息。通过分析这些案例,学生可以更好地理解区块链技术在提高食品药品安全性和透明度方面的作用。

2.研究区块链技术与其他信息技术的结合应用

学生可以探索区块链技术与其他先进信息技术的结合应用,如物联网(IoT)、大数据分析等。例如,了解如何通过物联网设备收集食品药品生产过程中的数据,并通过区块链技术进行不可篡改的记录和存储。此外,研究这些技术如何共同作用于食品药品溯源系统,以提高整个供应链的效率和安全性。

3.调查消费者对区块链溯源系统的接受度和信任度

学生可以进行一项调查,了解消费者对于使用区块链技术进行食品药品溯源的接受度和信任度。通过设计问卷和访谈,收集消费者对于这种新技术的看法和担忧,以及他们对于食品药品安全和透明度的期望。这项调查将帮助学生理解公众对于新兴技术的态度,并为未来推广区块链溯源系统提供参考。

项目六　展望未来——体验模拟实验

项目描述

在当今的 21 世纪,新一代信息技术的迅猛发展已经成为推动社会进步的重要引擎。随着云计算、大数据、人工智能等技术的不断成熟,职场环境正经历着前所未有的变革。本项目旨在通过模拟实验的方式,让学习者亲身体验这些前沿技术的应用场景,从而更好地理解其在现代职场中的实际价值和作用。

面对技术快速迭代的挑战,本项目提供了一个实践平台,帮助学习者掌握必要的技术知识和操作技能,以适应不断变化的职业需求。通过模拟实验,学习者可以深入了解新技术如何解决实际问题,提高工作效率,创造新的商业机会,以及如何通过技术创新推动行业的发展。

此外,本项目强调与实际职业环境的紧密联系,通过模拟真实的工作场景,增强学习者的参与感和动力。学习者将有机会应用所学知识解决模拟工作中的问题,这种实践经验对于培养学习者的职业素养和实际操作能力至关重要。通过这种方式,学习者不仅能够跟上行业的发展步伐,还能够为未来的职业转型和升级打下坚实的基础。

任务一　体验模拟实验

任务描述

在快速发展的信息技术时代,虚拟现实技术已经成为探索未来科技的重要窗口。通过模拟实验,我们可以深入了解虚拟现实技术的基本概念、构成要素以及广泛的应用领域。这项任务不仅能够增强我们对新兴技术的认识,还能激发我们对未来科技发展的无限想象。在开始体验模拟实验之前,让我们先思考以下问题:

(1)你能列举出哪些虚拟现实技术的应用实例?

(2)你认为虚拟现实技术在未来可能如何改变我们的工作和生活?

学习目标

知识目标

1.理解虚拟现实技术的基本概念,包括其定义和核心特点。

2.掌握虚拟现实技术的主要组成部分,如硬件设备和软件系统。

3.了解虚拟现实技术在不同领域的应用实例,包括教育、医疗、娱乐等。

技能目标

1.能够识别和描述虚拟现实技术的硬件设备,如头戴显示器、手柄等。

2.可以操作基本的虚拟现实软件,体验虚拟环境中的交互操作。

3.能够分析和讨论虚拟现实技术在特定行业中的应用效果和潜力。

素养目标

1.培养对新兴信息技术的敏感性和好奇心,积极探索虚拟现实技术的未来发展。

2.增强团队合作能力,通过虚拟现实技术体验,提升与他人协作解决问题的能力。

3.提升创新思维和批判性思维,能够对虚拟现实技术的应用进行合理评估和创新思考。

知识准备

在现代职场中,随着技术的不断进步,虚拟现实技术已经成为一个不可忽视的新兴领域。虚拟现实技术,简称VR,是一种可以创建和体验虚拟世界的计算机技术。它通过模拟人的视听和触觉,使用户沉浸在一个完全由计算机生成的环境中。这种技术的应用范围非常广泛,从娱乐、教育到医疗、军事等多个领域都有其身影。

体验模拟实验

任务 1.1 虚拟现实技术的基本概念

虚拟现实技术是一种综合利用计算机图形学、人机交互技术、传感器技术等,构建一个虚拟的三维环境,并允许用户通过特殊的输入/输出设备与其进行交互的技术。这种技术能够让用户感受到身临其境的体验,仿佛真的处于一个完全不同的世界中。虚拟现实技术的核心在于其能够提供高度沉浸感和交互性,这是通过高质量的图形渲染、精确的运动跟踪和立体声音效实现的。

任务 1.2 虚拟现实技术的发展历程

虚拟现实技术的发展可以追溯到20世纪50年代,当时的技术主要用于模拟训练和科学可视化。随着计算机技术的飞速发展,特别是图形处理能力的提升和传感器技术的进步,虚拟现实技术在20世纪90年代开始进入快速发展阶段。进入21世纪,随着智能手机和移动计算的普及,虚拟现实技术开始走向大众市场,各种VR头显和应用层出不穷。这一技术的发展不仅改变了人们的娱乐方式,也在教育、医疗、房地产等多个行业中发挥着重要作用。

任务 1.3 虚拟现实技术的应用领域

虚拟现实技术的应用领域非常广泛,其中最为人熟知的是在娱乐和游戏领域的应用。通过VR技术,用户可以体验到前所未有的游戏感受,完全沉浸在游戏的世界中。此外,虚拟现实在教育领域也有着巨大的潜力,它能够为学生提供一个互动的学习环境,增强学习的趣味性和效果。在医疗领域,VR技术被用于手术模拟训练、康复治疗等方面,提高了医疗服务的质量和效率。在房地产领域,VR技术使得客户可以在未建成的房屋中进行虚拟参观,大大提升了购房体验。

通过这些子任务的学习,你将对虚拟现实技术有一个全面的了解,包括其基本概念、发展历程以及广泛的应用领域。这些知识将为你进一步探索和体验虚拟现实技术打下坚实的基础。

实施与评价

(1)通过学习,学生应掌握如下能力。

①虚拟现实技术操作技能:学生通过本任务的学习,应能够理解虚拟现实技术的基本概念和组成部分,包括头戴式显示器、手柄控制器、跟踪系统等。学生应能够独立操作虚拟现实设备,体验虚拟环境中的交互操作,如导航、物体抓取、场景切换等,确保在虚拟环境中能够准确、流畅地执行这些操作。

②创新思维与问题解决能力:在体验模拟实验的过程中,学生应学会观察和分析虚拟现实技术在不同领域的应用,如教育、医疗、娱乐等。通过实际操作和体验,学生应能够提出创新的解决方案,解决在虚拟现实应用中遇到的问题。这种创新思维和问题解决能力的培养,有助于学生在未来的职业生涯中更好地适应和应对各种挑战。

③跨学科知识整合能力:本任务还旨在培养学生的跨学科知识整合能力。通过学习虚拟现实技术的应用,学生应能够将信息技术知识与物理、生物、艺术等其他学科知识相结合,理解虚拟现实技术如何促进不同学科的交叉融合。这种跨学科的知识整合能力,有助于学生形成更全面的知识结构,提高综合素质。

④职业素养与团队合作精神:在完成任务的过程中,学生应学会与团队成员有效沟通和协作,共同完成虚拟现实体验任务。通过团队合作,学生应能够提升自己的职业素养,如责任心、沟通能力、团队精神等。同时,学生还应学会在团队中发挥自己的优势,为团队的成功贡献力量。

(2)按照"任务单46"要求完成本任务。

拓展任务

1.探索虚拟现实技术的最新发展

虚拟现实技术正在迅速发展,新的硬件和软件不断涌现。学生可以关注最新的 VR 头显、手柄控制器和全身追踪技术,了解这些设备如何提升用户的沉浸感和交互体验。此外,可以研究 VR 在教育、医疗、娱乐等领域的最新应用案例,探讨这些技术如何改变我们的日常生活和工作方式。

2.研究增强现实与混合现实技术

除了虚拟现实,增强现实(AR)和混合现实(MR)也是当前技术发展的热点。学生可以探索 AR 和 MR 技术如何通过叠加数字信息到现实世界中,提供新的交互方式和信息展示方式。例如,研究 AR 在零售、旅游、维修等行业的应用,或者 MR 在设计、建筑、医疗等领域的实际案例,了解这些技术如何与现实世界相结合,创造新的用户体验。

3.了解虚拟现实在远程工作中的应用

随着远程工作的普及,虚拟现实技术在提供远程协作和沟通方面展现出巨大潜力。学生可以研究 VR 会议室、虚拟办公室等解决方案,了解这些技术如何模拟真实的办公环境,提供更加自然和高效的远程工作体验。同时,可以探讨 VR 技术在远程教育、远程培训等方面的应用,分析这些技术如何克服地理限制,促进知识和技能的传播。

模块八
职场达人——1＋X WPS 办公应用
职业技能

项目一 真知实践——职业技能证书

项目描述

在当今快速发展的信息技术时代,WPS办公应用已成为职场必备技能之一。随着数字化转型的深入,企业和组织对高效、专业的办公软件应用能力的需求日益增长。项目一"真知实践-职业技能证书"旨在通过系统的学习和实践,使学习者掌握WPS办公软件的高级功能和应用技巧,从而在职场中脱颖而出。

该项目紧密结合当前的技术发展趋势和社会需求,通过模拟真实的职业环境和工作场景,帮助学习者理解和掌握WPS办公软件在文档处理、数据分析、演示制作等方面的专业技能。这不仅能够提升学习者在日常工作中的效率和质量,还能够增强其在职场中的竞争力和适应性。

通过参与该项目,学习者将能够更好地应对职场中的各种挑战,如高效完成复杂的数据分析任务、制作引人注目的演示文稿等。此外,项目还强调实际操作和案例分析,使学习者能够在实践中不断提升自己的技能水平,确保其能够跟上行业发展的步伐。

总之,项目一"真知实践-职业技能证书"不仅为学习者提供了学习和成长的平台,还为其职业发展奠定了坚实的基础,使其能够在激烈的职场竞争中保持领先地位。

任务一 模拟证书考核

任务描述

在现代职场中,WPS办公应用技能已经成为衡量职业能力的重要标准之一。通过模拟证书考核,不仅可以检验个人对WPS办公软件的掌握程度,还能提升在实际工作中的应用能力。本次任务旨在通过模拟考核,让参与者深入了解1+X证书制度以及WPS办公应用职业技能等级证书的标准,从而为未来的职业发展打下坚实的基础。任务开展前,思考问题:

(1)你在日常工作中哪些环节需要使用到WPS办公软件?

(2)你认为掌握WPS办公应用技能对你的职业发展有何重要性?

学习目标

知识目标

1. 理解 1＋X 证书制度的基本框架和实施意义,包括其对职业技能认证的作用和影响。

2. 熟悉 WPS 办公应用职业技能等级证书的标准和要求,包括各个等级的技能点和考核内容。

3. 掌握模拟证书考核的基本流程和评分标准,了解考核中可能涉及的题型和答题技巧。

技能目标

1. 能够根据 1＋X 证书制度的要求,准备和参与模拟证书考核,展示自己的职业技能水平。

2. 熟练运用 WPS 办公软件进行文档处理、表格制作和演示文稿设计,达到职业技能等级证书的标准。

3. 能够在模拟考核中准确理解和执行考核要求,有效展示自己的技能掌握情况。

素养目标

1. 培养对职业技能认证的重视和认识,树立正确的职业发展观和技能提升意识。

2. 增强在职场中运用 WPS 办公软件的自信和能力,提升个人的职业竞争力。

3. 通过模拟考核的实践,提高自我学习和自我提升的能力,适应不断变化的职场需求。

知识准备

在现代职场中,掌握专业的办公软件技能已成为提升个人竞争力的关键因素之一。特别是在中国,WPS 办公软件因其高效、便捷和兼容性强等特点,成了职场人士必备的工具之一。为了进一步规范和提升职场人士的办公软件应用能力,中国推出了 1＋X 证书制度,其中 WPS 办公应用职业技能等级证书是这一制度中的重要组成部分。

任务 1.1 了解 1＋X 证书制度

1＋X 证书制度是中国职业教育改革的重要举措,旨在通过学历证书(1)和若干职业技能等级证书(X)相结合的方式,全面提升学生的职业技能和就业竞争力。在这一制度下,WPS 办公应用职业技能等级证书被广泛认可,它不仅证明了持证者具备一定的 WPS 办公软件操作能力,还反映了其在实际工作中的应用水平。了解这一制度的背景、目的和实施方式,对于准备参加 WPS 办公应用职业技能等级证书考核的人员来说至关重要。

任务 1.2 了解 WPS 办公应用职业技能等级证书标准

WPS 办公应用职业技能等级证书分为初级、中级和高级三个等级,每个等级都有明确的技能要求和考核标准。初级证书主要考察基本的文档编辑、表格处理和演示文稿制作能力;中级证书在此基础上增加了数据分析、文档格式设计和团队协作等能力的要求;高级证书则进一步强调了复杂文档处理、高级数据分析和创新应用能力。熟悉这些等级标准,可以帮助考生明确自己的学习目标和准备方向,从而更有效地进行考前准备。

任务 1.3　知识背景与历史渊源

　　WPS办公软件自1989年推出以来,经历了多次版本更新和技术革新,逐渐发展成为集文字处理、表格计算、演示制作等多种功能于一体的综合性办公软件。随着信息技术的发展和职场需求的不断变化,WPS办公软件的功能也在不断扩展和优化。了解WPS办公软件的发展历程和功能特点,对于深入掌握其使用技巧和提升办公效率具有重要意义。同时,了解1+X证书制度的历史背景和实施情况,可以帮助考生更好地理解这一制度的深远影响和实际价值。

　　通过以上三个子任务的学习,考生可以全面了解1+X证书制度和WPS办公应用职业技能等级证书的相关知识,为接下来的模拟证书考核做好充分的准备。这些知识不仅有助于考生顺利通过考核,还能在未来的职场工作中发挥重要作用。

实施与评价

　　通过学习,学生应掌握如下能力。

　　(1)文档操作技能:学生通过本任务的学习,应能够熟练掌握WPS文档工作界面的各项功能,包括菜单栏、工具栏的使用,以及文档窗口的管理。学生应能够独立完成文档的新建、保存、打开和关闭操作,确保在创建和管理文档时能够准确、高效地执行这些基本步骤。此外,学生还应掌握文本的选择、插入、删除、复制、剪切和粘贴操作,能够在编辑文档内容时灵活运用这些技能,达到预期的排版效果。

　　(2)时间管理与效率提升:在完成任务的过程中,学生应学会合理安排编辑文档的时间,确保在规定时间内高质量地完成任务。通过反复练习,学生应能够提高操作效率,减少因不熟悉操作而浪费的时间。学会定期保存文档内容,避免因意外情况导致的工作内容丢失,这也是时间管理和工作效率提升的一部分。

　　(3)工作素养的提升:本任务还旨在培养学生对细节的关注和对任务的责任心。通过学习如何准确操作文档界面和编辑工具,学生应逐步形成严谨的工作态度,确保文档内容的准确性和排版的规范性。同时,通过与同学的交流与合作,学生还应在团队协作和沟通能力方面有所提升,学会在文档编辑中如何与他人高效协作。

拓展任务

　　1.探索WPS办公软件的云服务功能

　　在数字化时代,云服务已成为办公自动化的重要组成部分。学生可以深入研究WPS办公软件的云服务功能,如WPS云文档、云表格和云演示。通过这些功能,用户可以实现文档的在线存储、同步和共享,极大地提高工作效率和协作能力。此外,了解如何设置权限和保护隐私也是学习的重要内容。

　　2.研究WPS办公软件与人工智能的结合

　　人工智能技术正在逐渐渗透到办公软件中,为办公自动化带来革命性的变化。学生可探索WPS办公软件中的人工智能功能,如智能排版、智能校对和智能翻译。通过学习这些功能,学生可以了解人工智能如何辅助文档编辑和内容创作,提高工作效率和文档质量。同时,也可以探讨人工智能在办公软件中的应用前景和潜在挑战。

3.了解 WPS 办公软件在移动办公中的应用

随着移动设备的普及,移动办公已成为现代职场的重要趋势。学生可以研究 WPS 办公软件在移动设备上的应用,如 WPS Office 移动版的功能和操作。通过学习如何在手机或平板电脑上高效地编辑和查看文档,学生可以更好地适应移动办公的需求,提高工作的灵活性和便捷性。同时,也可以探讨移动办公对传统办公方式的影响和未来发展趋势。

马基雅维利

Introducing Machiavelli

［英］帕特里克·库里（Patrick Curry）/ 文

［英］奥斯卡·萨拉特（Oscar Zarate）/ 图

聂沁丹 / 译

图书在版编目（CIP）数据

马基雅维利 /（英）帕特里克·库里文;（英）奥斯
卡·萨拉特图;聂沁丹译. -- 北京:生活·读书·新
知三联书店, 2024. 10. （2025.5 重印）-- (图画通识丛书).
ISBN 978-7-108-07893-3

Ⅰ. K835.467=331

中国国家版本馆 CIP 数据核字第 20249VK682 号

责任编辑　周玖龄
装帧设计　张　红　康　健
责任校对　陈　格
责任印制　卢　岳
出版发行　**生活·讀書·新知** 三联书店
　　　　　（北京市东城区美术馆东街 22 号　100010）
网　　址　www.sdxjpc.com
图　　字　01-2022-0650
经　　销　新华书店
印　　刷　北京隆昌伟业印刷有限公司
版　　次　2024 年 10 月北京第 1 版
　　　　　2025 年 5 月北京第 2 次印刷
开　　本　787 毫米 × 1092 毫米　1/32　印张 5.75
字　　数　50 千字　图 170 幅
印　　数　4,001 - 7,000 册
定　　价　39.00 元

（印装查询：01064002715；邮购查询：01084010542）

目　录

"老尼克"

四百多年来，尼科洛·马基雅维利（Niccolò Machiavelli）一直被视为政治上的虚伪、不道德（immorality）和残忍的代名词。在 16 世纪，他的名字常被简称为"老尼克"，一个称呼撒旦的流行绰号。耶稣会士（新教徒指控他们为马基雅维利主义者）称他为"恶魔的犯罪同伙"。"凶残的马基雅维利"成为伊丽莎白时期的戏剧——包括莎士比亚戏剧——最常提及的人物。

正如麦考利勋爵在 1827 年写的，"我们不确定文学史上还有哪个名字能如此普遍地令人厌恶……"。

20 世纪的哲学家伯特兰·罗素（Bertrand Russell）这样描述马基雅维利最著名的著作**《君主论》**(*The Prince*)：

> 一本写给暴徒的书……

> 啊……好吧。

> 一本写给政治家的书！

贝尼托·墨索里尼（Benito Mussolini）——罗素可能想到的人物之一——曾恰如其分地称赞它。关于新君主应该是什么样的人，前者有很坚定的看法，还为《君主论》新版本写了篇序言。

亨利·基辛格（Henry Kissinger）多年来一直是美国政坛总统宝座背后的实权人物。1972 年，一位采访者暗示他是马基雅维利主义者。这无疑解释了他当时的反应："不，根本就不是！"难道他没有在某种程度上受到马基雅维利思想的影响吗？

我们将会看到，马基雅维利也有他的粉丝，其中许多人并非暴徒，比如哲学家弗朗西斯·培根（Francis Bacon）。

> 我们非常感激像**马基雅维利**这样的一些人——他们写的是人实际做的事，而不是人应该做的事。

> **尼科洛·马基雅维利**写的是我们生活的世界，伙计，写的是它真实的样子，没有一点废话。

麦克·泰森

但关于马基雅维利的负面评论一直持续到今日。《**卫报**》说：“《**君主论**》是政治权术的终极手册。”最新版的《**钱伯斯英语词典**》将“马基雅维利式的”（Machiavellian）当作一个形容词，意思是“政治上诡计多端且不择手段，不惜代价地谋求权力或利益；非道德的（amoral）和机会主义的”。

所以马基雅维利是一个什么样的人？是邪恶的天才还是杰出的政治理论家？他对我们今天又有什么启示呢？要回答这些问题，你必须了解他是谁，他就他的时代及其问题写下了什么。

文艺复兴时期的佛罗伦萨

15世纪是佛罗伦萨的黄金时代。佛罗伦萨之富有成了传奇。它的货币——弗罗林，在各地都备受尊重。商人的业务范围也很广泛，首先是羊毛业，其次是丝绸业与东方贸易。美第奇家族是最富有、最成功的家族之一。他们最初来自穆杰罗山谷，以商业银行家的身份积累了大量财富，并成为罗马教廷的银行家。很快，他们的野心扩展到了政治、教皇皇位本身以及他们家乡城市的统治上。但美第奇家族也以慷慨资助艺术和人文学科而著称。他们并非小气的专制君主。

米兰

法国

热那亚

西班牙

卢卡

比萨

一枚弗罗林金币

锡耶纳→

罗马→

佛罗伦萨的象征物

阿尔诺河

这种商业、文化和开明专制的结合，使文艺复兴时期的佛罗伦萨堪比古典时期的雅典，成为欧洲文化与文明的又一个转折点。

在那个充满几乎前所未有的创造力和乐观主义的时代，多亏了像美第奇这样富有的商人家族的赞助，佛罗伦萨成了西方艺术与科学的第一中心。1420 年前后，菲利波·布鲁内莱斯基（Filippo Brunelleschi）设计了位于乔托塔附近的圣母百花大教堂的巨型穹顶，并与吉贝尔蒂（Ghiberti）一道监督建造施工。它完工于 1436 年，尽管天窗在布鲁内莱斯基去世后才完成。他还和阿尔伯蒂（Alberti）一道发明了线性透视法。

乌切罗

多纳泰罗

解剖学上的发现及其与艺术创造力的结合，使多纳泰罗（Donatello）的雕塑和皮耶罗·德拉·弗朗切斯卡（Piero della Francesca）的绘画独树一帜。波提切利（Botticelli）的**《维纳斯的诞生》**和**《春》**精妙地表现了人们对古典异教题材的新兴趣。

布鲁内莱斯基

乔托

列奥纳多·达·芬奇（Leonardo da Vinci）是佛罗伦萨人，或许他的生活和工作最充分地展现了佛罗伦萨人的求知欲、人道的怀疑精神以及敏感性。他在佛罗伦萨与西方雕塑和绘画巨匠米开朗基罗（Michelangelo）密切来往，并逐渐熟练掌握人体造型技艺。

而且，令人难以置信的是，比他们年纪还小的拉斐尔（Raphael）——来自乌尔比诺，但在佛罗伦萨画画——拜访了他们并观摩了两位大师正在创作的作品。

拉斐尔

米开朗基罗

与此同时，人们对于已知物理世界边界的看法受到了挑战。1492年，克里斯托弗·哥伦布（Christopher Columbus）开启了他第一次历史性的航行。不久之后，一名佛罗伦萨人、亚美利哥·韦斯普奇（Amerigo Vespucci），紧随其后，他以他的名字命名了美洲。

哥伦布

耐心点，同志们：大陆就在眼前了！

派对结束了……那群意大利人来了！

嗯——亚美利加……对一个新世界来说，这是多么好的名字！

韦斯普奇

在哲学方面，科西莫·德·美第奇（Cosimo de'Medici）委托马尔西利奥·费奇诺（Marsilio Ficino）将赫尔墨斯·特里斯墨吉斯忒斯（Hermes Trismegistus）的神秘学著作和柏拉图的对话录翻译成拉丁文。费奇诺用他的译作颠覆了古老的亚里士多德–基督教综合体。伟大的洛伦佐（Lorenzo the Magnificent）继续提供这种支持，他资助了柏拉图学园的建立、费奇诺自己的著作，以及皮科·德拉·米兰多拉（Pico della Mirandola）短暂而非凡的事业——马基雅维利将其描述为"近乎神的人"。皮科对人的尊严的思考融合了基督教神学、柏拉图哲学及赫尔墨斯秘术，为文艺复兴时期的人文主义定下了基调。

马尔西利奥·费奇诺

柏拉图对话录

皮科·德拉·米兰多拉

什么是人文主义？

这个词来自拉丁语的 *humanitas*，来自 *homo*，即人。人文主义作为一场运动，可以说始于 14 世纪的诗人彼特拉克（Petrarch）。他是一名佛罗伦萨流亡者的儿子。人文主义者的偶像是古典时期罗马共和国的诗人、学者和演说家：西塞罗、贺拉斯和维吉尔。文艺复兴时期的人文主义并不反基督教：它认为在古典异教哲学（尤其是柏拉图、普罗提诺及其追随者的哲学）与基督教精神背后都存在着一种普遍和谐。

西塞罗

贺拉斯

维吉尔

然而，位于人文主义世界中心的不是上帝，而是人（在某些版本中是神圣的人性）；不是来世，而是今生；不是不可言说的个人灵魂，而是公共和社会生活。人们还有信仰，但主要信奉这样的观念：人只要有智慧、有技能并努力付出，就可以改变世界——"virtù vince fortuna"（能力战胜命运）。

公民共和主义：好公民

人文主义与古典（即异教的）和公民（即社会的、政治的）**共和主义**（republicanism）密切相关。

人们将好人与公民等同起来，结果是他的善并非完全是个人的事，他的善至关重要地取决于他人的善。

人们试图将古典美德——通常指正义、节制、智慧和勇敢——融入后来的基督教美德：谦卑和公义。尽管如此，这一立场包含着对奥古斯丁或中世纪基督教思想——它强调原罪、上帝全能以及个人救赎——的强烈排斥。

马基雅维利的诞生

1469 年 5 月 3 日，尼科洛·马基雅维利出生在佛罗伦萨一个古老的中等富裕的家庭。他是父亲贝尔纳多（Bernardo）的第三个儿子。其父贝尔纳多是一位受过教育的人文主义者，从事法律工作。

马基雅维利接受了他那个时代最好的人文主义教育，甚至还在佛罗伦萨大学听过课。人文主义教育延续了在中世纪制度化了的体系，它由七艺组成："**三科**"（逻辑、修辞和语法）和"**四学**"（算术、几何、天文和音乐）。不过，古典拉丁文学以及关于古代历史、哲学和修辞学的研究受到特别关注。

人文主义不仅仅是一场思想运动。受过教育的人文主义者在佛罗伦萨政府中担任了许多重要职务。

分裂的意大利

佛罗伦萨是意大利内陆上统治着周边地区的几个城邦之一。这些城邦包括米兰、威尼斯、佛罗伦萨、教皇国罗马城、热那亚、锡耶纳和那不勒斯。从 15 世纪早期开始，佛罗伦萨就统治着除了卢卡和锡耶纳以外的托斯卡纳的大部分地区。比萨是佛罗伦萨唯一的出海口，具有特殊的战略意义。比萨是佛罗伦萨人和试图独立的比萨人持续争夺的对象。

> 乐观主义就是商业和文化——这就是好消息。现在来听听坏消息！

文艺复兴时期的意大利尽管在文化和艺术上取得了巨大成就，但却即将进入一个充满剧烈的政治混乱及动荡的时代。正是这一现实左右着马基雅维利的生活和工作。

民族国家和神圣罗马帝国

与此同时，在邻近的法国和西班牙，"现代"民族国家的发展壮大也对分裂的意大利逐渐构成了威胁。另一个主要参与者是神圣罗马帝国，它占据了我们目前所知的德国和奥地利的大部分地区。它始于公元 800 年查理曼（Charlemagne）被教皇利奥三世（Pope Leo III）加冕成为西罗马皇帝之时，一直存续到 1806 年拿破仑将最后一片帝国领土征服。

格尔夫派与吉伯林派

佛罗伦萨有着一段漫长而混乱的政治历史。在整个 12 世纪，它卷入了教皇一方的格尔夫派（Guelfs，包括佛罗伦萨）和神圣罗马帝国一方的吉伯林派（Ghibellines，包括锡耶纳、卢卡和比萨）之间的战争。13 世纪末，佛罗伦萨的格尔夫派自身也分裂为两派：白党（反对教皇）和黑党（支持教皇）。马基雅维利在他的《佛罗伦萨史》（1525）中对这种自相残杀的派系分裂做出了评论。

除非反对派的力量十分强大，否则即使是胜利的一方也不能总是保持团结。但是，当被打败的一派被摧毁时，胜利方就会分裂，因为掌权的一派不再感到任何会对它产生约束的恐惧，也没有任何内在的法则来制约它。

格尔夫派的白党和黑党之间爆发了一场内战。白党败北。1302 年，许多人发现自己被流放，家园和财产被毁，如果在佛罗伦萨管辖范围内被捕，还会面临死亡的威胁。其中包括意大利最伟大的诗人但丁·阿利吉耶里（Dante Alighieri），他再也没有回过佛罗伦萨。但丁在他的 **《神曲》** 中贴切地描述了被流放的痛苦：

"你将感到别人家的面包味道多么咸，走上、走下别人家的楼梯，路有多么艰难。[……]所以你自己独自成为一派对你来说将是光荣的。"*

——《天国篇》第十七章 58-69

* 译文引自但丁著，田德望译，《神曲·天国篇》，人民文学出版社，2001 年，第 126 页。（全书注释均为译者注）

他预言我将被逐出佛罗伦萨？

共和国自由之梦

格尔夫派和吉伯林派之间的斗争在佛罗伦萨及其周边地区持续了整个14世纪。此外还有其他危机。例如1342年，暴虐的"雅典公爵"瓦尔特·德·布里耶纳（Walter de Brienne）夺取政权，但又在次年的民众起义后被驱逐下台。

可怜的佛罗伦萨人，他们既不能保持自由，又无法忍受奴役。

佛罗伦萨中世纪晚期政府的结构很复杂，由一个约有一千人的大议会和其他较小的议会组成，其中最有权力的是执政团（Signory）。这些议会的成员都由纳税公民、行会成员和普通民众选举产生。首席大臣由正义旗手（Gonfalonier of Justice）[如此命名是因为他身扛"舞旗"（Gonfalone），即城市的公道]担任。

> "……许多地区常常由治到乱，又重新由乱到治……因为英勇生和平，和平生安逸，安逸生混乱，混乱生灾难，灾难生秩序，秩序生英勇，从中又产生荣耀和好运。"*
>
> 摘自《佛罗伦萨史》
>
> ---
>
> * 此译文在王永忠译文基础上有所修改。原译文见马基雅维利著，王永忠译，《佛罗伦萨史》，吉林出版集团有限责任公司，2013年，第204页。

美第奇家族掌权

美第奇家族于 1434 年上台，这是佛罗伦萨最有权势的家族之间斗争的结果。慢慢地，他们开始侵蚀这个松散的民主制度。科西莫·德·美第奇预先选定执政团候选人；1458 年后，用特殊的个人议会取代了旧的议会。1480 年，洛伦佐设计了一个 70 人的新的议会，这些人是从旧政权中挑选出来的，其权力每五年延长一次；反过来又选出为数更少的大臣为君主治理国家谏言，因此执政团的重要性再次下降。

吉罗拉莫·德拉·罗比亚
为凯瑟琳·德·美第奇之
墓建造的雕塑

凯瑟琳·德·美第奇（Catherine de'Medici，1519—1589）是洛伦佐的女儿——马基雅维利的《君主论》就是写给洛伦佐的。她是法兰西的摄政王和实际统治者，长达 20 多年。她是一个冷酷无情的马基雅维利式的阴谋家，对 1572 年臭名昭著的圣巴托洛缪大屠杀事件负有责任。

～ 美第奇家族 ～

乔凡尼·德·美第奇 1360~1429

❶ 科西莫
1434~64
1389~1464

洛伦佐
1394~1440

❷ 皮耶罗
1464-69
1418~69

⓫ 科西莫二世
1537-74
1519~74

❸ 伟大的
1469~92
洛伦佐
1449~92

朱利亚诺
1453~78

朱利奥
❽ 1478~1534
1519-23
成为教皇克雷芒七世

❹ 皮耶罗二世
1492-94
1471~1503

❺ 乔万尼
1512-13
1475~1521
成为教皇
利奥十世

朱利亚诺二世 **❻**
1478~1516
1513

R

❼ 洛伦佐二世
1513-19
乌尔比诺公爵
1492~1519

❾ 伊波利托
1523-27
1511~35

R

凯瑟琳
1519~89
法王亨利二
世的王后

亚历山德罗
1511~37

❿
1531-37

❶ = 佛罗伦萨实
际掌权者
（统治时间）

R 为共和制时期：
1494 到 1512
1527 到 1530

023

重生的共和国

伟大的洛伦佐·德·美第奇在马基雅维利出生的那一年掌权。他为佛罗伦萨带来了未来多年中最后一个相对稳定和繁荣的时期。

> 我在1492年的死亡很快就会导致……一个新的共和国的诞生！

为了宣示对那不勒斯王位的拥有，法国国王查理八世（Charles VIII）派军进入意大利。洛伦佐的继任者皮耶罗二世不明智地站在那不勒斯一边反对法国国王。法国人于1494年入侵佛罗伦萨。皮耶罗屈辱地被愤怒的市民赶走了。他们立即建立了一个共和国，并恢复了从前的千人大议会。

萨沃纳罗拉

该共和国从 1494 年存续到 1512 年。在头四年里，它的实际统治者是狂热的多米尼加传教士吉罗拉莫·萨沃纳罗拉（Girolamo Savonarola, 1452—1498），他并没有正式的政治职务。因为他名声很大，萨沃纳罗拉于 1490 年被洛伦佐邀请到佛罗伦萨。他是一个极富魅力的传教士，对社会上和教会中的世俗腐败进行抨击。

萨沃纳罗拉成功地利用了该城日益被剥夺权利的民众的不满情绪以及他们对未来的恐惧。

虚荣之火

　　萨沃纳罗拉的目标是将宗教复兴主义、我们现在称之为原教旨主义的东西——攻击人文主义的商业和文化——与旨在实现上帝的世间计划的严酷的神权共和主义结合起来。他是如此受欢迎，以至于在他的敦促下1497年的狂欢节以"虚荣之火"为高潮：一个由"尘世的"依恋——书籍、绘画、珠宝——堆成的巨大篝火。他对精英的影响也是巨大的：波提切利烧毁了他画的西蒙内塔的裸体写生。

她是**朱利亚诺·德·美第奇**的情妇，也是我画异教女神维纳斯的模特。

萨沃纳罗拉的布道让我印象深刻。

我也觉得……但仍持怀疑态度。

波提切利

米开朗基罗

马基雅维利

人们开始厌倦萨沃纳罗拉的严酷统治，不断下滑的经济引起了人们的反思。他的改革热情使他成为教皇的敌人，教皇最终将他逐出教会，并设令禁止他在整个佛罗伦萨城参加圣事。萨沃纳罗拉的政治盟友觉察到风向已变，便逐渐抛弃了他，而后 1498 年教皇对他提出了异端指控。萨沃纳罗拉就在他那"虚荣之火"所在的广场上，在篝火中结束了自己的生命。

手无寸铁的先知总是要遭殃的。

任何人都不应在城市中发动革命，以为日后可以随意终止它或如愿管制住它。

此时，马基雅维利 29 岁，是一个雄心勃勃且聪明伶俐的年轻人。

"中等个子，身材苗条，眼睛炯炯有神，头发乌黑，脑袋偏小，鼻梁微斜，嘴巴紧闭；他身上的一切都给人以敏锐的观察者和思考者的印象……他很难完全甩掉那总是挂在嘴角且在眼神中闪烁着的嘲讽的神情……"

马基雅维利去工作

1498 年 6 月，马基雅维利的机会来了。可能是通过他父亲当时任职于政府的有影响力的人文主义者朋友的帮助，他被大议会推选到一个重要的公务职位上，即第二秘书厅秘书长。

一个月后，他被任命为"战争十人委员会"（Ten of War）的秘书。该委员会负责佛罗伦萨的外交政策和军事事务。

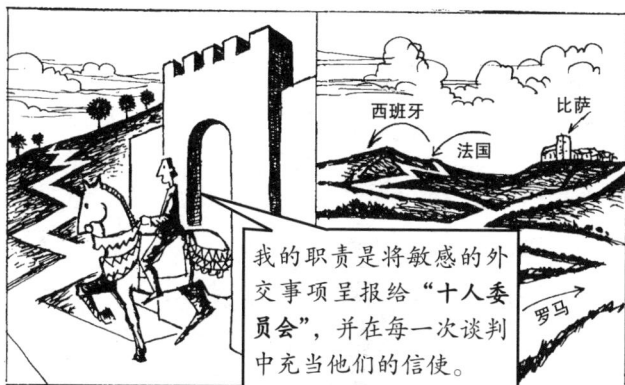

马基雅维利的工作涉及在复杂而棘手的谈判中承担实际责任，谈判的进程很可能会对佛罗伦萨产生实质性的影响：用我们的话说，是大臣也是公仆。马基雅维利对此非常认真，工作努力，兢兢业业。

外交官在行动

　　1500 年，佛罗伦萨发动了一场旨在收复比萨的战役。此前，比萨利用法国入侵造成的混乱局面宣布独立。

　　但这支主要由雇佣兵组成的部队惨败。马基雅维利在路易十二的宫里待了 6 个月，试图说服法国人帮助收复比萨。爱国心切的马基雅维利震惊地发现，法国人对佛罗伦萨充满轻蔑和嘲笑。

他们只看重那些装备精良或愿意出钱的人。佛罗伦萨显然两者都不是。

第二年，马基雅维利抽出时间与玛丽埃塔·科尔西尼（Marietta Corsini）结了婚。他们似乎曾经有过亲密的感情关系，后来又有了六个孩子。但是他没在家待多久。

收拾我的行李，玛丽埃塔。我要去见瓦伦蒂诺！

教皇亚历山大六世封他的儿子切萨雷·博尔贾（Cesare Borgia），即瓦伦蒂诺公爵，为罗马涅公爵。博尔贾发动了一场闪电军事行动来开拓自己的领域。这恰好发生在佛罗伦萨领地的边界，政府对此非常担心。在1502年10月，他们派马基雅维利去与公爵谈判条约。

博尔贾家族有何来头？

切萨雷·博尔贾（1476—1507）和卢克雷齐娅·博尔贾（Lucrezia Borgia，1480—1519）都是罗德里戈·博尔贾（Rodrigo Borgia，1431—1503）的私生子，后者于1492年成为教皇亚历山大六世。

卢克雷齐娅和她哥哥一样，因参与了她那个时代的强权政治和阴谋而臭名昭著。

> 我从最近突然守寡的生活毫无阻碍地走向了一段带有野心的婚姻。

切萨雷的父亲在他17岁时任命他为红衣主教，但很快就解除了他的职务。

> 我儿子似乎不适合修道生活。

在父亲的帮助下，切萨雷当上了罗马涅教皇军的统帅。

切萨雷·博尔贾的天才

马基雅维利对切萨雷·博尔贾印象深刻，他警告十人委员会说就在这里"出现了一股意大利的新势力"。切萨雷的办事效率和冷酷无情典型地表现在他处理中尉雷米罗·德·奥尔科（Rimirro de Orco）的方式上。奥尔科无端无由的暴行正在危及他在罗马涅的统治。这个暴徒后被谋杀，尸体扔在了主公共广场。

此后不久，切萨雷便得知有人要在塞尼加利亚刺杀他。

他去到那里，请谋反的人吃饭，并趁他们吃饭的时候杀了他们。

马基雅维利在他的信中用惊叹乃至钦佩的语气描述了这一切。

达·芬奇与马基雅维利

1502 年，马基雅维利的外交使团到达的同时，切萨雷雇用达·芬奇作为他的首席军事建筑师和工程师。这两个人都在 1502 年的诸场胜仗中陪同着切萨雷，都在切萨雷屠杀谋反者的时候身在塞尼加利亚。

文艺复兴时期的求知精神和客观探索精神，让这两个人——残酷权力之徒马基雅维利与爱好和平的素食者达·芬奇——走到了一起。马基雅维利探究的对象是人；达·芬奇探究的对象是自然。他们相处得很好，成了好朋友。

后来，我利用我的影响力，为达·芬奇在佛罗伦萨争取到一个委托项目——一幅描绘安吉亚里之战的壁画——在旧宫大议会厅的一面墙上作画。

命运的转变

但在 1502 年，公爵的命运发生了彻底的转变，他所有的成就都付诸东流。这是因为，公爵的父亲亚历山大六世在 8 月去世了，一个月后他那短命的继任者庇护三世（Pius III）也去世了。马基雅维利立即被派往罗马，去报告下一届教皇选举的情况。赢得选举的是尤利乌斯二世（Julius II），切萨雷·博尔贾支持他。作为回报，尤利乌斯二世答应任命切萨雷为教皇军队的统帅。

啊，但我仍记得我在博尔贾父亲的统治下所遭受的折磨……所以，让我的承诺见鬼去吧！

现在要进行收尾工作。

拉斐尔

036

通常情况下，马基雅维利不但不会谴责其不守道义，反而会称赞其明智。

我反倒要批评博尔贾判断力差，过分依赖他一贯的好运。

与此同时，公爵病倒了；没有了教皇的支持，他的帝国开始分崩离析。到了11月，马基雅维利就可以向"十人委员会"保证，他们不必再担心他了。

国民军秘书

1502 年，皮耶罗·索德里尼（Piero Soderini），一位受人尊敬的人文主义者兼马基雅维利的朋友，当选为终身正义旗手。起初他非常能干，将内部各派团结起来，并最终收复了于 1494 年失陷的比萨。

马基雅维利的计策被采纳。1507 年，一个新委员会即"国民军九人指挥委员会"（Nine of Militia）成立了，由马基雅维利担任秘书。1509 年，比萨被收复。

与此同时，马基雅维利被派往教皇尤利乌斯二世的宫廷执行新任务。教皇尤利乌斯二世是米开朗基罗的大赞助人，他委托米开朗基罗为西斯廷教堂作画。

米开朗基罗，看看那些墙——做点什么，好吗？

尤利乌斯很有活力。他收复了前任教皇在佩鲁贾和博洛尼亚的保护地。我怕他对佛罗伦萨怀有野心……

马基雅维利还参观了神圣罗马帝国皇帝马克西米利安（Maximilian）的宫廷，马克西米利安给他留下了软弱无能的印象。

美第奇归来

　　面对瞬息万变的形势，索德里尼过于坚持他一贯的亲法、反战的政策。1511 年，教皇尤利乌斯与西班牙国王费尔南多（Ferdinand）结盟对抗法国。次年夏天，西班牙军队发起进攻并将法国军队击退到米兰之外。

索德里尼和佛罗伦萨的领导人没能看清形势。

　　佛罗伦萨被包围了，其规模小且缺乏经验的国民军根本无法对抗强悍的西班牙步兵。1512 年 9 月，该城投降，索德里尼出逃。

这个年轻的共和国解体了。1513 年，在朱利亚诺二世的带领下，西班牙人重新建立美第奇王朝。美第奇家族一直执政至 1737 年。共和主义者的自由之梦彻底破灭了。

马基雅维利的坠落

　　1512 年 11 月，打击降临。马基雅维利被秘书团免去职务。三个月后，即 1513 年 2 月，他被诬告参与阴谋活动。马基雅维利被逮捕并监禁了 22 天，由于逼供，他受了六次吊坠刑（strappado）的折磨。吊坠刑是一种将受害者的手臂反绑起来，然后突然释放的施刑方式。遭受这种刑罚极其痛苦，通常会导致肩膀骨折。

　　他于 3 月获释。尤利乌斯二世去世了，他的继任者红衣主教乔万尼·德·美第奇成为利奥十世。美第奇家族的非凡成就由此得以延续。佛罗伦萨成为教皇的保护国，同时宣布全面大赦。

在遭受冲击和失业后，马基雅维利退居到他圣安德烈亚的小庄园，位于佛罗伦萨以南 7 英里。

该走了，玛丽埃塔……

我需要休息和思考一下……

也许可以写点东西……

好了，我们到了，尼科洛……

是的，该死的……**流放**！

马基雅维利在圣安德烈亚

　　对于马基雅维利来说，这些日子是艰难的。他已经习惯了城里的生活，处于能够操纵令他着迷的政治权力的位置。在 1513 年 12 月 10 日写给他罗马的朋友弗朗切斯科·韦托里（Francesco Vettori）的信中，马基雅维利描述了他全新的生活方式。

　　我在监督农场劳动中度日……在户外读诗（"不是但丁就是彼特拉克"）……和村民们闲聊。

　　和家人吃完晚饭后，我去当地的旅馆与工人们聊天、玩游戏。

　　然而，当天色渐暗时……

我回到我的屋子，走进我的书房；在门口脱下白天的衣服，上面沾满了泥土和灰尘，换上高贵的宫廷服饰，换上得体的衣服，进入古人的古老宫廷。在那里，我受到亲切的接待，享用着那只属于我、我为之而生的食物。在那里，我不太胆怯，而敢于与他们交谈并询问他们行为的缘由。他们礼貌地回答了我。在四个小时的时间里，我并不感到疲倦，我忘记了所有的烦恼，我不惧怕贫穷，死亡也不使我惊惶；我把自己完全交给他们。

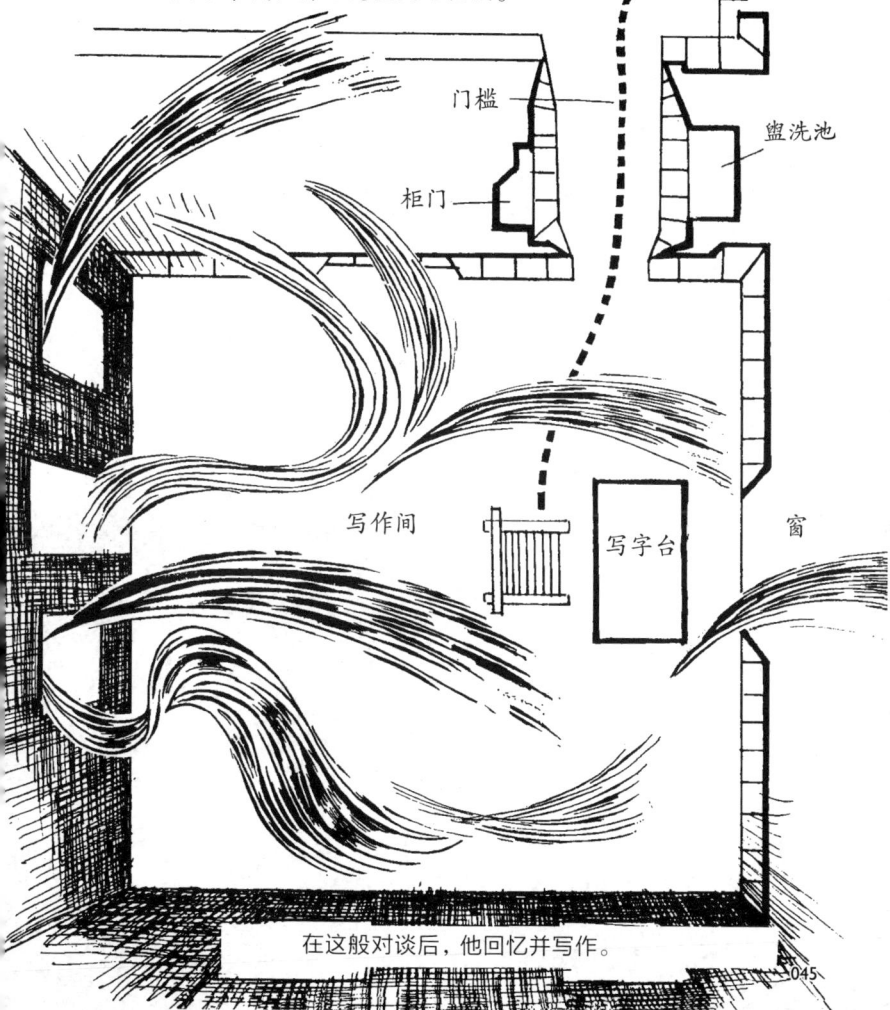

外门

门槛

柜门

盥洗池

写作间

写字台

窗

在这般对谈后，他回忆并写作。

《君主论》

因此，他在 12 月给韦托里的信中写道："我写了一本小书，**《论君主国》**。"这本"小书"后来以**《君主论》**之名而闻名于世，尽管在他死后才得以出版。

马基雅维利痛恨自己被迫退出政治舞台。他希望——鉴于他的共和主义背景，或许是天真的希望——他的小册子会给他带来好处，并使他重新得到美第奇家族的任用。

西塞罗

蒂托·李维

亚里士多德

所以，我把我最珍视的财产献给洛伦佐，皮耶罗之子与教皇之侄。

我急切地想向陛下献上我自己，用某种能表达我对您的忠心的东西。在我的财产中，我没有发现有什么东西比我对伟人事迹的理解于我而言更加珍贵、更为我所珍视。这些理解是我在不断熟悉当代事件以及不断研究古代世界的过程中获得的。长期以来，我对这些问题进行了非常认真的分析和思考。而现在，我把它们总结在一本小书里，献给陛下。

我不得不忍受命运巨大而无止境的恶意，而我不应承受这些。

就其总体形式而言，《君主论》属于君主忠告书，一种文艺复兴时期典型的书类。马基雅维利的写作很大程度上遵循古典和公民人文主义传统。但在某些方面——那些令他的同时代人震惊的方面——他果断地与该传统决裂。

我用新颖而极具原创性的办法来解决国家治理问题。这些方法后来影响非常大。

因此，尽管我著述于近五百年前，我仍旧非常现代。

马基雅维利称颂古代的领袖楷模，如摩西、居鲁士（波斯帝国的建立者）、忒修斯（传说中的雅典国王）和罗慕路斯（神话传说中罗马城的建立者），以及为亚历山大大帝铺平道路而更具历史意义的马其顿的菲利普。

但在这个腐败的时代，出人意料地凭借西班牙武装重新掌权的美第奇家族才更具有代表性。

嗯，这并不太讨美第奇家族喜欢！

啊，是你——我未来的自己。坐下，我们谈谈。

新的领地给统治者带来了特殊的难题。无论君主的军队多么强大，他也需要民众的好感，否则当他身处逆境时将无人相助。

但在立新规时，有一条底线……

面对民众，务必要么纵容，要么镇压，因为他们可以为小伤报仇，但却无法为重伤报仇。所以君主给人造成的任何伤害都应该是这种伤害，这样他就不用害怕遭到报复。

就维护稳定所需的先见之明而言，罗马共和国的领导人提供了一个很好的例子。因为当问题变得人人可见的时候才去解决它，通常为时已晚，所以他们从不允许问题扩大发酵。

我已与希特勒先生谈过话了——关于我们时代的和平！

张伯伦错了。罗马人知道，他应该为战争做好准备。

战争无法避免，只能出于他人的利益而推迟战争。

我在这里委婉地没有明说的理由是，共和国是最充分、最真切地契合人之本性的制度。

没有事情比修改一国的宪法更难处理、更难成功、更加危险了。

考虑到这些困难，马基雅维利告诉这位未来的君主，仅仅能说服别人是不够的。君主必须独立自主，不依赖他人，并在必要时能强行解决问题。

是的，只需看看由戈尔巴乔夫在俄罗斯发动的、叶利钦不得不完成的事！

在他的同时代人中，马基雅维利特别指出切萨雷·博尔贾值得特别关注。他称赞公爵行动迅速、果断，必要时还冷酷无情，称赞他挑拨法国、意大利城邦和罗马教廷相互对抗，称赞他镇压谋反，为未来打下坚实的基础。

似乎直到他的教皇父亲突然去世，以及他自己突然患病之后，切萨雷开辟新公国的战役才出现胜利的希望。

如果他所建立的一切都徒劳无益，那么这不是他的错，而是命运那非同寻常、超乎想象的恶意造成的。

重要的是要注意到，我之所以推崇强权或博尔贾的权术，目的并不在其本身。在我看来，权力的唯一目的在于建立并维护一个能够保护其公民的自由与安全的强大国家。

同样，他也不是为了暴力本身而准许暴力。

没错。杀害同胞、出卖朋友、背信弃义、违背宗教都不能称作英勇。用这些方式虽然能赢得君权，但不能赢得荣耀。

相反，马基雅维利区分了有目的的残忍和无心的、不分青红皂白的或恒久的残忍。同样，在接手一个腐败的国家并使其恢复秩序的过程中所涉及的任何暴力活动都必须一次到位，不能长期持续。

命运的反复无常

"**命运**"*(fortune)是马基雅维利著作中最重要的概念之一，这个词包含着一系列观念：一种不为人所控制的干预我们生活的力量、运气（无论好坏）以及仅仅是未被预见的环境变化。他承认命运的力量非常强大；这一点在他那时候的意大利的动荡局势中尤为明显——那个时代充满席卷一切又不可预见的变化。

无论如何，作为一名人文主义者，我认为我们确实拥有一些发挥能动性、施展自由意志的空间。

*或译为"机运"。

我认为这或许是真的：我们所做的事情有一半是由命运决定的，而大约还有一半由我们自己掌控。

我将命运比作一条容易泛滥的河流。

当河水沿着正常河道平静地流淌时，就该采取预防措施、修堤筑坝了。这样，当洪水来临时，它就不会那么凶猛；相反，如果不加抵抗，它将横扫一切。

命运解释了为什么两个行为方式截然相反的人，一个谨慎小心、一个鲁莽任性，都能成功。

一些例子表明，有些领导者以同样的方式行事，一个成功而另一个却失败。在政策制定时，顺应时势者昌，违逆时势者亡。

我记得我也曾把命运想象成女神。

是的，在古罗马时代，她是朱庇特的女儿，是民众崇拜的对象。

马基雅维利推翻了几个世纪以来的基督教的解释，即将命运看作莫名的偶然或神圣（但不可知）的天意。他回到了非基督教的古典观点，即命运可以被改变，甚至被掌握，尽管并不总是如此。

尽管命运无常，但它既赐予厚礼，也带来毁灭，即**荣誉、荣耀和名声**。

战争的风云变幻

马基雅维利在《君主论》中用了很长的篇幅来讨论军事组织。理由（以其典型的权威且自信的口吻说道）是"任何国家，无论是新生的、古老的还是复合的，其主要基础都在于良好的法律和良好的武装；因为没有良好的武装就不可能有良好的法律，而在有良好武装的地方，自然会有良好的法律，所以我不讨论法律，我将关注集中在武装上"。

当时在意大利依靠雇佣兵的做法很普遍，马基雅维利严厉抨击了这种做法。

他们的忠诚度摇摆不定，于他们而言自我保护比他们雇主的事业更重要，而且扩大战争比结束战争更符合他们的利益。

例如，在法国的查理八世入侵意大利时，雇佣兵没有进行有效的抵抗。

罗马和斯巴达依靠自己的武装力量坚守了几个世纪。

当今的瑞士拥有强大的武装力量并享有完全的自由。这种联系并非偶然。

马基雅维利有时为了强调观点而夸大其词，因而他说君主必须优先关心甚至只关心……

战争，它的组织和纪律。

期望一个武装人员服从一个没有武装的人是不合理的，或者期望一个手无寸铁的人在他的仆人携带武器时保持安全也是不合理的。

马基雅维利为他的务实作风和薄情寡义辩解道，他感兴趣的是事物本来的样子，而不是人们不切实际地想象或希望的那样。

> 许多作家都曾对理想国家的样子进行畅想，但理想与现实之间的鸿沟如此之大，以至于为了应做的事而忽视已做的事，这简直是自取灭亡。

> 事实是，在这么多品行不端的人中，一个人若想在各方面都行事正直高尚，他必然会遭受挫折。

TAXES

的确如此，君主会发现，一些所谓的美德会毁了他并使其失去国家，而一些明摆着的恶行则会带来安定和繁荣。

为了建立慷慨的声誉而挥金如土将带来沉重的税负，这将导致统治者的臣民憎恨他。

因此，君主应该宁可人们觉得他吝啬，因为吝啬是能维系他统治的劣行之一。

同样地，只要一个君主能够使他的臣民保持忠诚和团结，他就不应该介意人们认为他残忍。

惩罚一两个典型罪犯要好过同情心泛滥，因为后者只会让混乱发展成波及整个社会的谋杀和暴乱。

但我并不是在推崇残忍或暴力本身。

事实上，他特地批评了希腊暴君阿加托克雷（Agathocles），他那"无数的罪行使他无法获得人们的尊敬"。关键在于，统治者必须能够在必要时采取极端手段，来恢复社会的活力。

马基雅维利问道：对一个统治者来说，让人畏惧好还是受人爱戴好？

理想情况下，统治者希望自己既受人爱戴又让人畏惧。

答案是，统治者希望两者兼有；但因为同时做到很难，所以让人畏惧要远比受人爱戴好。

　　其理由透露出他对人性的悲观看法：人是"忘恩负义的、善变的说谎者和欺骗者，懦弱又贪婪；当你善待他们，他们就是你的人……但当你处在危险中，他们就会反过来对付你"。因此，相较于伤害那些单纯受人爱戴的人，他们更担心伤害那些他们惧怕的人。他们预料后者必定会迅速地惩罚他们。

　　马基雅维利笔下的君主是一个改革者，古老习俗不能为他提供足以抵御不可掌控的命运的支持和保护。因此，他必须行动迅速；用一种可靠的方式来赢得人们的爱戴花费的时间太长。

　　尽管如此，马基雅维利还是对恐惧和憎恨做了明确的区分。一个君主确实应该为人所惧怕，但尽量不要为人所憎恨；那是非常危险的，应当避免。

狮子和狐狸

马基雅维利说，有两种战斗方式：通过法律，这是人类的方式；通过武力，这是野兽的方式。

> 但我很欣慰我能脱离西塞罗等作家的人文主义传统，我认为法律有时不足以应付现实。

> 君主必须懂得如何巧妙地利用兽和人。

那些被马基雅维利奉为模范的野兽，为人文主义者所不齿而拒斥：狐狸，因其狡猾和诡计多端；还有狮子，因其蛮暴的力量。

异教才能与基督教美德

马基雅维利的总体建议是要大胆而不要怯懦。用一句格言来说就是"天佑勇者"。

作为女人，她更倾心于年轻男子，因为他们不那么拘谨而且更热烈，还因为他们会更大胆地对她发号施令。

这种能力——人们称之为活力、骁勇、无畏、骄傲、勇气、力量——就是马基雅维利所说的"**virtù**"（源自拉丁语 virtus，本身又来源于 vir，意思是男人）。换句话说，virtù 描述了男人的理想品质，包括一定程度的冷酷无情。

这个词并不用来描述通常意义上的"好"人或"道德高尚的"人。

在他看来，不仅个人，国家也可以拥有才能。有才能并不保证一定会成功，但没有才能则一定会失败，因为那样的话，没有别的选择，只能任由命运摆布。"因此，只有那些以你自己的**才能**为前提基础的抵御方式才稳妥、可靠和持久。"

在这一点上，马基雅维利粉碎了西塞罗所论述的古典信仰。

virtù 主要是指始终以诚实和道德的方式行事——"诚实是最好的策略"。

难以想象，在一个由不善之人主导的世界里，还有哪个统治者能成为那样的人，并长久地生存下去。

塞涅卡

一个高明的统治者不会心慈手软。

人们都觉得切萨雷·博尔贾残暴，但他明面上的残暴为罗马涅带来了和平与稳定。

马基雅维利的才能观念是其在命运的变幻无常中取得成功的关键。然而，他重新定义了才能，囊括了愿意做坏事，在情势需要时运用武力（狮子）或狡诈（狐狸），以及伪善的技艺——知道如何自始至终显得有道德。

要维持这种必要的伪善并不难，因为很少有人能接近君主，近到足以了解他的真实面目。

普通人总是被表象和结果打动。

给我们来个吧，要爱意！

就这样"放个电"吧，亲爱的！

就这样，就这样，漂亮！

嗯，很棒！

笑一笑，笑一笑！

因此，马基雅维利所说的才能（virtù），指的是不惜一切代价来确保国家安全的意志和能力，这恰恰与通常（基督教）意义上的美德（virtue）相反！

071

微妙的权力平衡

若一国秩序井然、武装精良，就足以击退外来侵略。但是，要想摆脱内部阴谋与颠覆的危险，君主必须让他的贵族尊敬他，让人民满意他。

君主们必须努力防止仇恨蔓延为普遍情绪。例如，他们应当尽力维持最具权势阶层（如贵族和军人）的忠诚。

对于那些为他效力，在他的国家事务工作中与之关系密切的人，君主应当克制自己，避免对他们造成严重伤害。

普遍的仇恨与鄙夷甚至毁掉了最强大的罗马皇帝；而崇敬和威望则成就了另一些人。

所以，世上最好的堡垒就是避免被人民憎恨。

西班牙国王阿拉贡的费尔南多（Ferdinand of Aragon）是马基雅维利眼中的模范新君之一。

他在欧洲和印度的军事行动让他的臣民惊叹不已、印象深刻，并为他赢得了巨大的声誉。

像克林顿总统那样优柔寡断的"君主"，为了逃避眼前的危险，往往会采取中立路线，但通常他们下场很惨。

好吧，哎呀……呃，嗯……

除此以外，无论选择哪种行动都有风险，因此审慎并不是回避危险——这是不可能的——而是对具体的威胁做出正确的评估，进而两害相权取其轻。

马基雅维利还对君主们提出了其他建议：谨慎选择人臣，回避那些志在成就自己而非成就君主的人，以及阿谀奉承者。无论如何要听取意见，但是一旦政策确定了，就要坚决果断地付诸行动。否则，领导者就会被那怀有自身企图的人的阿谀奉承和自相矛盾的意见所误导，不断地改变主意和方向。结果，他什么都做不好，并且失去了所有人的尊重。

就其基本假设和价值观而言，马基雅维利毫无疑问是个人文主义者和共和主义者；但就其对权力运作的实际情况之关切以及其论断所具有的坦率、无情和（从基督教的角度看）非道德（amoral）的性质而言，他也打破了这一传统。

事实上，更准确地说［正如以赛亚·伯林（lsaiah Berlin）所指出的］，这部作品之所以震撼人心，不是因为它无关道德或违背道德，而是因为它基于一种完全不同的、与之对立的道德观，即古典异教道德，它关注的是世界而不是灵魂，关注的是今世而非来世。

075

马基雅维利以"奉劝将意大利从蛮族手中解放出来"来为《君主论》收尾。他哀叹着祖国的境况——

他说，一位新君崛起的时机已经成熟，这位新君将祛除使这般屈辱成为可能的羸弱与分裂。他引用了罗马历史学家李维的话："对于必须战争的人们，战争是正义的；当除了拿起武器以外就毫无希望的时候，武器是神圣的。"*

* 译文引自马基雅维利著，潘汉典译，《君主论》，商务印书馆，1985年，第122页。

马基雅维利向洛伦佐·德·美第奇发出了这样一番慷慨激昂的呼吁，敦促他组建一支公民军（不同于通常的雇佣军），他们将会是忠诚而坚定的战士，为了伟大事业而战。

全意大利都将团结在这样一位救世主周围。

Siena

SIENA

cca Florence

FLORENCE

Ferrara

Bologna Forti Urbino Città di Castello

Perugia

ROME

Rome

KINGDOM

复兴运动的先知

　　冷峻的分析者马基雅维利将自己塑造成一个浪漫的民族主义者、一位复兴运动先知的形象。"**复兴运动**"（Risorgimento）字面上指的是 19 世纪意大利的"复兴"。复兴运动最终为国家带来了独立和统一。

350 年后，共和主义爱国者朱塞佩·马志尼（Giuseppe Mazzini, 1805—1872）和朱塞佩·加里波第（Giuseppe Garibaldi, 1807—1882）实现了我的梦想。

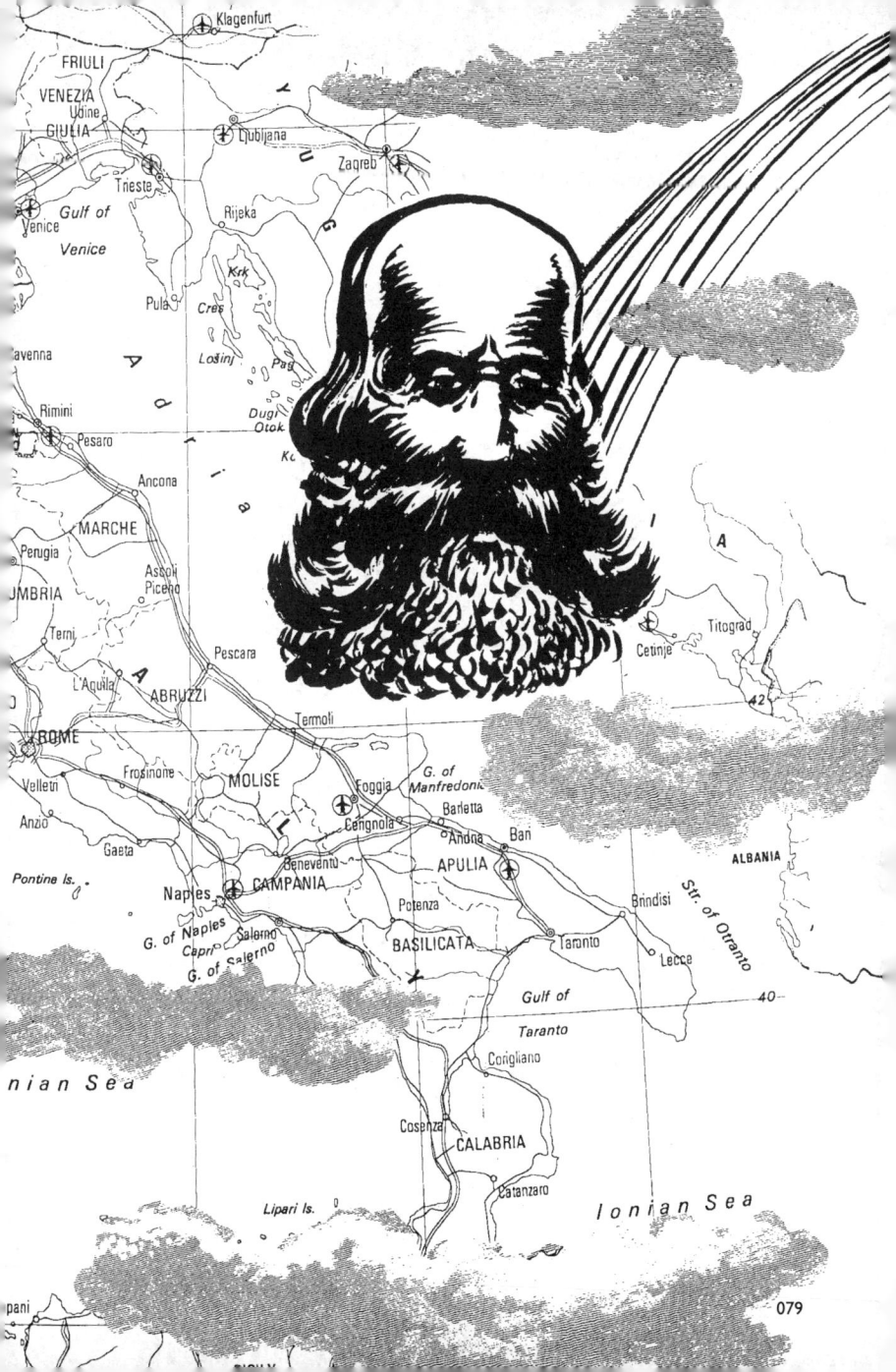

一部马基雅维利式的喜剧

1518 年，马基雅维利写了一部诙谐的黑色喜剧《**曼陀罗**》(*La Mandragola*)。在接下来的几年里，这部剧在罗马和佛罗伦萨成功上演。

卡利马科是一个英俊的年轻人，他从巴黎回到佛罗伦萨，想要亲眼看看备受赞誉的美人，卢克雷齐娅。她是年迈的律师尼西亚·卡尔福奇的年轻妻子。卡利马科渴望占有卢克雷齐娅，而她有多淑良，尼西亚就有多愚蠢。

卡利马科将潜入尼西亚家的计划告诉了他的仆人西罗。

他们结婚六年了，现在想要孩子。这是我的机会！

我不知道那对你有什么帮助。

利古里奥，一个经常在尼西亚家蹭饭吃的食客，主动提出帮助卡利马科。

易受骗的尼西亚落入了圈套。卡利马科的药方是曼陀罗草根药水。

卡利马科建议他们绑架一个健康的年轻人，把他放在卢克雷齐娅的床上过夜。尼西亚勉强同意了；但麻烦的是还要让卢克雷齐娅同意。利古里奥向卢克雷齐娅的忏悔神父、腐败的修道士蒂莫泰奥，以及她淫荡的母亲索斯特拉塔寻求帮助。卢克雷齐娅起初拒绝了这个主意。

让我用这种骇人听闻的方式害死一个人？我决不干！况且，和一个不是我丈夫的男人躺在一起难道不是一种罪过吗？

啊，但关键在于意图。违背丈夫的意愿行事才是真正的罪过。

计划成功了。卡利马科与卢克雷齐娅共度良宵，并向她告白他对她的爱永远不变。卢克雷齐娅提议继续保持这种关系。一切以皆大欢喜告终，包括戴了绿帽子的尼西亚，他从这整个骗局中获得了一个孩子。

共和主义的朋友们：奥蒂·奥里切拉里花园

　　大约在 1514 年，马基雅维利开始参加一群失势的共和主义者的文学和政治讨论。他们在佛罗伦萨城外的奥蒂·奥里切拉里（Orti Oricellari）花园会面，这是他们其中一名成员的花园。

> 个人凭借其能力能否充分地适应和应对命运的变化？对此我非常悲观。

> 所以，你不相信"理想的"君主有可能存在？

公民的自由国度

> 但是一个共和国由许多统治者组成，这是维持和维护它的最好的形式。

> 一个行事果决而无情的人，最适合去建立或重建一个国家。

　　奥蒂·奥里切拉里花园中的这些讨论促使马基雅维利用五年时间写了一本新书，《论蒂托·李维的罗马史前十卷》(*The Discourses on the First Decade of Titus Livius*)，该书以李维（公元前 59—公元 17 年）所写的罗马史书的前十卷为基础。

《论李维》……

《论李维》是马基雅维利篇幅最长，可能也是最具原创性的政治著作。它对于正确理解马基雅维利至关重要，因为它阐明了两个基本观点。

首先，我从未鼓吹为了不道德而不道德；只是在追求实现一个强大、团结的国家的过程中必须这样做。

其次，这种国家的理想形式是共和制。

我们当然同意，但你推断的依据是什么？

……为自由辩护

虽然君主立宪制可能是能令各方满意的一时的妥协办法，但共和制才是维护公民自由和安全的最佳保证。相比之下，无论是由一人统治还是被外国势力奴役，暴政都会导致国家虚弱、贫穷和衰落。

> 经验表明，城邦只有在自由的状态下，其领土才会扩增。

以自治形式存在的自由是最终目的，任何有助于实现这种自由的行为都可以被"宽恕"。请注意，马基雅维利的自由观并不是关于个人政治"权利"的现代自由观。

共和主义的自由理想

关于这一点，在马基雅维利看来，人类历史上最好的例子是罗马共和国。他的目标和希望因此是从历史中汲取"实践经验"，以期在今天恢复罗马共和国先前的成功和荣耀。说白了，《君主论》向领导者提供如何确保国家安全的建议，《论李维》则向公民提供如何实现国家自由的建议。

我将我的这本书献给这个花园里的朋友们。没有他们的鼓励和帮助，这本书永远不会问世。

正如在《君主论》中所述，马基雅维利认为，要实现伟大成就，既要有好运也要有**才能**。但在这里，后者不仅适用于统治者一人，也适用于整个公民群体。

再次强调，我坚持认为，这样的才能包括能够做任何国家治理所需的事情的能力。——我反对西塞罗的道德人文主义。

恺撒的案例

　　这就解释了为什么马基雅维利从不放过任何机会批评尤利乌斯·恺撒（Julius Caesar），一位用岁马帝国取代罗马共和国的独裁者——尽管他的领导能力毋庸置疑。马基雅维利也从不放过任何机会为刺杀他的布鲁图斯（Brutus）和卡西乌斯（Cassius）开脱。因为"当这完全是一个国家安全问题时……就不应考虑正义或不正义，仁慈或残忍，可歌或可耻"。

> 抛开一切顾虑，人必须竭尽全力去执行任何能够拯救她生命、维护她自由的计划。

　　注意，马基雅维利并没有说结果赋予手段合法性，无论是在道德还是别的意义上；只有当结果好的时候，结果才为手段"开脱罪责"。

除了懒惰和颓废，共和主义**才能**面临的主要危险是，有权势的个人或小派系不惜牺牲公共利益来推行自己的议程。这种腐败于自由而言是毁灭性的，这是马基雅维利以及像他一样的共和主义者的最大的担忧。这种强调集体主义的论调——"人民比君王更谨慎、更稳定、更具有判断力"——与《君主论》背道而驰。

拿未来做交易

马基雅维利关于个人或派系追求私利所隐含的危险的警告，在今天更加掷地有声。举一个 1995 年的例子，尼克·李森（Nick Leeson）的惊天诈骗案。他是一个流氓交易员，负责新加坡巴林银行（Barings Bank）小型期货业务。他在东京股市的"合约"交易中输掉了 6 亿多欧元，并摧毁了拥有 232 年历史的伦敦商业银行巴林银行。这样一个代价高昂的例子让我们得以一睹国际银行业和高端金融业的内幕。

我们发现了什么？不仅有贪婪和管理不善，还有不顾公民责任秘密背负的不可控的风险。

自利行为总是试图将自身伪装成技术层面的合理活动。事实上，它是不合理的，主要因为它不受任何伦理规则的约束。

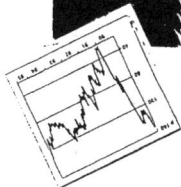

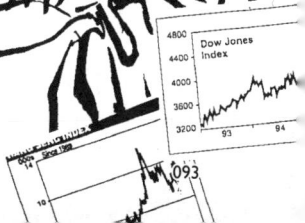

093

公民义务

为了防止这种私利动机，马基雅维利支持立"善法"，包括必要时采取最严厉的惩罚，迫使公民宁愿选择公利也不选择私利。在这种情况下，法律不是为了保护个人权利，而是为了保证公民义务，惩罚私人谋权夺利。除了这条大棒，还应该有根胡萝卜，即从事公共服务的回报应当始终比私人服务的高。

马基雅维利坚信，当一些人的声誉不是通过公共事业而是"通过私人途径获得时，他们非常危险且极其有害"。

自有王法

出于此因，虽然贵族的军事实力和战斗精神很可贵，但马基雅维利仍对贵族极不信任，因为他们倚仗自己拥有土地和臣民而凌驾于法律之上。他还认为，最有可能滋生腐败的源头之一是富人能够以赞助、裙带关系和恩惠的方式购买影响力。其结果是把人从公民变成党徒，他们看重的不是公共权威和公共利益，而是极少数人的权威和利益。

于是，由于党徒的存在，城邦中产生了派系，而派系将使城邦走向毁灭。

现代分离主义精英

美国历史学家克里斯托弗·拉什（Christopher Lasch）的著作《精英的反叛》（*The Revolt of the Elites*，1995）突出了一种极端而新型的反公民"合作伙伴关系"（anti-civic "partnership"），与马基雅维利思想一致。拉什说，直到最近，西方民族国家的经济和文化精英们才愿意承担公民责任。后现代资本主义以专业精英为特征，他们将自己与公民和国家事务完全分离开来。正如拉什所言，"新精英的命运所依赖的市场与那些跨国运作的企业紧密相连……相较于本国尚未接入全球通信网络的广大民众，他们与布鲁塞尔或香港的新精英有更多的共同点"。

我们把钱存到私人的、自我封闭的飞地。

我们的孩子上私立学校。我们有自己的私人卫生系统、警察系统，甚至垃圾收集系统。

这个特权阶层（在美国，收入排前 20% 的人）已经使自己独立于岌岌可危的工业城市和一般的公共服务。

那么，我们为什么要为我们根本不享用的公共服务买单呢？

他们已经摆脱了公共生活和公民义务。

企业资本的非国有化催生了一批由非公民组成的世界性的精英，他们与大多数人既没有共同的历史、文化，也没有共同的命运。

权力制衡

因此，马基雅维利就建立"完美共和国"提出的关键建议之一——借鉴了罗马共和国的机构组织——是建立一种混合宪政体制。在这种政体中，无论是富有的贵族还是数量更多的平民都不能完全占据主导地位。相反，双方都将"监视对方"，进而彼此优势互补，并且（最重要的是）防止派系利益取得胜利。

098

这种安排意味着要容忍一定程度的紧张、混乱和表面上的不团结——在马基雅维利之前及其所属的时代，这些都是其他共和人文主义者憎恶的东西。

甚至马基雅维利的朋友，外交官弗朗切斯科·圭恰迪尼（Francesco Guicciardini，1483—1540）也写道：

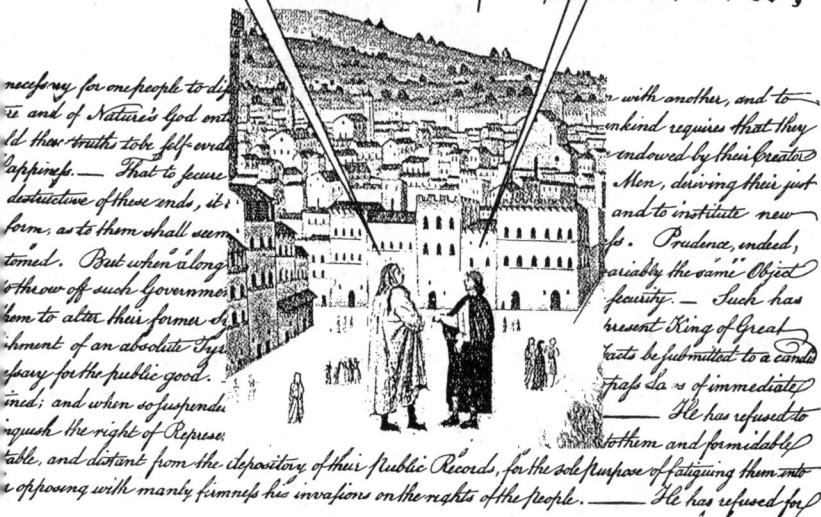

赞美不团结，就像因为某种疗法奏效所以去赞美病人的病一样。

尽管如此，为了维护公民德性，这些问题只是微不足道的代价。

马基雅维利所主张的共和主义并不是现代意义上的民主。他并没有特别关心如何将公民的选举权扩大到当时的少数人（或许占 5%）之外。但他确实信奉平等，即让"平民"或普通公民积极参与理想国家的政治生活。

他们之所以珍视自由，仅仅是为了能安稳地生活。因此，对于那些渴望摆脱统治的有钱有势的少数人，他们起着制约其野心的重要作用。

他们的暴行针对的是那些损害了公共利益的人，而君主的暴行则仅仅是为了维护他们自己的利益。

不言而喻，让这座城市伟大的不是个人灵魂的状况，而是集体政治的状况。
那么，宗教的价值何在？
在于鼓舞人心，使人向善，使恶人蒙羞。

宗教是打击腐败、保护公民精神的另一资源——既通过畏惧也通过崇敬。马基雅维利，如其一贯风格，讨论了如何像罗马人那样利用宗教崇拜及其制度来达到这一目的。

> 试比较一下古罗马人的"公民崇拜"（civic cults）与基督教及其给意大利带来的灾难性后果——羸弱、分裂与外来蛮族的胜利！

重要的不是宗教的"真理"或其他方面，而是宗教的实际作用。当然，这种讲求实效的做法激怒了信徒。

出世超凡的基督教

　　更具体地说，基督教使人们远离尘世，而对诸异教神的崇拜恰恰鼓励了**才能**：力量、阳刚气概、技能、武功等。它还提供了起誓对象，使人们不敢违背誓言；还有预测性占卜——如果占卜结果吉祥，军队就会充满必胜的信心。

> 如果我们的宗教要求你强大，那它要求的是承受苦难的力量，而非大胆行事的力量。

　　相比之下，马基雅维利并不认为基督教是错误的或不真实的。正如以赛亚·伯林所说："人必须做出选择……他可以选择去拯救自己的灵魂，也可以选择去建立、守护或服务于一个伟大而光荣的国家；但并非总能两者兼得。"

马基雅维利也并不一定对宗教持怀疑态度。只是在他的"宗教"——古典异教信仰——中，伦理和神圣事物都与人性的社会和政治维度密不可分；因此，它们与一神论的超越性形成了鲜明的对比。

> 基督教使人远离尘世，远离公民的集体责任，转向个人救赎。这就是其"真理"的影响。

当然，令许多人震惊的是，马基雅维利竟然在基督教道德被认为已经胜利的一千多年后，提出了异教理想。他几乎当基督教道德从未存在过，或无甚特别——除了其在人类历史上造成的负面影响。

为帝国主义辩护

马基雅维利还认为，对外争夺霸权有助于维护国内自由，因为"除非你准备好进攻他人，否则你很容易遭人攻击"。

那些被统治的国家失去了自由，难道你不关心吗？

如果他们珍视自己的自由，那么他们就得自己奋起反抗。

移民

有趣的是，马基雅维利建议通过方便外国人获取公民身份——移民——来增加和更新人口。

相反，向外国国民寻求军事援助是走向奴役的绝佳前奏！

在这里，马基雅维利再次强调公民军的重要性，并且就如何以最明智的方式进行战争发表了许多看法。他从战术的秘密要点，包括步兵、骑兵和炮兵的相对优点，谈到最通用、最实用的建议，例如：让你的战争"时间短而规模大"。但基本教训是，在维护自由时，卑顺和宽恕通常是负担不起的奢侈品："除非你运用强权，否则你永远不能指望自己安全。"

然而，马基雅维利对长期成功的可能性深表怀疑。人们甚至厌倦了稳定和成功，渴望新鲜感。他们酷爱腐败，近乎一种天性；当腐败显露出来时，它早已在违抗既定的法律和措施中生根壮大。因此，要恢复**才能**，就要采取非常措施，虽然这些措施很少有人能够付诸实践。

问题是，大多数人喜欢走中间路线，这非常有害；因为他们不知道如何做一个彻底的好人或彻底的坏人。

也就是说，他们最终既没能拯救自己的灵魂，也没能在此时此地为人类的荣耀增添光彩。他说，更好的做法是"要么做一个伟大的坏人，要么做一个完美的好人"。

在这种情绪中，在罗马共和国与他自己的意大利公国愚蠢的统治者和人民的鲜明对比中，马基雅维利近乎绝望地结束了《论李维》。这表明他对于恢复公民的荣耀（他这本书的重点）是否可能存在深刻的矛盾心态。

如果说那些一开始就自由的城邦，像罗马那样，发现制定法律来维护自由困难重重，那么那些刚摆脱奴役的城邦则面临着一项几乎不可能的任务。

尽管如此，马基雅维利尖锐地为自己辩解道："一个好人有责任向他人指出何为善举——即便你因时势艰难或命运不济而无法亲自做到。这样，在众多有能力的人中或许会有一个更得上天眷顾的人能够实现这些善举。"

任用的希望

　　1519 年，就在马基雅维利完成**《论李维》**之际，洛伦佐·德·美第奇去世。不久之后，他的叔叔朱利奥当上红衣主教，并很快成为教皇克雷芒七世（Clement VII）。

我注意到红衣主教和我的好朋友洛伦佐·斯特罗齐（Lorenzo Strozzi）有交集。

尼科洛，可别再抱希望了。

马基雅维利持续写作。接下来的一年，他开始着手写一本题为《战争的技艺》(*The Art of War*)的著作。这件事在 3 月被打断了，因为他终于通过斯特罗齐的影响力被引荐给美第奇家族。1520 年 11 月，马基雅维利受朱利奥·德·美第奇的正式委托，撰写佛罗伦萨的历史。

啊，我终于又能穿上官服了！

佛罗伦萨

我不确定他能不能和美第奇家族重修旧好。

《战争的技艺》

《战争的技艺》出版于 1521 年，献给斯特罗齐。它实际上是马基雅维利生前唯一出版的著作。在书中，马基雅维利重申了许多我们已经探讨过的主题。那些首先效忠于军队而不是他们国家的职业军人，对于该国其他所有人都是种威胁，因为他们只效忠于他们自己，而他们的技艺恰恰是暴力和破坏。

他们缺乏成为真正优秀的战士所需的那种承诺——拯救他们的家园和家人，结束战争并返回家园。

因此，战争只应由武装的公民团体实施，由公众任命的领导人领导，在公共权力和指挥的约束下进行。

相反，战争教给人们勇气、纪律和行动等武德，而这些德行无论如何都是他们成为优秀公民所需要的。在这里，马基雅维利的明智建议再次展望了一种受宪法控制、不带军国主义野心的武装部队模式，这为大多数西方民主国家的稳定做出了贡献。

平衡术

在 1522 年，一桩共和主义者暗杀美第奇红衣主教的阴谋被发现了。**奥蒂·奥里切拉里花园**圈子四分五裂，其中几名成员被流放，一人被处决。这次事件暴露了（并非最后一次）马基雅维利在他内心深处的共和主义信仰与维护同美第奇家族关系的需要之间所进行的微妙而危险的平衡，后者是他获得任用的唯一希望。

美第奇

共和

《佛罗伦萨史》（*The History of Florence*）于 1525 年完成，马基雅维利前往罗马将该书呈献给克雷芒七世。

幸与不幸

与此同时，幸运再度降临这片土地。在马基雅维利访问罗马时，法国的弗朗索瓦一世（François I）被西班牙的查理五世（Charles V）领导的帝国军击败并被赶出了意大利。次年，1526 年，弗朗索瓦与教皇克雷芒组建了神圣联盟。

弗朗索瓦一世

法国

查理五世

同年，1526 年，我终于被任命为佛罗伦萨政府官员，受命从事一些外交工作。

锡耶纳

比萨

1527 年 5 月，为了应对来自法国的新挑战，查理五世将他的部队——由西班牙军队与意大利和德国的雇佣军混合组成——派遣回意大利。

但他们薪酬微薄、纪律涣散，而且他们不但没有攻击军事目标，反而洗劫了罗马。

克雷芒七世被迫出逃。没有了他的支持，佛罗伦萨的美第奇政权也随之崩溃。

又一次，共和国建立起来了。

然而，造化总是弄人，新一代的共和主义者没有选择马基雅维利，因为在他们看来他与美第奇家族关系过于密切，已经被污染了。

可能这最后一击损害了马基雅维利的健康。1527 年 6 月 21 日，在经历了一场短暂的疾病后，他就去世了。关于他临终前向神父忏悔的谣言迅速传播开去，但这一说法没有证据，似乎是天主教会散播的虚假信息。第二天，他被安葬在圣十字教堂，在他心爱的佛罗伦萨的中心。

这场标记了马基雅维利人生的非同寻常的骚乱随后立即持续发酵。

1529—1530 年，佛罗伦萨共和国再次瓦解，查理五世最后一次复辟了佛罗伦萨的美第奇王朝。

1531年，即马基雅维利死后的第四年，《论李维》出版；次年，《君主论》和《佛罗伦萨史》出版。整整二十年后，出现了第一本天主教会禁书目录。

但就在第二年，便出现了这些书的拉丁文版本，出版于新教的领地——瑞士的巴塞尔。

《论李维》的第一个英译本直到1636年才出现，《君主论》的第一个英译本四年后才出现。但这些都是迄今为止出版过的众多译本中的首个译本。

马基雅维利思想的实践应用

　　马基雅维利被称为阴谋、欺诈和权力政治的恶魔使者。如我们所见，这一名声歪曲了他在实际中的所作所为。尽管如此，这条道路仍旧非常诱人，进而让人在完全忠于《君主论》而不考虑任何它所在的更大背景的情况下，将其"应用"于现代政治。

狐狸之道

我们可以在近来的历史中找到许多例了。其中一个例子是弗朗西斯科·佛朗哥将军（General Francisco Franco，1892—1975）。他在为希特勒提供严格限制的支持的同时，接受同盟国的援助。通过这样的方式，他成功利用西班牙加入"二战"的可能性，促使罗马－柏林轴心去对抗同盟国。

正是通过这种方式，他掌权超过35年！

铁娘子

英国前首相玛格丽特·撒切尔（Margaret Thatcher）是当代最成功的政治家之一，她被形容为天生的马基雅维利主义者。（然而，没有证据证明她真的读过他的书。）

毫无疑问，马尔维纳斯群岛战争（英国称"福克兰群岛战争"，the Falklands War）是一个操纵术的杰作，一次迅速而辉煌的胜利。她随后利用这次胜利来压制那些反对她国内立法计划的对手。

最终使她下台的是她自己的前财政大臣和前外交大臣，而不是反对党。

麦卡尔平勋爵（Lord McAlpine），撒切尔夫人的前副议长兼忠实追随者，已为未来的政治家和他们的支持者写了一本名为《仆人：新马基雅维利》（*The Servant: A New Machiavelli*）的指南。

夏尔·戴高乐（Charles de Gaulle）是个既能扮演狡猾狐狸又能扮演咆哮狮子的高手。弗朗索瓦·密特朗（François Mitterrand）追随他的脚步，是当代"君主"的另一个例子。但米哈伊尔·戈尔巴乔夫（Mikhail Gorbachev）先是羞辱了鲍里斯·叶利钦，后又忽视他的崛起，这就犯了严重的错误。比尔·克林顿正面临着严重的危险，或将成为马基雅维利所警告的"因各种相互冲突的建议而不断改变主意"的优柔寡断的"君主"的现实典型。他可能因此成为人们嘲笑和蔑视的对象。

这种运用马基雅维利思想的方式既有趣又有启发性，但也相对肤浅。它忽视了马基雅维利致力于实现积极的公民身份和政治参与的根本决心，因此，有可能错失马基雅维利所提供的最重要的教训。

马基雅维利的教训

当然，马基雅维利要应付的不仅仅是政治。还有，例如，战争……

战争之母……

我的建议是确保你的战争开展得迅速、恢宏而成功，1991年的海湾战争就是一个听从我建议的很好的例子。

现在可不是自鸣得意的时候。

南斯拉夫的内战及联合国的介入则是一个反例。

当战争不可避免时，切勿拖延。否则只会正中对手的下怀。

美国著名的战争史学家唐纳德·卡根（Donald Kagan）最近得出了一个非常马基雅维利式的结论："和平不会维持自身。"相反，和平不仅取决于保有可靠的威慑力量，还取决于做好"在还有时间的时候就做出实际行动"的准备，而不能等到"除了战争，别无选择"的时候才行动。

马基雅维利与公民共和主义现代政治理论的奠基

在政治和社会理论领域，马基雅维利的影响最为深远。

我的作品持续吸引着一代代新的读者和诠释者。

他重塑了古典共和主义，强调参与式的公民身份，对派系利益和私人利益的腐败充满敌意，并使这一传统在民族国家构成的现代世界中获得了新生。

但是，公民共和主义一直面临来自其他传统的激烈竞争，且往往怀着敌意。此外它还受到其他误解。

不要把它和 USA（美利坚合众国）的共和党或 IRA（爱尔兰共和军）搞混了！

马基雅维利式的美国

马基雅维利思想的一条线索通过法国启蒙运动政治哲学家夏尔·孟德斯鸠（Charles Montesquieu，1689—1755）的著作传到早期的美国。通过这条路径，马基雅维利的公民共和主义影响了促成美国独立的开国元勋们。

我们相信，有了邦联共和制……

托马斯·杰斐逊（1743—1826）

詹姆斯·麦迪逊（1751—1836）

……就能将具有相当自治权力的各州邦（即小型共和国）联系在一起……

启蒙运动对西方产生了巨大的社会和政治影响，以至于这些美利坚合众国的开国元勋们既是启蒙运动的产物，又是其代表人物。

乔治·华盛顿（1732—1799）

……在一个大的国家中，我们仍可以保有公民美德（civic virtue）。

人们觉得称他们为"优秀的"马基雅维利主义者很怪，仅仅是因为我的"坏声名"。

社会契约

在欧洲，让－雅克·卢梭（Jean-Jacques Rousseau，1712—1778）试图用共同同意（common consent）建立起的道德法律取代公民同胞之间的公民美德。其结果是将马基雅维利对公共和社会（而非私人和个人）的强调转化为潜在的威权主义概念"公共意志"（general will）——这一概念通过法国大革命传入马克思思想中。

人必然被迫自由。

这就是你所谓的"社会契约"吗？

腓特烈大帝（Frederick the Great，1712—1786），被称为"开明的专制君主"的普鲁士国王，于1740年写下了《反马基雅维利》（*Antimachiavell*），旨在保护人性免受"这个想要摧毁它的怪物"的伤害。十二年后，在有了一些执政经历后，他又写下了不同的内容。

在一些重要方面，我不得不承认马基雅维利是对的。

对拿破仑·波拿巴（Napoléon Bonaparte，1769—1821）来说……

《君主论》是唯一值得读的书。

135

启蒙运动后的历史主义

G.W.F. 黑格尔（G.W.F. Hegel，1770—1831）称赞马基雅维利预见了现代民族国家的重要性，黑格尔认为现代民族国家是古典时期共和国的直接继承者。

这一发展运动的目的是作为"世界-精神"的客观历史的自我实现，同时也是主观的人的自由的充分实现。

在这里，国家真的变成了"人间的上帝"，一个神化了的集体，它使单纯的个体自我完满又自我超越。

任何共和国在当下都是暂时的、有缺陷的现实。历史的"目的"不是给我们一个完美的国家，从来都不是！

卡尔·马克思（Karl Marx，1818—1883）继承了启蒙运动的影响和黑格尔的历史决定论。他用关于生产力和生产关系的唯物主义取代了关于"普遍精神"的唯心主义，从而将黑格尔的历史决定论"颠倒"过来。

但理论和实践的发展有时会出现问题，此时国家实际上取代了人民并代表人民行事，政党取代了国家并代表国家行事，最终领导人取代了政党并代表政党行事。

后现代的马基雅维利

　　这里的讽刺之处在于，马基雅维利最为执着的事以及他认为的共和国的意义，乃是现实公民的自由，而非理想公民的自由。马基雅维利的价值多元论（正如以赛亚·伯林所指出的）都不能与这种一元论和理性主义——无论是黑格尔的唯心主义体系还是马克思的唯物主义版本——相调和。

我与你们不同。这就是为什么我觉得没有必要假装只有一套价值观是正确的，而其他所有价值观——例如基督教——都"真的"是错误的；或者说我比民众更清楚什么对他们有益。关键是要让公民自己决定自己的事情。

　　放在 20 世纪的历史背景中看，这是一种巨大的美德。同样，从后现代多元主义、实用主义和相对主义的角度来看，马基雅维利似乎是最进步的思想家。

　　让我们简要地考察一下后现代理论业已继承但又必须重新思考的公民共和主义的根本问题。

公民美德对阵公民社会

无论在历史还是理论上，公民美德也受到了所谓的"公民社会"（civil society，易引起混淆的叫法）的兴起的冲击——"公民社会"指的是由各种为促进互惠互利（不管是商业的还是非商业的）而自发建立的联合组织所构成的那一部分社会。

人们通常认为公民社会的对立面是由国家建立或国家要求建立的社会关系。

那么他们认为这种"公民社会"的益处是什么？

夏尔·孟德斯鸠
1689—1755

让我们以孟德斯鸠为例，他认为马基雅维利的共和主义对民众要求过高。

一个兴盛的公民社会很大程度上可以替代你的公民美德。在公民社会中，良好的社会行为的回报是如此之大，以至于不太需要公民美德。

后来出现了阿列克西·德·托克维尔（Alexis de Tocqueville, 1805—1859），他同意孟德斯鸠的观点。

19世纪中叶的美国就是这一进程的一个很好的例子。在那里，自由市场经济正蓬勃发展，并正从根本上改变着它最初的共和制设想。

141

自由市场

公民社会——正日益被贸易和商业主导——还因 18 世纪具有重要影响力的 "苏格兰启蒙运动" 而另外获得了巨大的推动力，尤其是亚当·斯密（Adam Smith, 1723— 1790）。他也称赞了为促进互益的私利（故称 "市场"）而自发建立的联合组织（故称 "自由"）。

自由市场将把人类无可救药的自私转化成 "文明" 且宽容的 "明智的自利" 行为。

但这只会导致各派系都疏忽公民责任。

共和主义者对自由市场的批评

然而，在像托马斯·潘恩（Thomas Paine，1737—1809）和威廉·科贝特（William Cobbett，1763—1835）这样的共和主义者看来，同样的这些发展多半只是贵族"旧式腐败"的强有力的新表现。

苏东公民社会

　　共产主义东欧和苏联的持不同政见者对公民社会寄予厚望。在那些地方，公民社会被官方视为对国家权威的威胁而遭到压制。

如今苏东社会更加自由了，难道不是吗？

但这些希望大多落空了，原因都在同一个问题：公民社会的发展程度取决于受利润驱动的私营企业以及消费个人主义的发展程度。

"没有社会这种东西"

无论在东方还是西方，自由市场的结果都不仅不太"公民"（civil），而且，正如撒切尔夫人的名言所说，甚至那也算不上一个"社会"。

没有社会这种东西，只有作为个体的男人和女人，只有家庭。

我写过的任何东西都没有这个糟糕——这是共和主义者的噩梦，也必将导致社会和政治灾难！

自由民主的起源

公民共和主义也在主流的现代政治话语——现代自由民主（liberal democracy）——的影响下黯然失色。它与个人"自然权利"（natural rights）的观念以及人民与统治者之间的社会契约（social contract）有关。自由民主很大程度上起源于两位哲学家的著作。

一位是托马斯·霍布斯（Thomas Hobbes，1588—1679）。

我是君主专制主义者，率先提出了在统治者与臣民（subjects）（而非公民）之间订立约束性契约的理念。

霍布斯在他的《利维坦》（Leviathan，1651）一书中，无论在思想内容还是提炼概括的方式上，都对历史、公民参与以及混合政府或立宪政府表现出鄙夷态度。

利维坦

托马斯·霍布斯

大洋国

詹姆士·哈林顿

我于1656年写出了《大洋国》（Oceana），写的是一个共和主义的乌托邦，意在驳斥霍布斯，但影响较小。

另一位是政治哲学家约翰·洛克（John Locke, 1632—1704）。在他的《政府论》（*Two Treatises of Government*，1690）中，洛克坚持财产权和在必要时反抗统治者的权利。但是，他进一步强调了个人及其权利的观念，以及一种契约观念——人民将大部分权力让渡给统治者及其臣属或地方官。

在这一传统中，个人比共同体重要得多。

无论他们做什么，他们都是"权利"的享有者。这些权利由国家保障，而国家则由民主选举产生的代表来管理。

政府论

约翰·洛克

我感觉似乎抽象要素过多了——"个人""权利""国家""代表"……

现代自由民主

在实践中，自由民主通常与所谓的自由市场经济相伴。在冷战时期，大约从 1945 年到 1989 年，苏联阵营的马克思主义及其计划"指令"经济都抵制二者。这些社会主义经济体在 20 世纪 80 年代就已迅速崩溃。这也是保守党推行的自由市场**货币主义**（monetarism）盛行的十年，米尔顿·弗里德曼（Milton Friedman）将其理论化，罗纳德·里根（Ronald Reagan）和撒切尔夫人将其付诸政治实践。1992 年，美国历史学家弗朗西斯·福山（Francis Fukuyama）在他的著作**《历史的终结与最后的人》**（*The End of History and the Last Man*）中用黑格尔的方式宣告了一则自由主义民主的新福音。福山的学说断言，"历史的终结"，即历史的目的，不是别的，正是全球范围内的自由民主和自由市场！

自由民主是唯一一种横跨全球不同地区和文化，又保持一致的政治愿景。它已无可完善。

我从未见过有什么政治事物不能进一步完善！

"公民美德"何去何从？

　　但公民美德的本质是公民的自我治理。因此，从这个角度来看，这两种治理方式都不尽如人意。民主能让更多的人参与进来，这是不争的事实；所以在这个意义上，共和制最倾向于民主，而不是任何形式的寡头统治（极少数人的统治）。

在我的时代，通常是贵族执政，但讲求政治正确的精英执政本质上也没什么不同。

　　但是，如果民主仅仅意味着每四五年给政党投一次票，而这些政党的主要区别仅仅在于希望运行经济的方式是略微人道一些还是略微不那么人道一些，那么此时共和主义者就会说，出现严重问题了。

社会由充满物欲的、被异化了的、孤立的个体组成，并任由全球资本摆布。这样的社会证实了这一判断。

左派和右派的共和主义？

"左"和"右"是起源于法国大革命的术语，是非常表面但几乎普遍使用的政治立场划分方式，但它们从未完全契合共和主义的状况。东欧包括苏联那些原先的社会主义共和国，严格说来并非真正的"共和国"。事实上右翼政权也不是，如奉行宗教激进主义的伊朗。

仅仅是因为这些共和国不够"民主"吗？

是的，但事情不止于此。墨索里尼和葛兰西的例子很有启发性，他们都声称自己是马基雅维利主义者。

右翼马基雅维利主义者

　　法西斯主义创立者兼意大利独裁者——贝尼托·墨索里尼（Benito Mussolini，1883—1945）开始他的政治生涯时属于左翼，是意大利社会党（PSI）革命派的领袖。在第一次世界大战中，他背离了意大利社会党的中立政策、支持战争并放弃了他的社会主义信念。通过狡猾的党争策略、国王维克托·埃曼努尔三世（King Victor Emmanuel III）的默许支持以及使用法西斯恐怖活动特遣队等手段，他得以掌权上台；1922 年"向罗马进军"行动和 1926 年实现全面独裁统治时，其权势达到顶峰。

从头到尾我不都听从你的建议吗？我没有得到人民的赞许吗？我难道不是你说的那种理想的"君主"吗？

或许吧，但这会带你走向何方？

左翼马基雅维利主义者

安东尼奥·葛兰西（Antonio Gramsci，1891—1937），1921 年意大利共产党的创始人之一，于 1924 年成为意大利国会议员，他目睹了左派的惨败——左派未能在战后的欧洲效仿列宁在俄国夺取政权的做法；20世纪 30 年代追求社会民主的社会主义陷入低谷；1918 年至 1920 年他亲自参与的大工业"都灵工厂委员会"运动惨遭失败。葛兰西从 1926 年到1937 年去世都被墨索里尼的法西斯政权所囚禁。他的理论大部分是在狱中写下的，包括一卷 300 页的**论马基雅维利的札记**。

经历了这么多失败，现在才去请教马基雅维利是不是有点晚了？

我从他那里学到了一些有用的东西，让我对未来燃起了希望。

唔，学到了什么有用的？
要孤立那些压迫大多数人的极少数人，就要对大多数人的认同（consent of the majority）的力量有信心。这就是我对社会主义革命的愿景。
胡说！我把自己放在国家元首的位置上，而你却期望将共产党放在这个位置上。我们之间唯一的区别就是我成功了，而你失败了。
墨索里尼先生是对的。他们都不是我心中的那种共和主义者。
啊，但是葛兰西先生的想法后来有所变化！

葛兰西对马克思主义的反思

马克思本人专注于资本主义的经济分析，没有提供一个关于社会主义政府如何实际运作的详细方案。马克思主义者只关注权力转向社会主义的革命时刻——在那一刻之后发生的事情与之前发生的事情没有关系。

我们相信，"历史"本身会依靠产业工人阶级用投票箱或子弹夺取政权的方式来实现权力的转移！

更明智的做法是，像我这样，仰仗一人领导和精英突击部队！

但葛兰西通过重新阅读马基雅维利，预见了夺取权力可能引发的危机。

问题不在于政治家如何上台，而在于他们如何让大多数人在政治上接受他们。

重要的不是权力的转移，而是权力的变革。过去的哪些发生了变化，哪些保持不变？革命是过去历史的实现而不仅仅是"决裂"吗？

如果革命不能在民主体制内获得大多数人的政治支持，那么革命（无论是左翼还是右翼）就会失败。

尽管葛兰西被法西斯主义"打败"于监狱中，但事实证明他才是更有远见的马基雅维利主义者。1945 年 4 月 28 日，墨索里尼被意大利抵抗运动的游击队员枪杀。遭处决前，他说……

我每天都能听到"天才"这个词数百次……

后现代的葛兰西:"人民即君主"

葛兰西"人民即君主"的思想贡献了一种可能的马基雅维利式的社会主义共和国的设想。

他进一步发展了马克思主义。

他认为如果将人民从参与活动中排除,边缘化他们,威胁他们的身份和国家认同,就必然会得到蓄意破坏和保守的回应。

葛兰西思想中明显的后现代元素包括:去中心化、多元参与以及对大众文化的尊重。他对现代主义的乌托邦主义产生了怀疑,因为它与它希望去改变的社会现实之间缺乏有机联系。

社群主义

　　如今急切需要的对自由民主的批判越来越多地来自"社群主义者"，如阿拉斯代尔·麦金泰尔（Alasdair MacIntyre）、迈克尔·沃尔泽（Michael Walzer）、罗伯特·贝拉（Robert Bellah）和近来活跃的阿米泰·埃齐奥尼（Amitai Etzioni）等哲学家。

"社群主义者"坚持认为，要让社会乃至民主发挥作用，就要有强大的社群纽带和足够的公民美德。

因此权利应当伴随着社会责任，我们需要"共同利益"（the common good）的概念。

到目前为止，我完完全全同意。

一个典型的结论来自罗伯特·D. 帕特南（Robert D. Putnam）："强大而自由的政府有赖于有道德、有公共精神的公民群体。"他的书《使民主运转起来》（*Making Democracy Work*）有一个非常恰当的副标题："现代意大利的公民传统"。

但是社群主义存在两个问题。

首先，它很强调社群，但不太强调公民身份。

诚然，自由民主正面临着产生由消极和孤立的个体组成的非社会（non-society）的危险。

但是，社群主义者的风险在于会产生一种倒退型社群的替代方案，这种社群以种族及其他排他性身份为基础，对内压制，对外敌对。

诉诸"人性"这一亚里士多德的、僵化的社会概念，隐含着为成全社会而牺牲个人的倾向。

社群主义者需要更多地思考如何通过鼓励公民实践来克服这种危险。这些实践应当具有社会包容性而不是排他性，应当把眼光放长远而不是奉行"短期主义"。

我所倡导的也绝不是一种专制集体。

正如昆廷·斯金纳（Quentin Skinner）所指出的，从马基雅维利的共和主义立场看，要维护社会公德（public virtù）的一个主要原因是，我们可以以个人身份自由地做自己想做的事。

第二个问题是，像"公民社会"的倡导者一样，社群主义者往往未能意识到商业市场力量现在对社群的侵蚀程度。

这是一个巨大的挑战，但我们不能永远回避下去。

将其作为公民共和主义的问题来解决可能更有希望。

积极自由与消极自由

有时候，自由主义者与其批判者之间的争论表现为"消极自由"的倡导者与"积极自由"的支持者之间的辩论。"消极自由"指在做自己想做的事的时候**不受**不必要的限制的权利，"积极自由"指去**拥有**或**做**各种事物或具体事情的权利，并尽可能实际地配有所需的手段。[前者以以赛亚·伯林和理查德·罗蒂（Richard Rorty）为代表；后者以查尔斯·泰勒（Charles Taylor）等人为代表。]

没有实际行动的能力，自由就是空洞的，甚至充满讽刺意味。

但这种"社会权利"会导致令人窒息的、官僚主义乃至威权主义的一刀切做法。

所以，我们陷入了僵局。

就这一点，马基雅维利也提供了一个解决方案。

我们共同的公民责任对于保护我们的个人自由确实是必不可少的。所以，正确的理解是，权利和义务同等重要。

共和主义在今天

很明显，公民共和主义对现代自由民主持高度批判的态度，因为后者过度强调个人。但同样清楚的是，它并不主张回归集体主义或其他制度。

有时会有人认为，（后）现代世界与古代城邦太过不同（即太复杂，或太庞大），以至于共和主义无法运作。的确，不再存在任何**大一统**的社群了。我们都是许许多多社群的成员，包括现实存在和可能存在的社群，从国际的，甚至跨物种的社群，一直到最本地、最邻里的社群。

但这未必是个
问题。

这意味着，多元主
义取代了原先的原教旨主义一
元论——事实证明它如此具有破坏性
（在宗教、社会、政治上）——成
为当代公民身份不可或缺的
部分。

而多元社群实际上鼓励这类实践活动。因为，正如阿德里安·奥
德菲尔德（Adrian Oldfield）所说，"规模和复杂性的作用……在于增
加公民参与和行动的机会"。

另一个相关的反对意见是现在的社群意识太弱，以至于无法支撑共和主义。但这忽略了相反的情况。

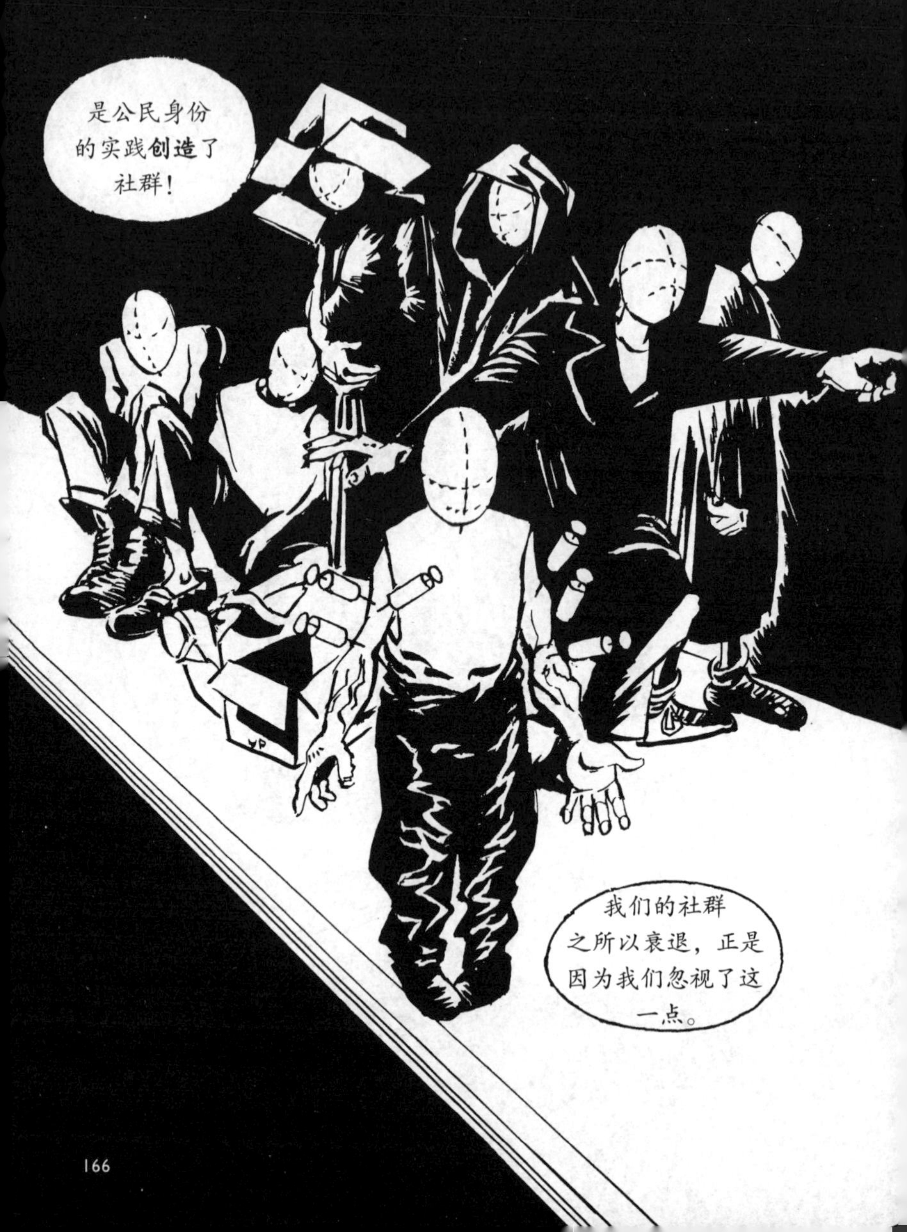

公民共和主义也将某些被忽视了太久的事务重新提上政治议程——这些事务被自由主义者视为纯粹的私事。

诸如道德教育和公民教育，乃至宗教之类的事务。

很显然，宗教在维护公民美德方面可以发挥关键作用，无论好坏。

其他重大挑战包括重新定义工作，视其为对全体人民福祉的贡献，而不仅仅是个人自我发展的事。

167

马基雅维利在今天

　　如果马基雅维利奇迹般地穿越到现在，这一切都不会令他感到惊讶。他还会说什么？显然我们只能猜测，但首先，在谈到相对于他的时代明显而壮观的变化——尤其是科学与技术方面——时，他可能会阴冷而满意地补充说：基本的人性似乎没有太大改变。

总体而言，人们仍然倾向于愚蠢、短视的行为方式，其后果不仅对人类彼此和其他生命形式构成了威胁，也对整个地球的健康构成了威胁。

接着他可能会问，即使在所谓的民主国家，我们也变得如此自私和被动，任由那些由极少数有权有势又不负责任的精英组成的集团主宰政治和经济，既然如此我们还能指望什么呢？大多数执政党，甚至在民主国家，都是如此。他们首要关心的事似乎通常是获得连任和保护大企业。

> 特殊利益能够以那些追求共同利益者想象不到的方式给予自身回报。这种特殊利益的胜利无疑是滋生腐败的完美土壤。随着公民德性的丧失，我们的自由也将随之消逝。——当然，那正合我们统治者的心意。

马基雅维利也会一眼看穿我们的"文化产业"的本质是什么。

"面包与马戏"之"马戏"部分的目的就在于麻痹堕落腐败的罗马帝国的民众——继承我心爱的共和国的就是罗马帝国！

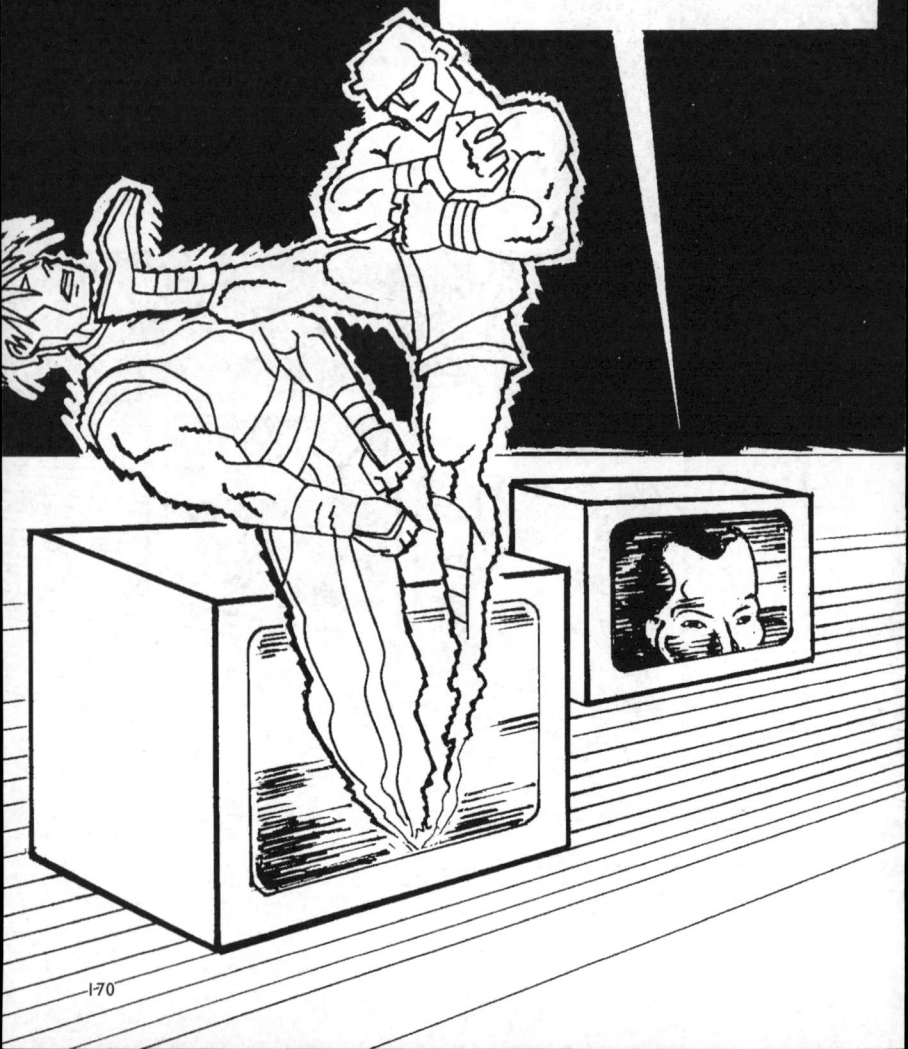

最后，他会对我们对于我们珍贵"权利"的自满程度感到惊讶。马基雅维利的警告很明确。

如果我们要质疑现代的马基雅维利主义——它确实应受到质疑——那么必须从质疑现代性本身开始。因为到目前为止有一点可以确定：我们无法通过攻击马基雅维利，来将世界从现代性的马基雅维利主义中拯救出来。

——安东尼·帕雷尔（Anthony Parel）《**马基雅维利的宇宙**》（*The Machiavellian Cosmos*）（耶鲁大学出版社，1992）。

延伸阅读

标准的英文介绍见 Allan Gilbert (editor), *Machiavelli: the Chief Works and Others* (Durham NC, Duke University Press, 1965)。标准传记见 R. Ridolfi, *The Life of Niccolò Machiavelli*, Colin Grayson 译 (London, Routledge & Kegan Paul, 1963)。另见 Sebastian de Grazia, *Machiavelli in Hell* (Hemel Hempstead, Harvester Wheatsheaf, 1989, and London, Picador, 1992)。

关于马基雅维利的生活与工作，最好的短篇著作是 Quentin Skinner, *Machiavelli* (Oxford, Oxford University Press, 1981)。

《君主论》有好几个译本，包括 George Bull (London, Penguin, 1981)、Quentin Skinner 以及 Russell Price (Cambridge, Cambridge University Press, 1988) 的译本；《论李维》的一个译本：Bernard Crick (editor) (London, Penguin, 1970)。

其他优秀作品有：J. G. A. Pocock, *The Machiavellian Moment: Florentine Political Thought and the Atlantic Republican Tradition* (Princeton, Princeton University Press, 1975)，以及 Gisela Bock, Quentin Skinner and Maurizio Viroli (editors), *Machiavelli and Republicanism* (Cambridge, Cambridge University Press, 1990)。

将马基雅维利思想应用于现代政治的著作有：Alistair McAlpine, *The Servant: A New Machiavelli* (London, Faber & Faber, 1992)，以及 Edward Pearce, *Machiavelli's Children* (London, Victor Gollancz, 1993)。

Isaiah Berlin 的引文来自 "The Originality of Machiavelli" 一文，收录于他写的 *Against the Current*, H. Hardy (editor) (Oxford, Clarendon Press, 1981) 一书的第 25—79 页。其他引用或提到过的篇章：Donald Kagan, *On the Origins of War and the Preservation of Peace* (New York, Doubleday, 1995)；Robert D. Putnam, *Making Democracy Work: Civic Traditions in Modern Italy* (Princeton, Princeton University Press, 1995)；以及 Adrian Oldfield 的杰作 *Citizenship and Community: Civic Republicanism and the Modern World* (London, Routledge, 1990)。

Oscar Zarate 鸣谢意大利文化研究所的 Hazel Hirshorn 和 Maria Reidy 的图像研究。

第 83 至 85 页的附加插图由 Woodrow Phoenix 绘制。

Patrick Curry 是一位居住在伦敦的自由作家和历史学家。他的兴趣包括占星术史、文学批评、政治学和生态学。

Oscar Zarate 还为其他六本"图画通识"图书绘制插图，包括《弗洛伊德》《霍金》《量子理论》《进化心理学》《梅兰妮·克莱因》《心灵与大脑》，以及《列宁入门》和《黑手党入门》。他还创作了许多备受赞誉的插图小说，包括 *A Small Killing*（该作品于 1994 年获得了威尔·艾斯纳奖最佳图像小说奖），并在 1996 年出版了他的作品 *Dark in London*，这是一本插图故事集。

Woodrow Phoenix 负责描字。

Wayzgoose 负责排版。

索引

图画通识丛书